# 圖解 文具的科學

## 書桌上的高科技

《圖解 小文具大科學 辦公室的高科技》

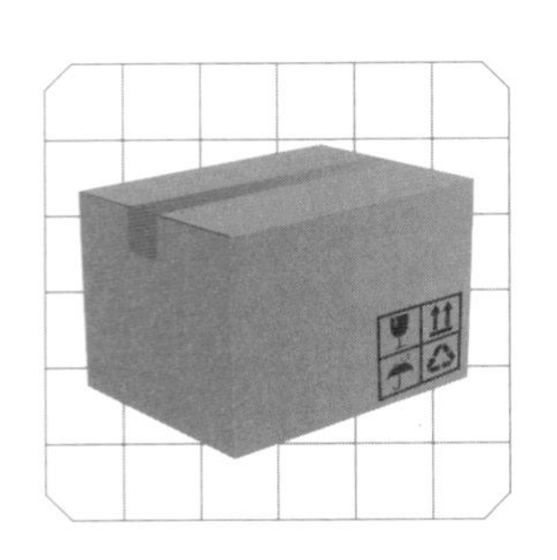

# 序

現今，蓬勃發展的文具給社會帶來新的刺激與驚喜。例如，可以擦掉重寫的原子筆（魔擦鋼珠筆）、搖一搖筆芯就自動出來的自動筆（搖搖筆）、不需要使用訂書針的訂書機（無針訂書機）等，許多不同以往的新型文具正陸續研發出來，不勝枚舉。

大家可以回想看看，二十世紀有所謂「基礎科學的世紀」之稱呼，也就是物理、化學等研究開花結果的世紀。同時在大自然的世界，則由微（micro）世界的百萬分之一，進化成更小的一億分之一的奈米（nano meter）世界。顏色是什麼呢？光是什麼？黏合又是什麼？這是個發展成能夠解釋基本問題的世紀。

按照這樣的趨勢來觀察，二十一世紀的現在，即可稱爲「應用的世紀」。在二十世紀時開始慢慢發展的基礎科學，以及由基礎科學發展過程中瞭解的基礎技術等，到了二十一世紀即開花結果。文具的世界也沒有例外。而我前面提到的魔擦鋼珠筆，更是其中的代表之一——在理解色彩學、光學，以及化學反應等基本科學的前提下，成爲初次運用這些理論的成果。在瞭解這個觀點後來細看文具產業吧！文具產業可說是科學技術發展的博物館，集結了現在所有科學技術的精華。若將文具一個個、一張張攤開仔細分析研究，應該就可以感覺到科學技術從過去到現在發展的足跡。

本書，是從文具的角度來看科學的「雜學科學讀本」。從鉛筆、原子筆、直尺、紙張這些存在已久的文具，到從現今展現技術精華的高科技文具中，挑選出幾項與日常生活密切相關的必需品，介紹並解說這些文具所使用到的科學技術成果。

文具，即爲「知識的開端」。寫字、筆記、插畫，不管哪一樣都屬於生產或傳承「知識」的道具。對文具擁有許多創意堅持，並集中精力研發的國家，是否不只有日本呢？也許就是因爲結合了新日本的高科技技術，與舊日本「對物品的堅持」的精神，才造就了現代文具的百花齊放。本書期望能夠介紹這樣的「日本文化」，即使那僅只是一部分而已。

涌井 良幸 • 涌井 貞美

# 文具的科學 書桌上的高科技

## 第一章 筆記工具的驚人技術



## 第二章 修正、黏貼用具的驚人技術

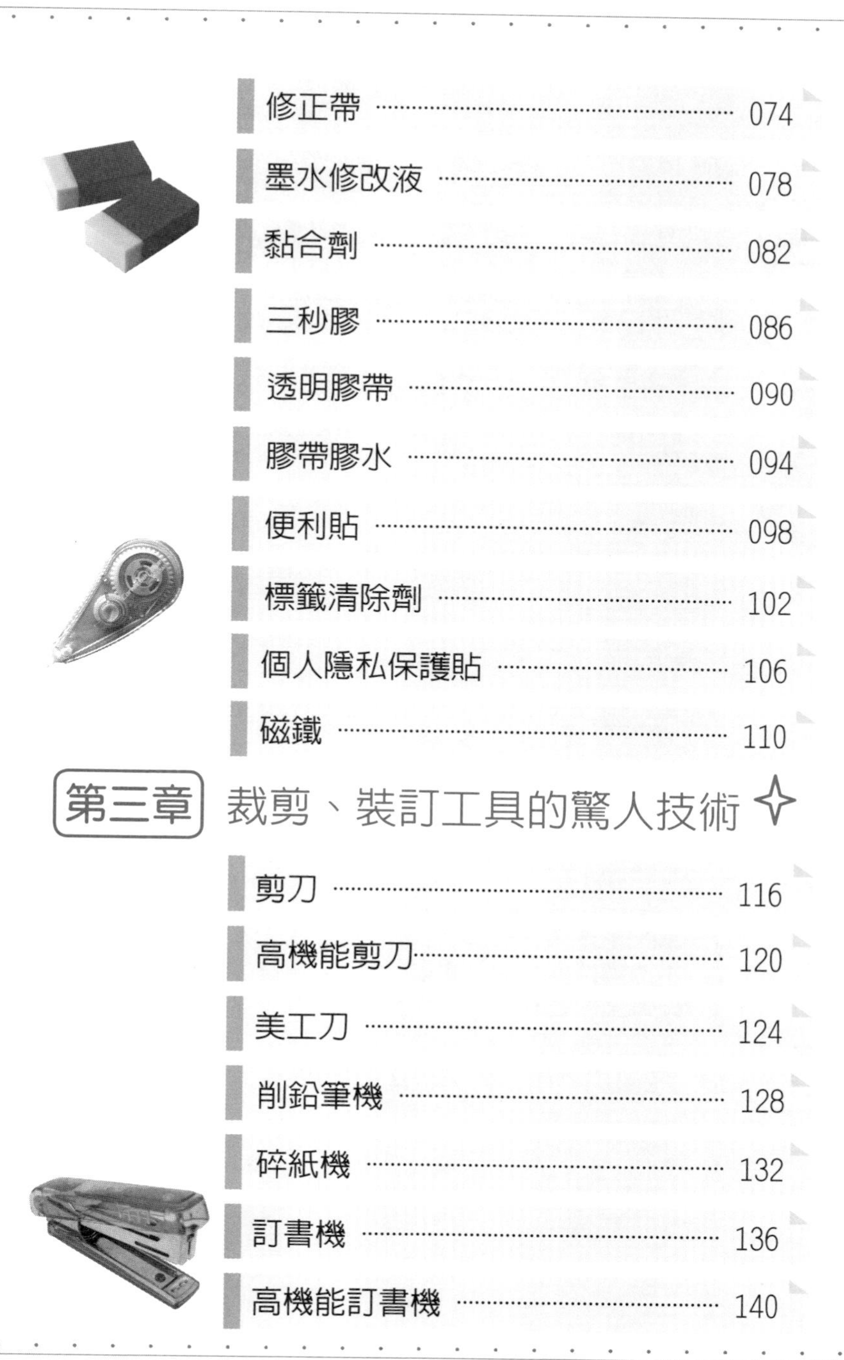

## 專　欄

# 作者簡介

【涌井 良幸】

1950 年出生於日本東京都。畢業於東京教育大學（現在的筑波大學）的數學科學系，後任教於千葉縣立高等學校。現在一邊擔任高中數學教師，一邊從事電腦演算法和統計學等的研究工作。

【涌井 貞美】

涌井 良幸的弟弟。1952 年出生於日本東京都。於東京大學理學科研究科碩士畢業後，進入富士通株式會社工作。其後，曾擔任日本神奈川縣立高等學校教學人員，而後成爲自由科學作家，現在活躍於各書籍以及雜誌的寫作工作。

【共同著作】

《身邊常見的現代化生活科技》（台灣瑞昇文化)(中經文庫）
《身邊常見的現代化生活科技 vol.2》（中經文庫）
《圖解變量解析》（台灣鼎茂圖書)(日本技術評論社）
《用 Excel 就能輕鬆讀懂 基礎統計入門》（日本實業出版社）
《困擾時的電腦文字解決字典》（誠文堂新光社）
《用電腦玩數學實驗》（講談社）等書。

第一章

# 筆記工具的驚人技術

# 鉛筆①

**雖然名為「鉛」筆，但實際上是否真的含有鉛的成分？探討最根本的問題，為什麼鉛筆可以在紙上寫字呢？**

鉛筆，若照字面上的意思，總有種「鉛筆的筆芯由鉛製成」的迷思。實際上，鉛筆並不含鉛的成分，而是加入了一種稱爲石墨的成分，日文稱爲「黑鉛」。由於漢字都寫做「鉛」，因此容易讓人混淆。鉛筆筆芯的部分，是由上述所提到的石墨以及黏土製成的。

石墨由碳元素所組成，另外同樣由碳元素組成的還有鑽石，但這兩個卻是完全不一樣的物質，像這種由同一種元素組成，卻擁有不同性質的物質稱爲「同素異形體」。

從奈米的角度放大來看，黑鉛（石墨）是由平滑的碳元素層所構成的。這層的可滑性很重要，使之容易因外力而剝落，變成黑色的粉末，所以可以留下線條組成文字或是圖畫等。

石墨，約在 450 年前的英國發現，並且馬上利用在記事工具的用途上。不過，演化成現今我們熟悉的鉛筆形狀，則是在那 200 年後的事了。

## 石墨與鑽石的組成元素相同

石墨與鑽石一樣，都是由「碳原子」組成，但排列的方式卻不同，像這樣由同一個元素組成，卻擁有不同性質的物質，就稱爲「同素異形體」。石墨由碳元素組成，因爲碳元素一層層地向上堆疊，層與層之間容易滑動。這個「易滑動」的特點即是它可以寫字的秘密。

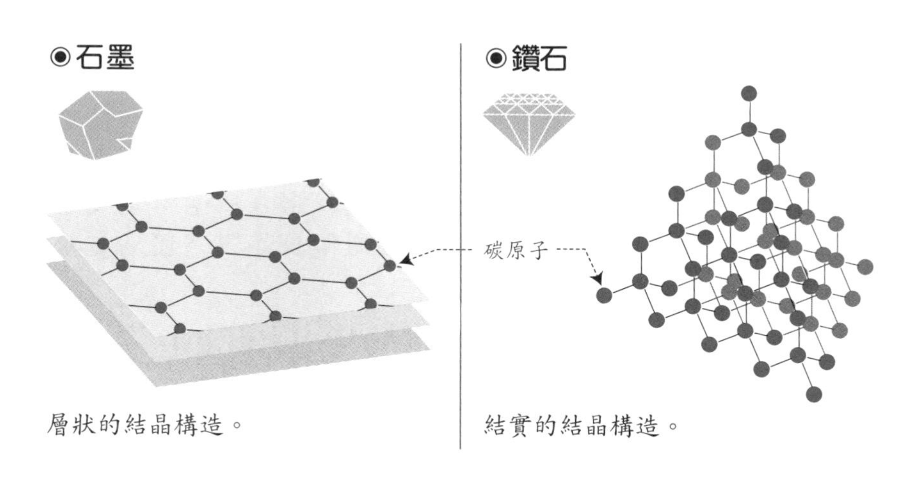


層狀的結晶構造。

結實的結晶構造。

## 鉛筆在紙上書寫的原理

紙張的表面由植物纖維層層疊起。因摩擦掉落的石墨粉末會進入纖維之間，字因此顯現出來。

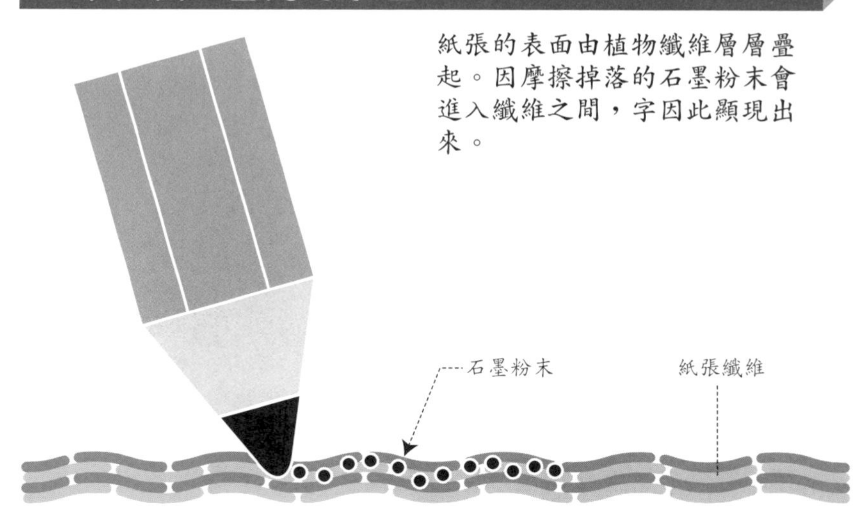

那麼，鉛筆爲什麼只能在紙張上記錄書寫，卻不能寫在鐵或是玻璃上呢？原因與先前提到的「石墨的特性」有關。碳元素層會因爲寫字時的壓力而剝落，因此被書寫的物體表層必須能夠卡住且留住粉末才成立。由於鐵與玻璃的表面堅硬且光滑，剝落的石墨碳元素層無法被卡住。

另一方面，紙張是由植物纖維所組成，表面粗糙、凹凸不平所以能夠留住石墨，使黑色粉末進入纖維內部，這即是鉛筆可以在紙張上書寫的秘密。我們一直以來理所當然地使用著這樣便利的書寫工具，沒想到會在微觀世界下是因爲這樣的原理而產生。

鉛筆筆芯的濃度與硬度，是用Ｂ和Ｈ做爲硬度記號表示。Ｂ取自 black（黑）的第一個字母，而Ｈ來自 hard（硬）的第一個字母。Ｂ的數字越大，則芯越軟，寫出來的字也越黑；Ｈ的數字越大，則芯越硬。

鉛筆的軟硬度取決於石墨與黏土混合的比例，比如說ＨＢ是由70％的石墨與30％的黏土所組成。Ｂ前面的數字越大，則含有越多的石墨成分，字也越黑。順帶一提，有時Ｈ與ＨＢ之間還有一個Ｆ，Ｆ則是取自 firm（fine point）（堅固的）的第一個字母。

## 鉛筆筆芯成分與硬度的關聯

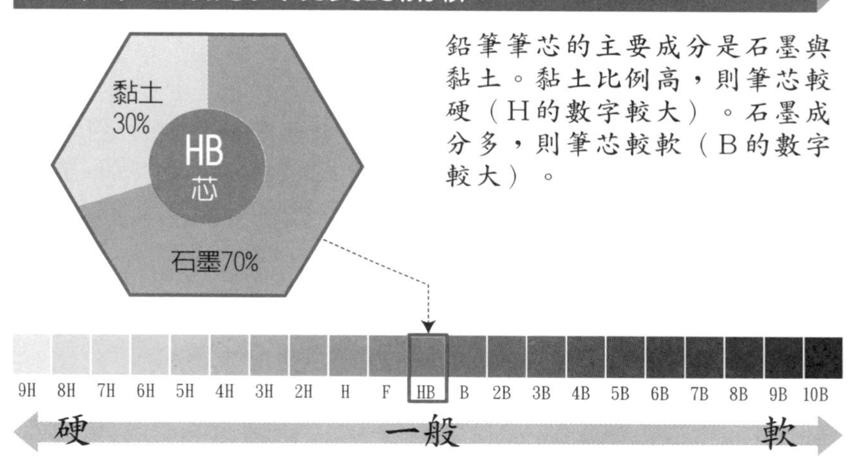


鉛筆筆芯的主要成分是石墨與黏土。黏土比例高，則筆芯較硬（H的數字較大）。石墨成分多，則筆芯較軟（B的數字較大）。

## 鉛筆的製造程序

先將黏土、石墨以及水等成分混合，經長時間攪拌、再用火烤乾後，即成爲我們現在用的鉛筆筆芯。接著，將筆芯嵌入木頭內並削整成六角形即成爲鉛筆。

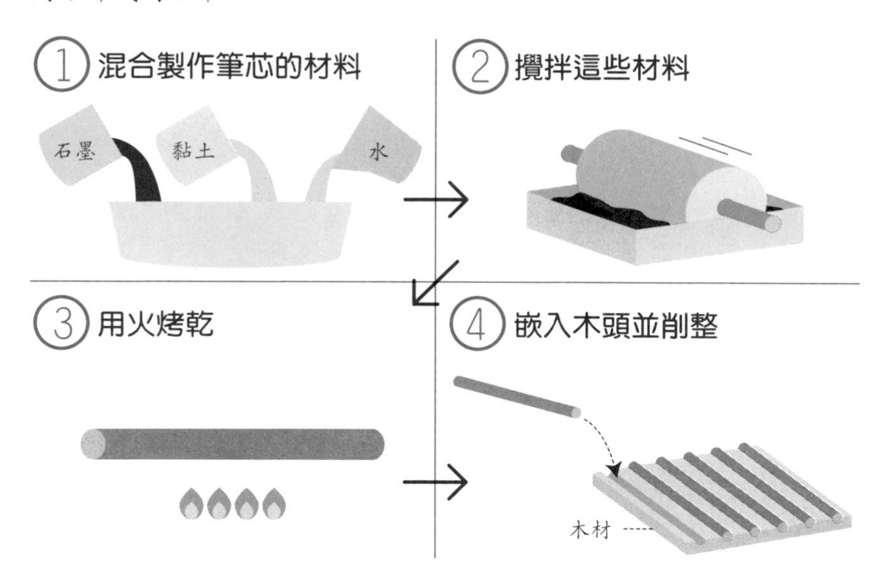

# 鉛筆②

鉛筆是從小到大學習的好夥伴。但為什麼要做成六角形？又為什麼以「打」為單位？令人感到不可思議的謎還有很多。

在這裡向大家介紹幾個冷知識吧！

據說，日本第一個使用鉛筆的人是德川家康(西元1543年1月31日～1616年6月1日)。鉛筆是在距今約450年前於英國問世。換句話說，德川家康在鉛筆問世沒多久後，即接觸到鉛筆了。鉛筆的出現同時也代表著日本當時也進入全球化了。

一般常見鉛筆的筆桿爲什麼都是六角形的呢？其中一個原因是：「不易滾動」。另外，也因爲在握筆時，必須同時用到拇指、食指、中指的三個點才能牢牢握住，若是三的倍數的話會比較好拿。

順帶一提，市面上也有販賣三角形的鉛筆。因爲比起六角形，認爲三角形筆桿比較容易握持的人也不在少數，很多情況下會讓正在學習寫字的小朋友使用。

另一方面，同是鉛筆家族的彩色鉛筆卻是圓柱狀的，這個理由將在下個章節說明。

## 一般的（六角形）鉛筆

一般的鉛筆大多剖面是六角形。這是因爲當我們握筆時，需要用到三點（拇指、食指、中指）握住它，因此筆桿的面數必須是三的倍數。像是施德樓公司(staedlter)的製圖專用鉛筆、以及蜻蜓鉛筆公司的「矯正筆」等，這些筆的剖面是圓滑的三角形，也是三的倍數。

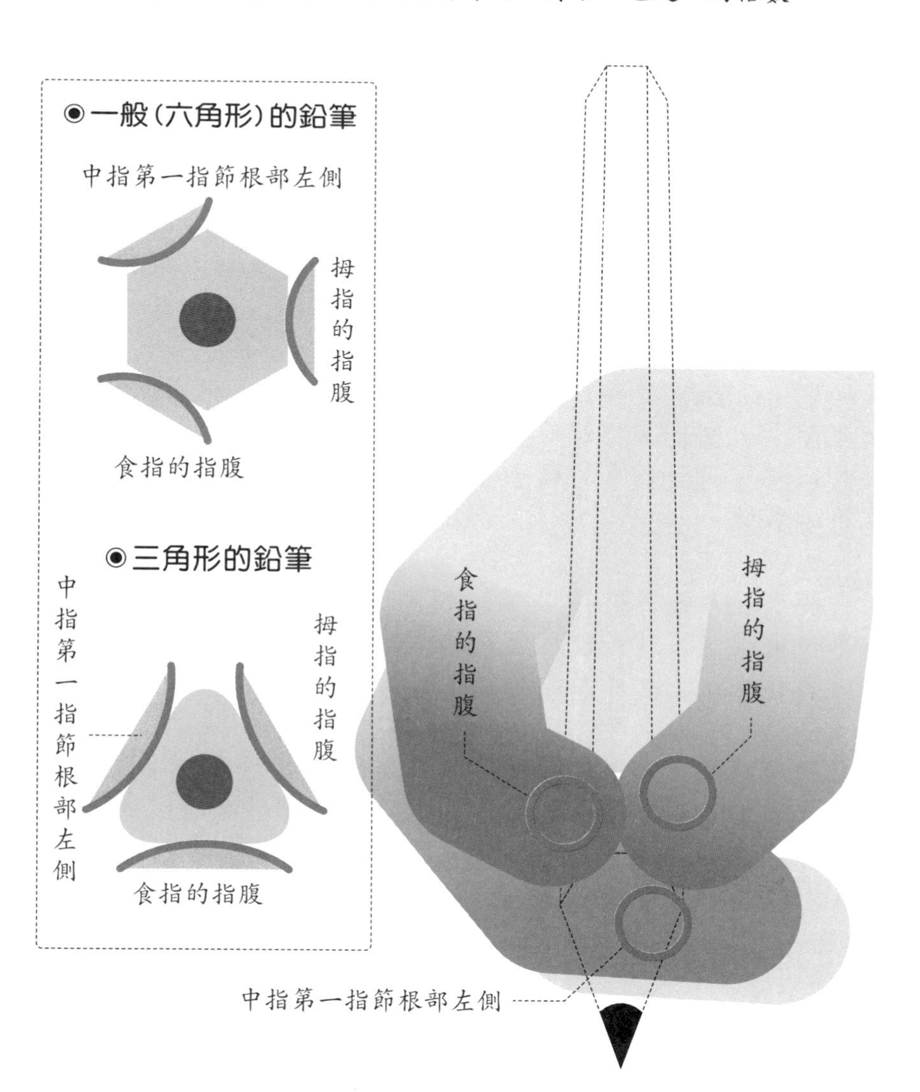

話說回來，各家公司所出產的鉛筆長度以及粗細都大致相同，是因爲有統一的規格規定嗎？

這是因爲鉛筆製造原則上是依循日本工業規格[註]規定，長度是 17.2 公分以上，粗細是 0.8 公分以內。這樣的長度是由成人的手掌根部到中指的長度決定的。

鉛筆的筆芯雖說是由石墨與黏土製成，但卻不是任何黏土都可以，必須具備有：適當的軟度、凝固時的強度、純度的品質等條件才能製成鉛筆筆芯。因此製造鉛筆時，經常使用德國或英國產的黏土。

那麼，石墨是從哪裡進口的？主要的進口國爲中國、巴西、斯里蘭卡。包裹筆芯外層的木材原料又是如何？由於必須具備易削整、適合手掌的觸感等條件，因此主要使用北美產檜木科的木材。

一般來說，鉛筆是 12 支爲一個單位，也就是說用「一打」爲單位來販售。這是使用了十二進位法，是古羅馬的算數方式。此計算方法在日本是沒有任何歷史的。

自明治時期，鉛筆由歐洲傳入日本後殘留下「一打」的用法。以「打」爲單位的算數方式依然存在於現今的歐洲文化圈。除了鉛筆以外，啤酒或果汁等飲料的瓶、罐類也是用「打」做爲計算單位。

註：日本工業規格 (JIS)，日本國家級標準中最具權威性的標準。

## 一開始決定鉛筆長度的人是誰呢？

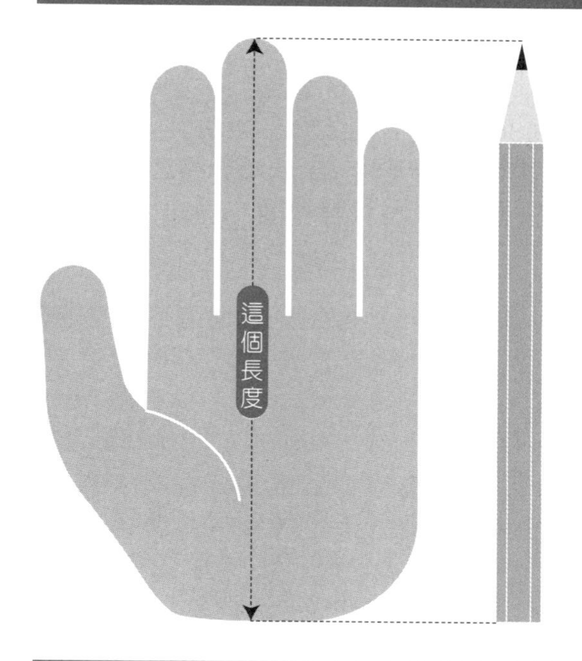


日本鉛筆的長度，是由日本工業規格(JIS)所制定爲「172mm以上」的規格。
據説一開始決定鉛筆使用長度的人爲德國的盧塔・輝柏。
在1840年左右，他提出由大人的手掌根部至中指的長度7英吋(大約爲177.8mm)做爲鉛筆的長度。

## 一支鉛筆可以寫多長

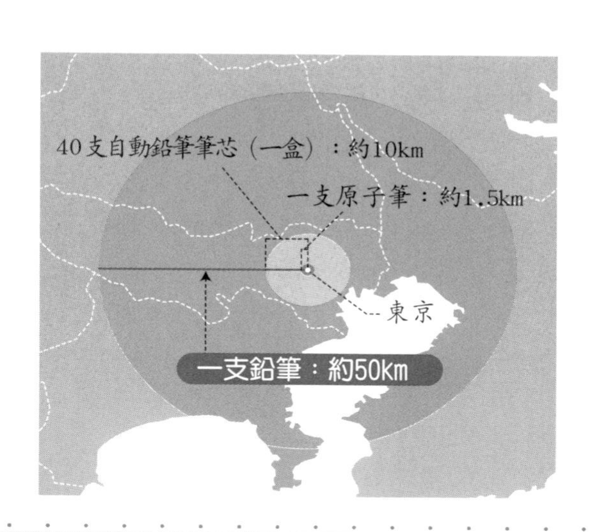


假設用一支HB鉛筆，在不需要削的前提下一直畫線，可以畫出約50公里長度的線。但是，這是從鉛筆中取出筆芯，並且有固定的氣候條件下，使用機器、筆壓設定在300公克等先決條件下而得到的數據。而筆芯減少的速度，不只與筆壓相關，也會隨著溼度不同而有所影響。

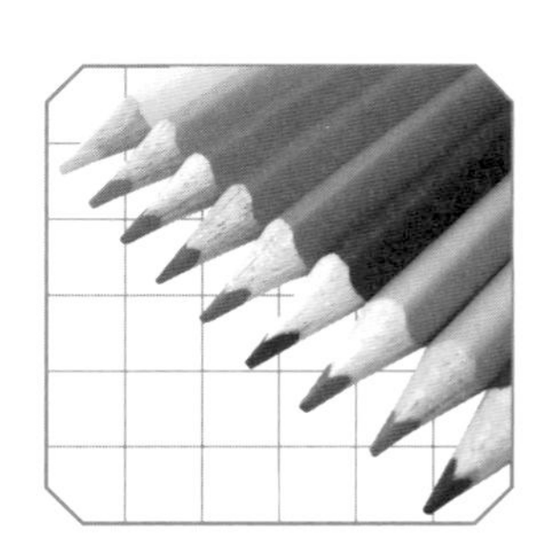

# 彩色鉛筆

**同樣叫做鉛筆，但彩色鉛筆與一般的鉛筆在形狀與性質上有很大的差異。造成這些差異的原因又是什麼？**

在新生入學用的文具用品中，彩色鉛筆對小朋友而言是最能夠留下回憶的文具。12 色、24 色等各式各樣的色彩讓圖畫更多采多姿，令人嚮往。

彩色鉛筆與一般的鉛筆在外觀與性質上都不大相同。彩色鉛筆所寫出的字、描繪的線是沒有辦法用橡皮擦擦掉的，而且筆軸的切面是圓形。

造成這些差異的原因，主要是與筆芯的性質不同有關。一般的鉛筆筆芯，是石墨與黏土混合燒乾而成，性質較堅硬。相較之下，爲了使彩色鉛筆畫起來滑順，是將顏料或染料等混合滑石粉、蠟，以及使其固定的膠類做成的，並沒有燒乾的步驟。因此，其筆芯柔軟且對外在壓力承受度較弱，芯本身也較粗。

用彩色鉛筆所寫出來的字，無法用橡皮擦擦掉的原因也在這裡。其主要成分基本上爲油性，因此筆芯的素材會在書寫時直接滲入紙張的纖維中，無法用橡皮擦擦掉。

## 一般鉛筆與彩色鉛筆的材料

如同前述，一般鉛筆的筆芯(黑芯)，是由黏土與石墨混合燒乾而成。另一方面，彩色鉛筆的筆芯，則是由蠟、顏料等油性屬性的材料，與滑石粉混合凝固。順帶一提，滑石粉是爲了能夠滑順書寫的材料，一般也使用在嬰兒爽身粉上。

### ◉一般的鉛筆

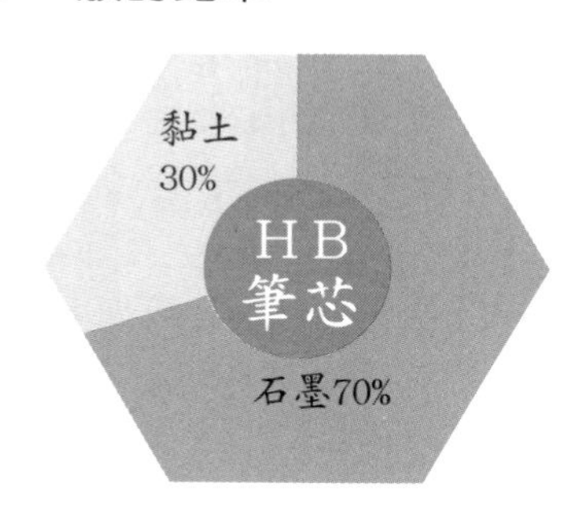


### ◉彩色鉛筆

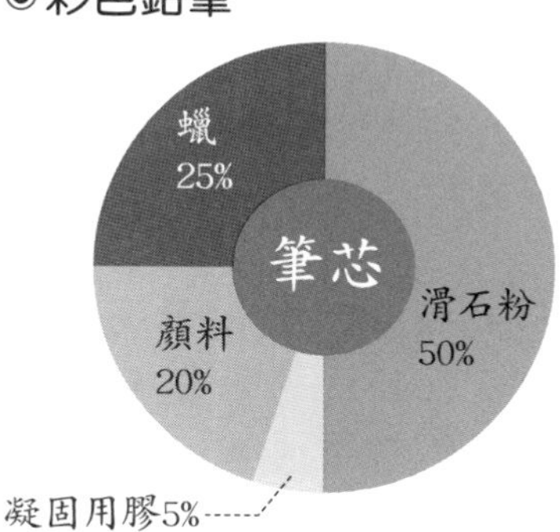


## 彩色鉛筆無法用橡皮擦擦掉的原因

一般來説，使用彩色鉛筆所寫的文字，是不太可能用橡皮擦擦掉的。這是因爲彩色鉛筆的筆芯，是「油性屬性」。

### ◉一般的鉛筆

一般的鉛筆筆芯的粉末只是附著在紙張的表面，因此使用橡皮擦即可輕易將之擦起。

### ◉彩色鉛筆

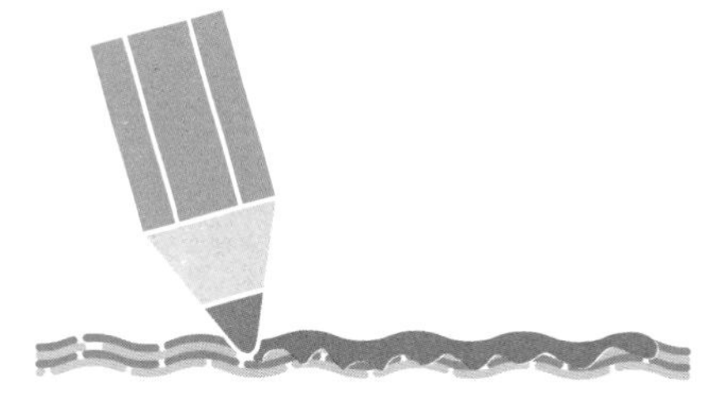

彩色鉛筆筆芯，由於材料柔軟且屬於油性的，書寫時是直接滲入紙張的纖維內，因此無法用橡皮擦將其擦去。

彩色鉛筆桿之所以爲圓柱狀，與筆芯的性質有關。以筆芯爲圓心包覆一圈，較能分散衝擊時的力量，筆芯較不容易斷裂。反之，將既粗又軟的筆芯，用六角形的木材包覆，木軸有的地方較薄、有的地方較厚，這樣厚薄不平均的狀況無法維持平均的強度。

彩色鉛筆的筆桿爲圓柱狀的原因，除了維持強度以外，還有另外一個理由。彩色鉛筆大多使用於繪畫，因此爲了方便各種不同的握筆方式，圓柱狀的筆桿比較容易使用。

彩色鉛筆與一般鉛筆的不同之處還有很多。例如販售時，前者大多已經削過筆尖，而後者則以未削過的狀態販售。這是因爲彩色鉛筆通常以 12 色或是 24 色整盒一起販售，先處理好不但可以節省消費者購買後削筆的時間，另外也方便確認顏色。

現在，隨著技術進步，能夠用橡皮擦擦掉的彩色鉛筆也陸續登場。另外，也出現筆桿做成六角柱形狀的彩色鉛筆。還有除去木頭的外軸，筆桿直接由筆芯一體成型製造的彩色鉛筆，深受大眾喜愛。這些都與以往的彩色鉛筆大不相同，有興趣的話，可以試試新型的彩色鉛筆繪畫書寫。

## 彩色鉛筆的筆桿為什麼是圓柱狀？

一般彩色鉛筆的筆桿剖面，並非六角形而是圓形。這是因爲彩色鉛筆的筆芯質地較爲柔軟且易斷，將筆桿做成圓柱狀，可以分散衝擊時的力道，有效保護筆芯不易斷。

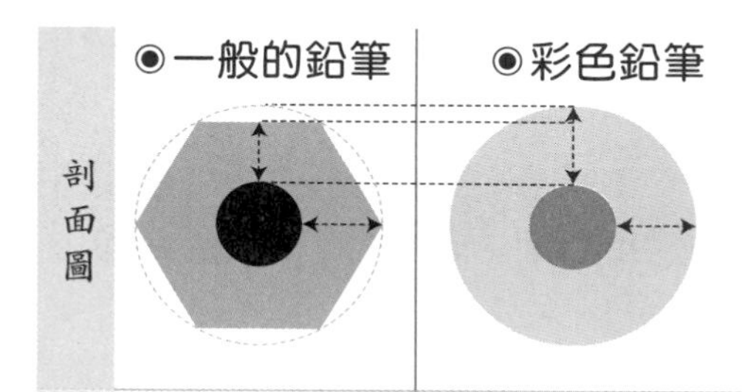


同爲厚實的木頭軸柱狀，但比起圓柱狀的筆桿，有角度的筆桿在某些部分的厚度較薄。

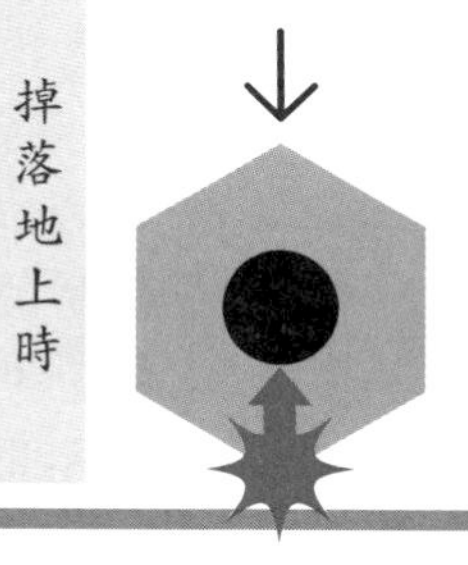
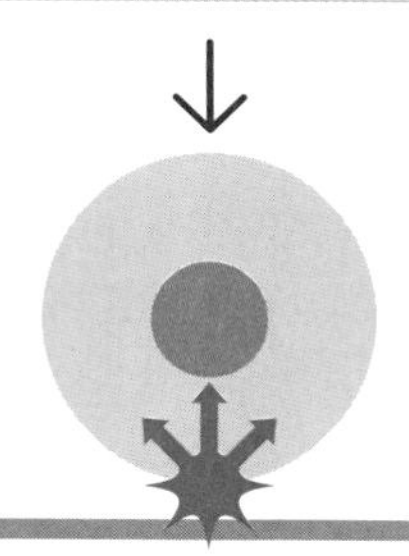


掉落地上時，圓柱狀較能平均分散外力衝擊，也較能保護筆芯。而有角度的柱體無法平均分散撞擊力，會使力道集中在某處，較無法保護筆芯。

## 各式各樣的彩色鉛筆

### 一體成型，筆桿亦由筆芯製成的彩色鉛筆

彩色鉛筆有許多不同的種類。比如，左上圖爲筆桿皆由筆芯的素材所製做成的，以名爲「COUPY-PENCIL(油蠟色鉛筆)」的商品爲代表(SAKURA CRAYPAS株式會社)。

### 筆桿為紙張包捲筆芯而成的彩色鉛筆

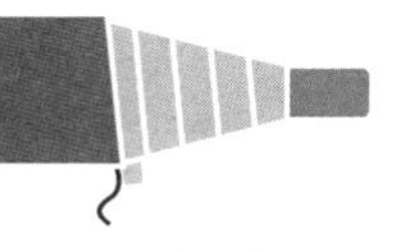

左下圖爲筆桿由紙張包捲成粗且筆芯柔軟的彩色鉛筆，可以書寫於玻璃或皮膚上，以名爲「DERMATOGRAPH(紙捲蠟筆)」的商品爲代表(三菱鉛筆公司)。

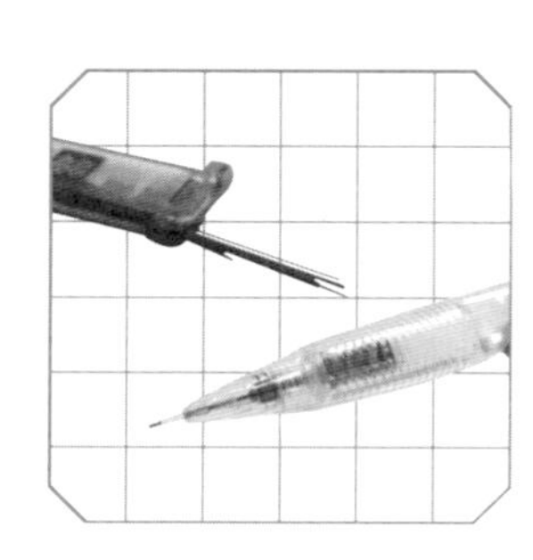

# 自動鉛筆

不需要削的自動鉛筆。這個名稱由知名電器製作商「夏普」的創辦人改良設計、推廣命名而來。

在小學的時候，大多鼓勵使用鉛筆。但事實上，在一般日常生活中，使用鉛筆的機會卻是少之又少。現在，鉛筆多被自動鉛筆所取代， 日文為シャープペンシル (Sharp Pencil)，一般年輕人也簡稱為「シャーペン（sha-pen）」。

自動鉛筆的日文以一般用來標示外來語的片假名書寫，因此普遍認為是歐美國家的發明。不過實際上，最早將其商品化發展的是日本。在距今 100 年前，由知名電器公司夏普的創辦人早川德次改良推廣命名。最初的製成品並非使用按壓方式，而是迴轉式。按壓式自動鉛筆的出現則是在西元 1960 年之後。

在日本，也有販售不到 100 日圓的自動鉛筆，其構造特別精巧，用手指按壓圓形蓋子部分，筆端的夾頭部分則會夾住筆芯並以固定的長度推出。

按壓筆蓋到底，夾子會打開，筆芯則推出固定的長度。放開筆蓋回到原位時，前端橡膠製的固定夾子會夾住筆芯，因此筆芯不會跑掉。這是使用摩擦力，並且用絕妙的方式平衡各方摩擦力控制筆芯的移動。

## 按壓式自動鉛筆的構造

按壓式的設計構造十分精巧。隨著每一次的按壓，筆桿中的夾子會夾住筆芯，並送出筆芯。

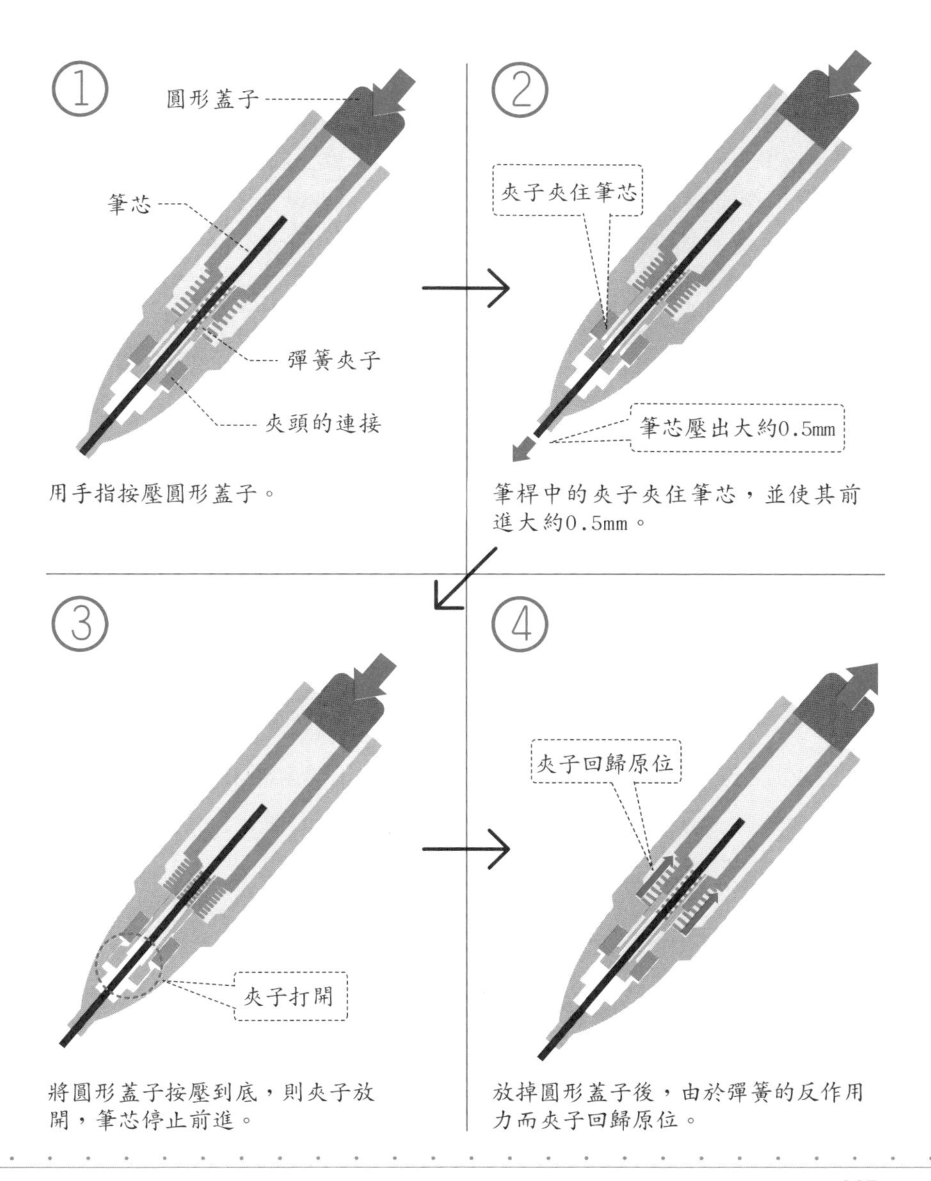


① 用手指按壓圓形蓋子。

② 筆桿中的夾子夾住筆芯，並使其前進大約0.5mm。

③ 將圓形蓋子按壓到底，則夾子放開，筆芯停止前進。

④ 放掉圓形蓋子後，由於彈簧的反作用力而夾子回歸原位。

順帶一提，按壓時發出的「咖掐咖掐」聲音，是筆桿中夾子連接的部分反彈到筆桿壁時所發出的聲音。夾子連接部分是防護夾子的動作，並且幫助夾子夾住筆芯。這個部分若爲金屬時，會發出很好聽的聲音。

自動鉛筆最初開始販賣時，是使用一般鉛筆的筆芯來作爲替換的，其直徑超過 1 公釐。這是因爲鉛筆筆芯由石墨與黏土混合而成，當時的技術還無法製作太細的筆芯。

現今，自動鉛筆的筆芯直徑可至 0.5 公釐，甚至更小。之所以能夠製作成這樣的細度，是因爲將塑料樹脂與石墨結合做爲筆芯原料（樹脂筆芯）。將筆芯外型整形，並燒乾固定，完成後塑料部分會碳化，因此成爲幾乎由 100％的碳所組成的堅硬筆芯。這時筆芯的硬度，取決於原料混合時塑料成分的量。

自動鉛筆從開發到現在已將近一世紀，仍在不停地創新。關於這點就讓我們保留到下一項目來探討。

## 指引筆芯的構造

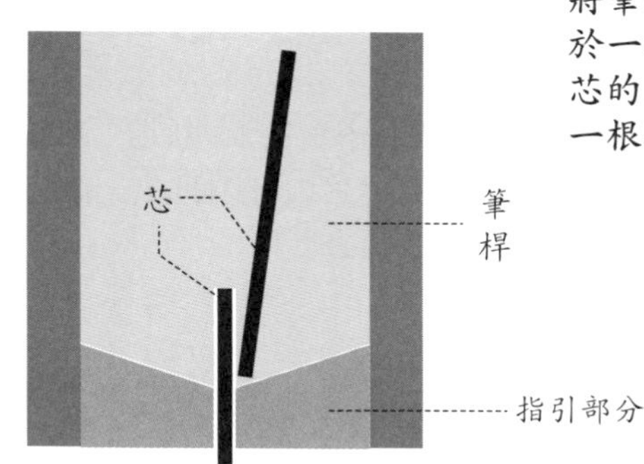


將筆芯連續送出的指引孔，直徑大於一根筆芯的直徑寬，小於兩根筆芯的直徑寬。因此自動筆芯會一根一根確實地陸續送出。

## 自動鉛筆芯的製作方式

自動鉛筆筆芯的製造方式，不同於一般鉛筆筆芯。與石墨混合並燒乾的並非黏土，而是塑料樹脂（量越多則筆芯越軟），而後將燒乾的筆芯浸泡油使其平滑。使用上述方法製造出來的筆芯既細又不易斷，寫起來又很平順。

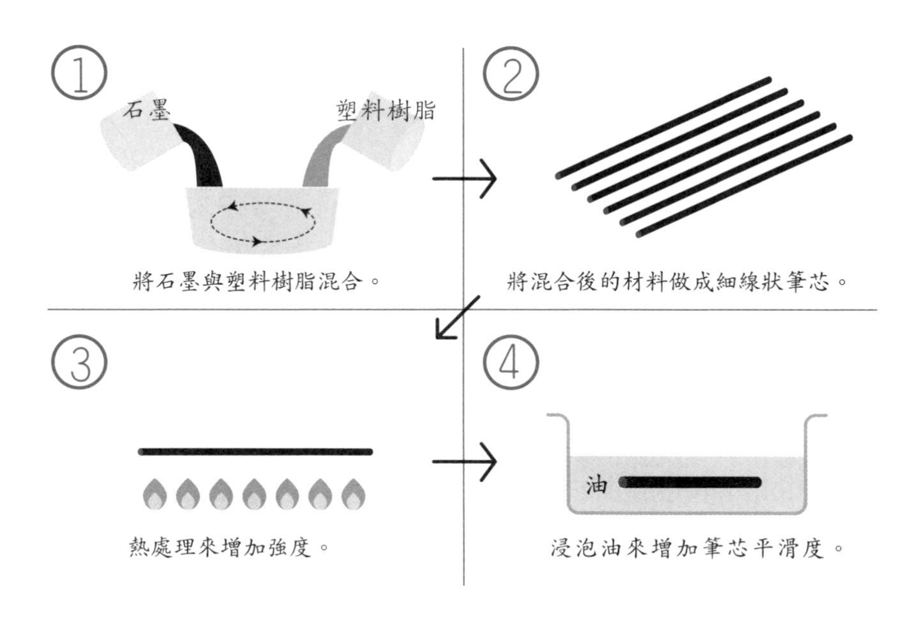


將石墨與塑料樹脂混合。

將混合後的材料做成細線狀筆芯。

熱處理來增加強度。

浸泡油來增加筆芯平滑度。

# 高機能自動鉛筆

**對日本人來說，自動鉛筆和筆芯是「筆記基本工具」，進行過許多改良創新。讓我們來看看其進化的類型吧！**

自動鉛筆與其筆芯從開發到現在已經經過了一個世紀的時間，依舊持續進化著。

「百樂文具」在自動鉛筆的進化史中留下巨大足跡。在1978年推出的搖搖機能自動鉛筆，輕輕搖筆即可送出筆芯，筆桿中的秤錘移動取代了手指按壓。

近年來，有「隨身攜帶時，因爲走路的衝擊而導致筆芯不斷送出」的問題，因此又開發了雙敲擊方式的自動鉛筆。

雙敲擊的機能，即是指用力按壓上方的筆蓋則筆尖會收納進筆桿裡的構造，是結合了原子筆的筆芯壓出的系統以及搖搖筆的功能。構想來自於過去爲了要保護昂貴的製圖用自動鉛筆筆尖時產生的機能。而現在將其與搖搖筆結合。

最近值得特別注意的技術，還有筆芯會邊寫邊自動旋轉而出的自動鉛筆。這是三菱鉛筆開發販售的 kuru toga 自動旋轉筆芯的自動鉛筆。由於筆芯自動旋轉，因此會維持筆芯前端磨成圓錐狀，每次書寫皆可維持同樣的細度與濃度。

## 「搖搖筆」的構造

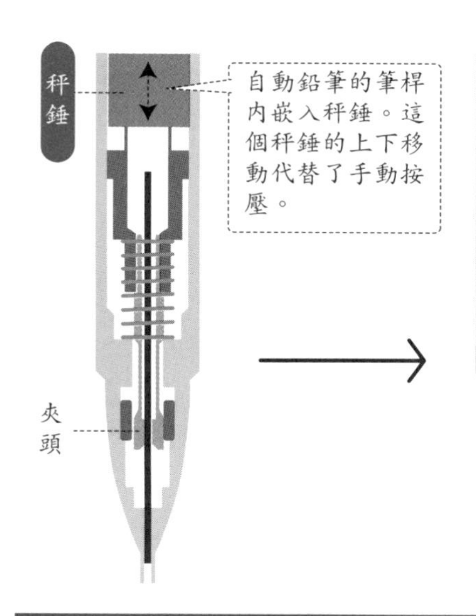


百樂開發的搖搖筆，是輕輕搖晃，筆芯即會自動送出的優秀產品。

搖動自動鉛筆，秤錘往下壓夾頭並打開，筆芯會自動送出。

## 「雙敲擊」的構造

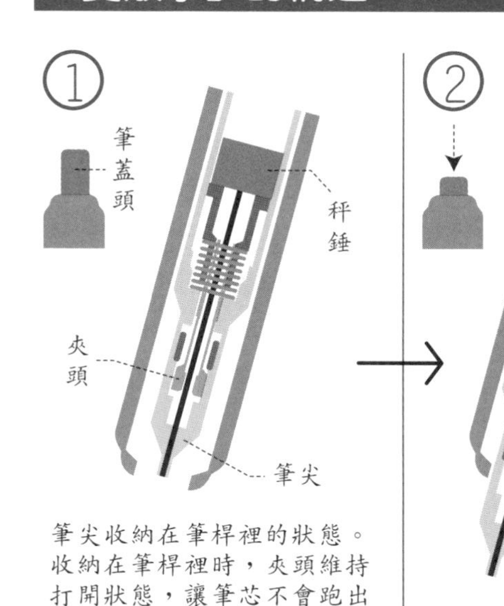


筆尖收納在筆桿裡的狀態。收納在筆桿裡時，夾頭維持打開狀態，讓筆芯不會跑出來。

②

「雙敲擊」也是百樂公司所開發的商品。加入「搖搖」機能，並搭配沒有使用時，筆頭收納在筆桿內的雙敲擊功能。

用力按壓筆蓋可以送出筆尖。搖一搖又或是輕輕按壓則筆芯送出。再一次用力按壓蓋頭，則筆尖會收納進筆桿内。

kuru toga 筆內有上中下三個齒輪。書寫時，在筆壓與內藏的彈力機制協調下，與筆芯連結的齒輪會上下運作，當上下固定的齒輪互相咬合時，將會使筆芯連帶旋轉 9 度（約每寫 40 筆劃筆芯會旋轉完一圈）。

而自動筆芯同時也在進化。比如說三菱鉛筆的 uni Nano Dia 自動鉛筆筆芯，是種石墨粒子間被稱爲 Nano Dia 的結晶碳元素平均分配的筆芯。

以往的石墨粒子總是過於密集，導致書寫時互相摩擦。而在 Nano Dia 的作用下，會減少石墨粒子間的摩擦，讓書寫時更順滑。

另外，很有特色的還有 Pentel 的 Ain STEIN 筆芯，它是在筆芯內部增添矽的強化骨架，從內而外支撐全體筆芯，因此除了不易斷以外更能維持自然滑順的書寫感。

## kuru toga自動鉛筆的構造

三菱鉛筆開發的「kuru toga」自動鉛筆內有三個齒輪，上下齒輪是固定式的，中齒輪與筆芯連結。書寫時的筆壓與彈簧的反作用力使中齒輪上下運作，上下齒輪各別錯開固定，當中齒輪與上下齒輪咬合並緩慢旋轉時筆芯會一併旋轉，每書寫一筆劃筆芯旋轉大約9度。

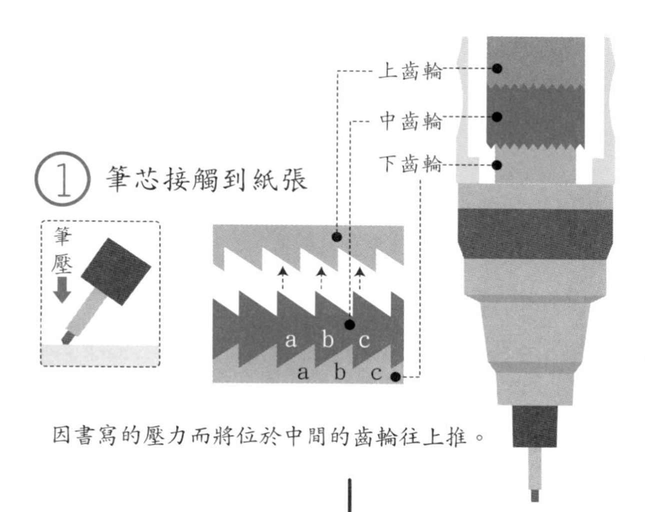


因書寫的壓力而將位於中間的齒輪往上推。

### ② 筆壓在紙張上時

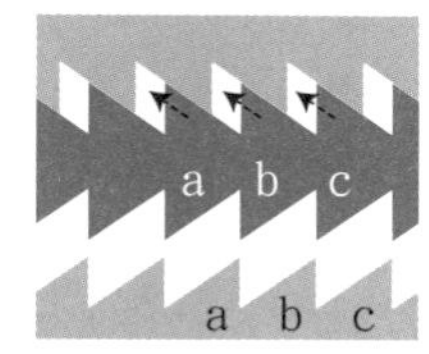


由於書寫的壓力，與上齒輪咬合的中齒輪則向左移動。

### ③ 筆芯離開紙張時

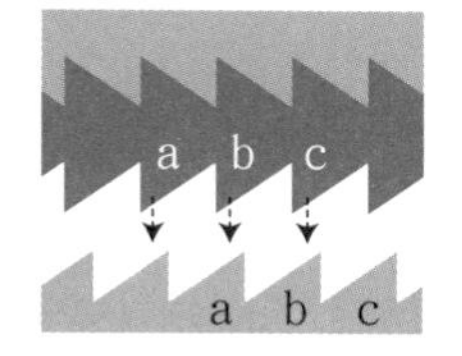


因彈簧的反作用力，中齒輪被壓回下面部分。

### ④ 筆芯離開紙張後

與下齒輪咬合的中齒輪，向左邊移動。

### ⑤ 一筆劃書寫結束

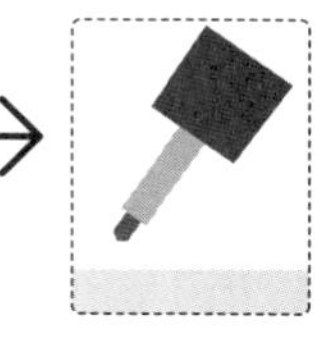

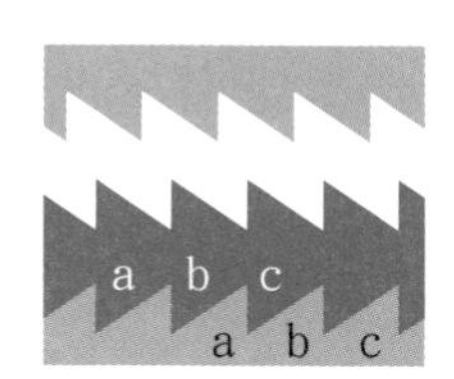


齒輪一格格地旋轉，連帶轉動筆芯大約9度。

# 原子筆

在現今這個時代，是無法想像沒有原子筆的生活。原子筆對我們是無法替代的存在。

二十世紀中葉，匈牙利人比羅 · 拉斯洛（Biro Laszlo）發明了第一支原子筆，經過半個世紀的時間，原子筆已經成爲文具界的代表了。

原子筆的構造如同它的英文名稱 BallPoint Pen，在筆的尖端有一旋轉的小球體，球體可以附著筆墨，將球體在紙張上移動即可書寫。

原子筆的製作方式非常精巧：將金屬的棒狀物研磨並且開洞，之後在洞口嵌入金屬球體。在日本，即使百圓商店内販售不到 100 日圓的原子筆，也擁有如此精巧的技術。

原子筆有許多不同的類型，例如：以前端筆頭的形狀來分類，可以分爲針頭型和砲彈型兩種。

針頭型的筆尖細且較爲突出，易於書寫，缺點爲施壓在筆上的壓力若太大，則有可能導致筆尖彎曲甚至折斷。另外，也較無法對抗掉落地下的撞擊力。

## 原子筆的構造

原子筆的構造，正如同它的名稱一樣，筆尖嵌有小圓球。其構造非常精巧，在旋轉的圓球上有著墨水附著，將球體在紙張上移動即可書寫文字。

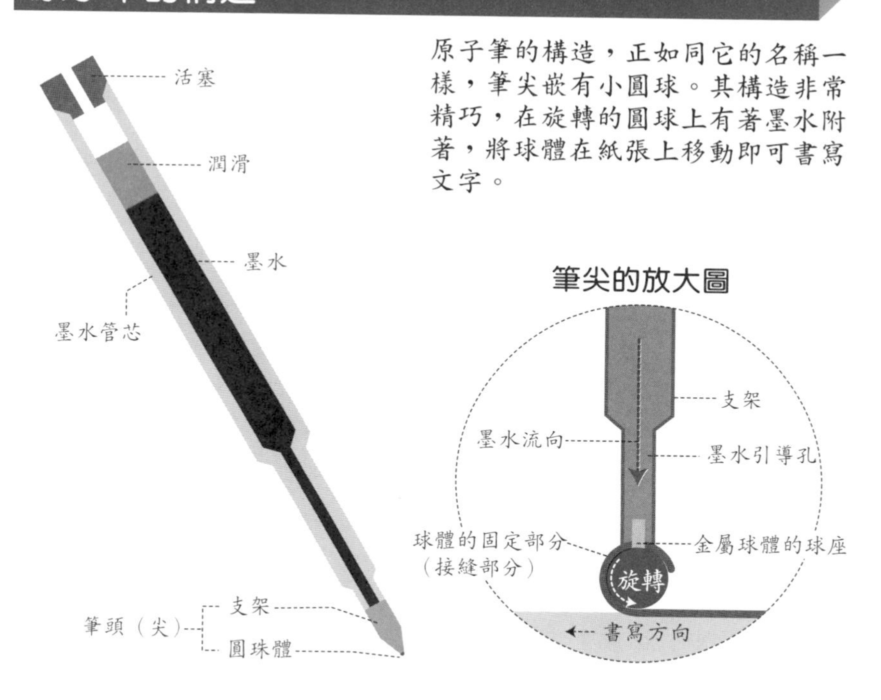


## 「針頭型」與「砲彈型」筆尖

針頭型常常使用在製圖用原子筆，而一般原子筆普遍使用的則是砲彈型。

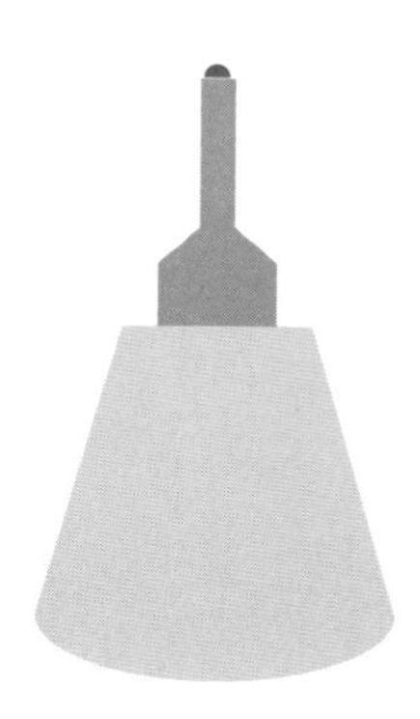

原子筆還能夠以如何收納筆頭的方式分類。單色原子筆中代表性的分類分別爲：筆蓋式（有蓋子的原子筆）、按壓式、迴轉式三種。最後一種迴轉式，又分爲扭轉式、旋轉抽取式等說法，是高級原子筆經常採用的構造。

其中原子筆最常使用的設計，就是前述的按壓式。將筆軸壁上的固定齒輪與旋轉齒輪的兩個齒輪巧妙組合，利用按壓時的反彈力讓筆芯出現或收回筆桿。

請參照右圖的說明，若還是無法理解的話，可以找市售的透明按壓式原子筆來研究看看。實際看到物品以及其設計，你也會驚奇這樣巧妙的構造吧！

原子筆也可以用墨水分類。筆墨主要成分爲溶劑、色素，以及凝固劑。溶劑的種類有油性、水性、中性之分；色素的種類有顏料與染料等類別，相關說明將會在本書第 40 頁詳細解說。

在日本，原子筆的名字並不會因爲墨水的種類不同而有差別，但在美國則將油性筆稱 Ballpoint pen，水性筆稱作 Rollerball pen，有這樣有趣的區別。

## 按壓式原子筆的構造

由按壓側的齒輪、筆芯側的齒輪以及固定齒輪這三個齒輪組成的按壓式原子筆。每按壓一次則中間的固定齒輪會旋轉一個齒格。固定齒輪的鋸齒每隔一個則有筆芯側的齒輪卡榫，因此可以控制筆芯的進出。

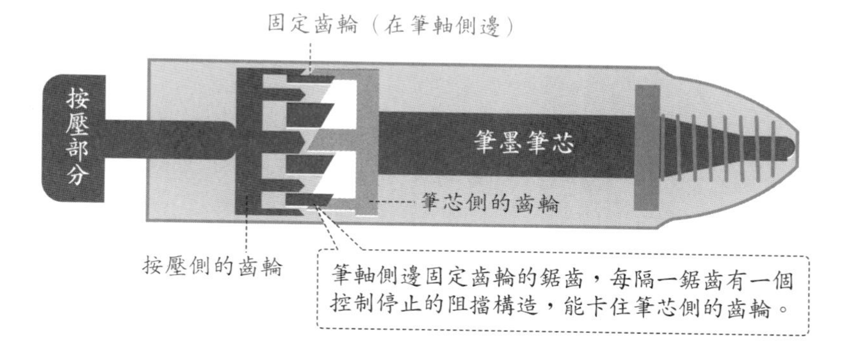


## 按壓式原子筆筆芯伸縮的結構分析

實際的齒輪是圓的，但在這只能以平面圖說明。圖中的齒輪會因每一次按壓而不停地轉動。

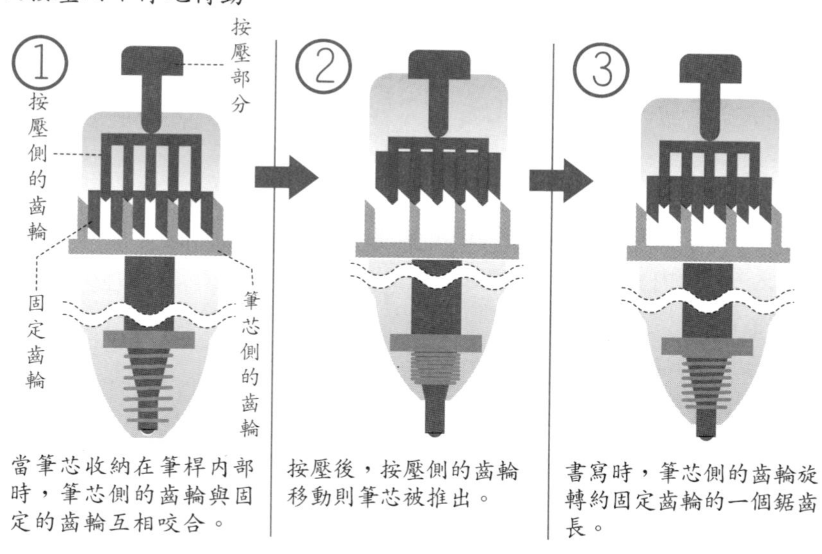


當筆芯收納在筆桿內部時，筆芯側的齒輪與固定的齒輪互相咬合。

按壓後，按壓側的齒輪移動則筆芯被推出。

書寫時，筆芯側的齒輪旋轉約固定齒輪的一個鋸齒長。

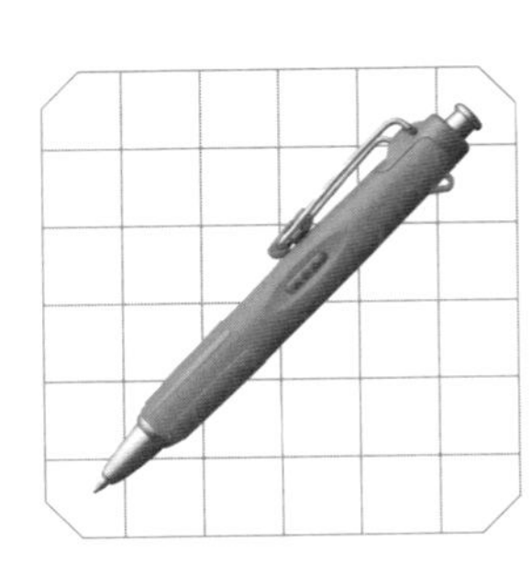

# 高機能原子筆

原子筆有很多不同的進化型，這是為了滿足各種條件，並且持續追求易書寫的功能而成就的結果。

日本人對原子筆有著不厭其煩的開發意圖，這是很令人驚嘆的。在一支小小的原子筆內，暗藏著許許多多的巧思，讓我們來看看吧！

首先來看看被媒體評價爲「在外太空也能書寫」的加壓原子筆。一般的原子筆是利用墨水會隨著地心引力向下流動來維持可書寫的狀態。因此在無重力，或是筆尖向上的狀態下書寫時，空氣會進入筆芯導致無法書寫。解決這項問題的，即是加壓原子筆。

加壓的方式有兩種，一種是將壓縮空氣事先灌入筆桿內放置筆芯的筆管中，三菱鉛筆販賣的「Power Tank 無重力原子筆」即是其中之一。

另外一種加壓方式是利用按出筆芯的加壓力量，將壓縮空氣送入筆芯内的方式。蜻蜓鉛筆有販賣一款名爲「Air Press 氣壓隨寫筆」的商品。與事先灌入壓縮空氣的方式不同，因此不需要擔心壓縮空氣洩漏時該怎麼辨的問題。

## 一般的原子筆無法筆尖朝上書寫的原因

原子筆之所以能夠書寫，其實是利用墨水會隨著重力往下流動。因此一般的原子筆假設長時間橫放或是筆尖朝上書寫都會因爲空氣進入造成書寫困難。

### ◉ 水平方向的書寫

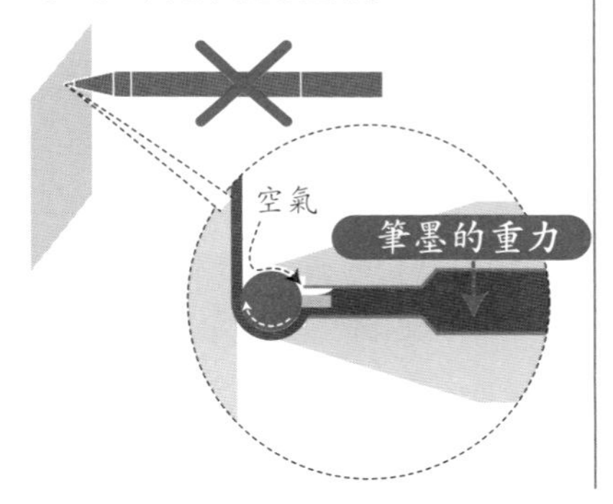


### ◉ 筆尖朝上的書寫

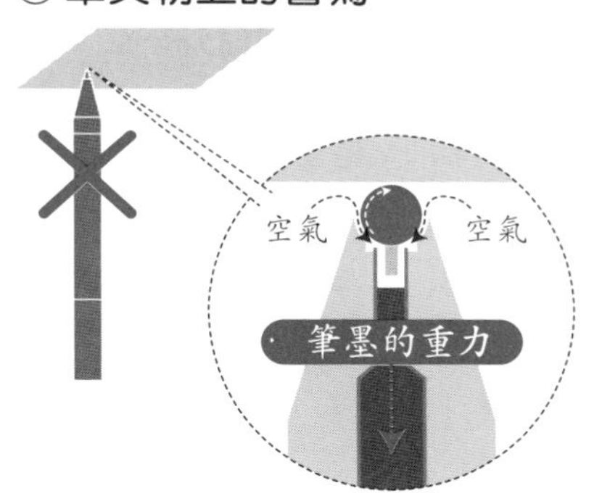


## 加壓式原子筆的構造

關於加壓式原子筆的構造，就讓我們以蜻蜓牌鉛筆的「Air Press氣壓隨寫筆」爲例。如下圖所示，按壓後活塞部分向下，容納筆墨的容器内氣壓會上升。

### ◉ On＝有加壓（按壓時）

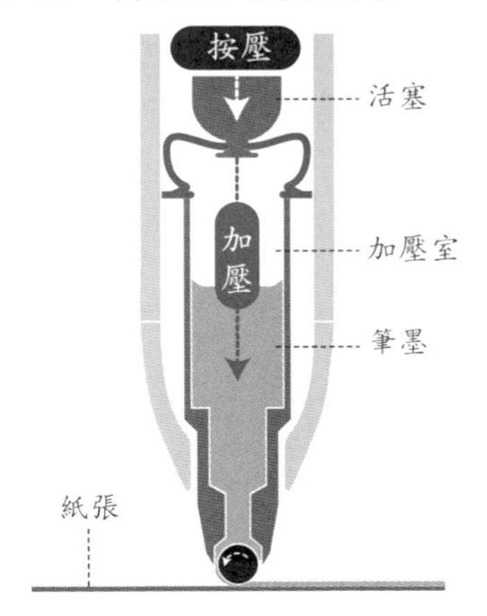


### ◉ Off＝無加壓（解除按壓時）

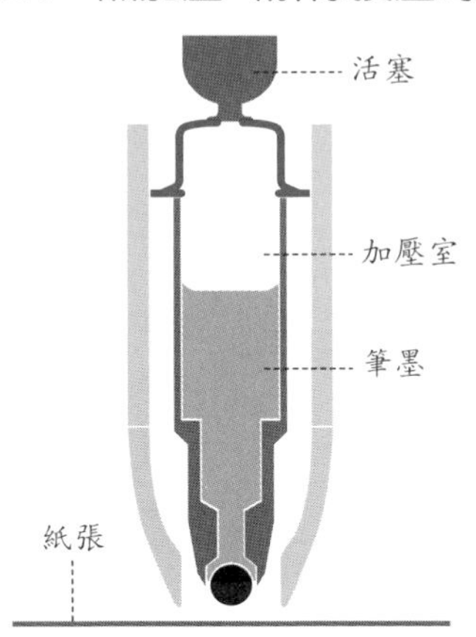

讓我們來看看另一種花了很多巧思的例子——多色原子筆，選擇顏色的方法爲擺動式，又稱砝碼式。將筆軸上標示著紅、藍和綠等顏色標誌傾斜向上，之後按壓時，就能出現自己想要的顏色。筆軸朝上時，內部的砝碼因爲重力改變而向下移動，所以能夠按壓出自己所選顏色的筆芯。

如同斑馬鉛筆開發的「SHARBO」，是將筆軸的上下部分分別向反方向轉動，則不同顏色的原子筆或是自動鉛筆的部分會跳出。上述爲重複旋轉送出式，在內部放置嵌入切成斜面的圓筒狀，圓筒突起的部分，會藉由旋轉的力道將筆芯壓放出。

還有更具巧思的例子，例如反映日本人愛整潔的「抗菌原子筆」。筆軸握把的材料部分混合進氧化鈦、銀以及兒茶素等能夠抗菌的成分，是能在表面進行抗菌處理的原子筆。這些商品若是能普及到銀行等公共場所使用，豈不是一件難能可貴的事嗎？

## 擺動式多機能筆的構造

擺動式的多機能筆，砝碼因爲本身重量向下掉，因此可以按壓出顯示在筆軸上的顏色筆芯。

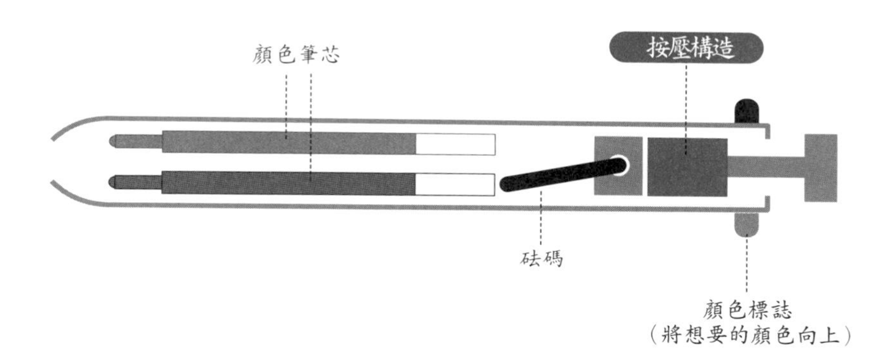


## 旋轉送出式筆的構造

旋轉送出式原子筆，是一種常常使用在高級原子筆的技術。其構造非常的單純，握住前方軸，並將位於筆尾的筆蓋反向旋轉，即能送出所選擇的筆芯。

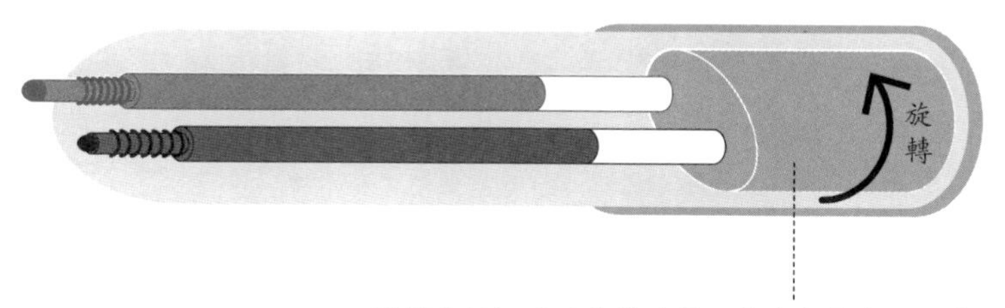

# 中性原子筆

一直以來，原子筆的墨水被分為「油性」與「水性」，近年來「凝膠（中性）墨水」也受到注目。這又屬於哪種墨水呢？

原子筆的筆芯主要成分爲：色素、凝固劑、溶劑等三樣。色素決定墨水的顏色；凝固劑能將色素凝固在紙張上，主成分爲樹脂；溶劑則有融合色素與凝固劑的作用。

而溶劑爲有機溶劑的稱爲「油性墨水」；含有水與酒精的稱爲「水性墨水」；還有一種如同凝膠般的半液體或是半固體（也就是膠狀）的墨水，則被稱爲「凝膠墨水」，凝膠墨水又稱爲中性墨水。

油性原子筆由於墨水具有耐水性，因此擁有不易滲透的特性，也就是寫的字較不會暈開。有黏性且書寫時可以用力寫，因此適合用在碳式複寫紙的書寫上。

水性原子筆由於墨水的性質如流水般滑順，輕輕施壓即可書寫。相當適合用在書寫長篇文章之用途，但缺點是墨水容易滲入紙張，較易暈開。

中性原子筆，由於書寫時墨水會因圓珠體的旋轉力變成水狀，因此輕壓即可滑順地書寫。書寫完，墨水的黏度上升變回膠狀凝固，因此寫的字不易暈。同時涵蓋水性與油性原子筆的優點，這就是中性筆深受歡迎的原因。

## 油性、水性、中性墨水的不同

原子筆墨水分為油性、水性與中性三種，讓我們來看看其中的不同。

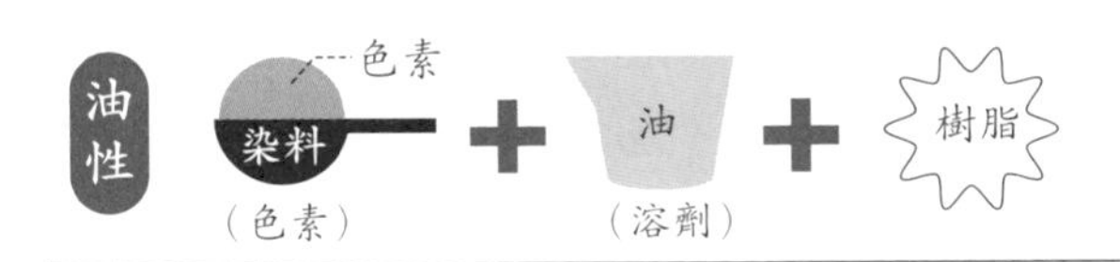


耐水性，筆跡不易變質，並且不易滲透。

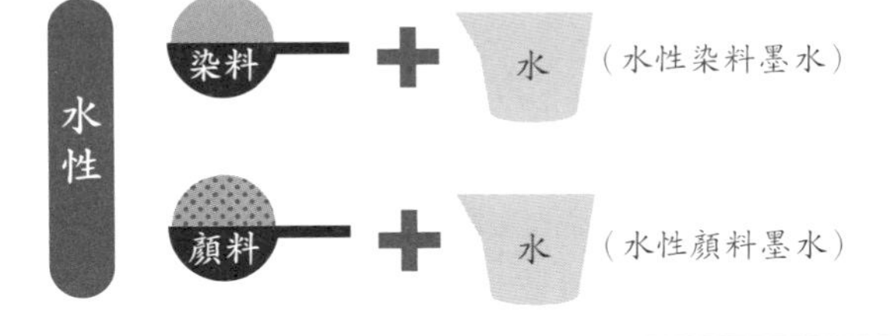


書寫滑順，色調鮮豔且飽和度高。

書寫滑順，色調鮮豔且耐水性佳。

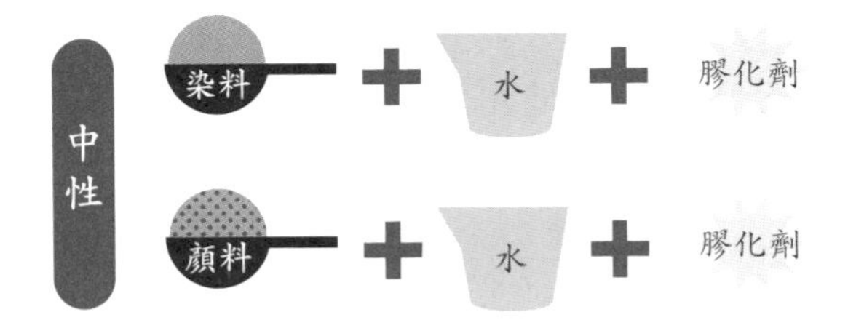


書寫滑順，不易滲。色調鮮豔且色彩飽和度高。

書寫滑順，色調鮮豔且耐水性佳。

## 中性墨水的特性

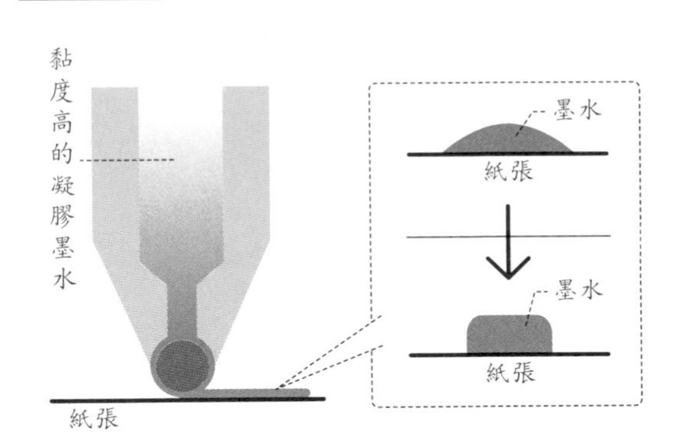


中性原子筆在書寫時，由圓珠體旋轉時的力量讓筆墨的黏度下降，書寫流利且滑順。而書寫在紙張上的墨水，會回復原本黏度高的膠狀，因此也不易暈開。

近年來，「乳膠墨水」也非常受歡迎。乳膠墨水又稱作油中水滴型墨水。這種墨水，是將水性墨水混入油性墨水中，讓其呈現乳化的狀態。「兼具油性的扎實感，與水性墨水的流動感，且書寫輕鬆，筆順有著至今爲止都沒有的順暢感，並同時擁有色調鮮豔與顏色飽和度高的特性」，製造生產的斑馬鉛筆公司如此歌頌著。

再來看看色素部分。決定墨水顏色的色素，分爲染料和顏料兩種。染料能夠完全溶解於溶劑中，顯色較佳，但書寫出的文字耐水性及耐光性較差。而顏料在溶劑內會呈現粒子分散的狀態，書寫出的文字耐水性及耐光性較好。

題外話，三菱鉛筆、蜻蜓鉛筆，以及斑馬鉛筆都將墨水稱爲「墨水」，而百樂以及 Pentel 皆使用較爲古老的説法，將墨水稱爲「油墨」。

## 顏料與染料

色素決定墨水的顏色，分爲顏料與染料兩種，來看看他們的優缺點吧！

顏料的示意圖

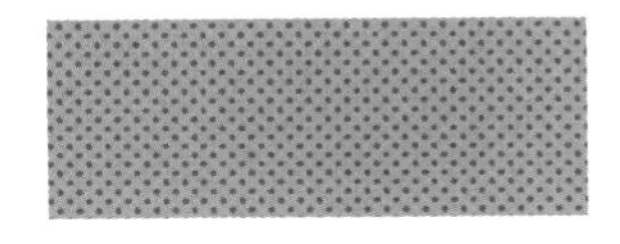

染料的示意圖

◉水性顏料的示意圖

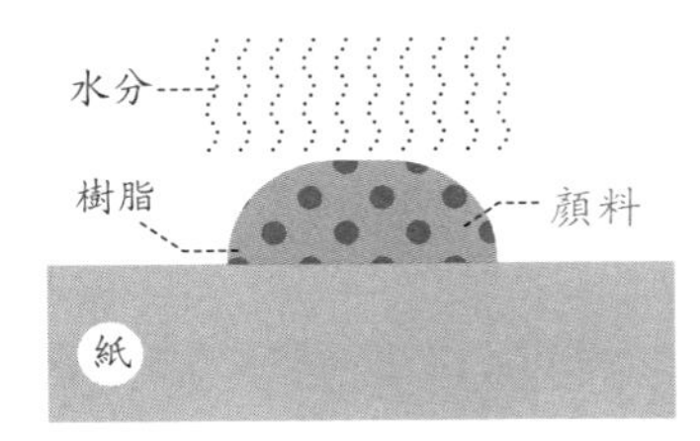


色素分散在溶劑內，當其乾燥時樹脂能夠黏著在纖維上，因此比水性染料較少墨水暈開的問題。

◉水性染料的示意圖

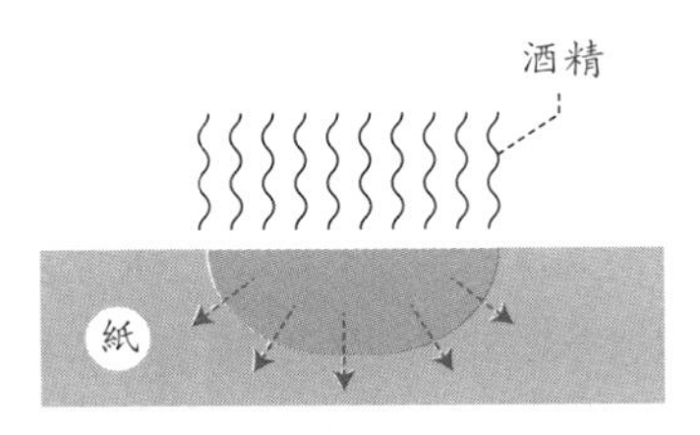


色素完全融入溶劑內，顯色優，染料完全滲入紙張，較容易有墨水滲透、字容易暈開的問題。

## 兼具油性與水性優點的「乳膠墨水」

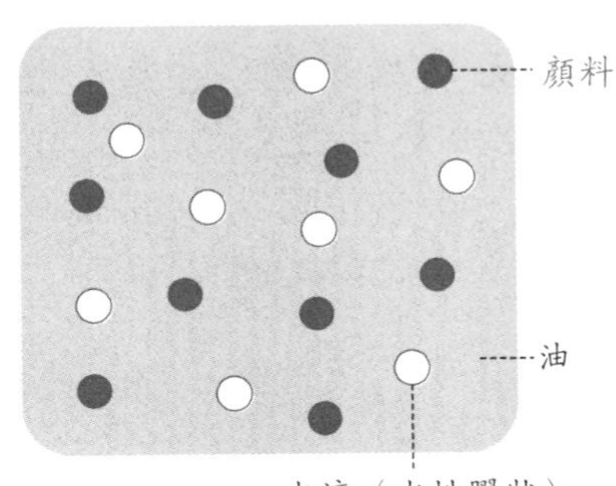


左圖爲乳膠墨水的示意圖。油性墨水中混合著代表水性膠狀的水性墨水，也就是乳化的狀態。兼具油性的「書寫扎實感」與水性的「墨水流暢度」。

# 魔擦鋼珠筆

「原子筆書寫的字是無法擦除修改的」，顛覆這個認知的就是魔擦鋼珠筆。在西歐也非常受歡迎。

與一般鉛筆相比，原子筆最大的缺點即是「無法擦除」。現今，打破這個認知的商品已經開發成功，即百樂的「魔擦鋼珠筆」，俗稱擦擦筆。使用筆尾端的橡膠部分即可擦去所寫下的文字，其中的秘密是，利用摩擦時產生的熱度。這個摩擦熱與墨水中的成分作用之後，即可消除顏色。

這樣特別的墨水顏料的眞面目，是由無色染料、顯色劑與溫度變色調節劑三種成分所組成的微型膠囊。在這膠囊內，本來無色染料與顯色劑結合會顯現顏色。

然而當橡膠與紙張因爲互相摩擦導致溫度上升至60度以上時，溫度變色調節劑會發揮作用，將其連結切斷，因此無色染料變回原本無色狀態。這就是墨水消失的秘密。

要注意這種墨水必須在溫度低於60度的環境下書寫，超過此溫度時字會消失不見。值得一提的是，消失的字在負10度左右時就會復活。因此可以假設，在熱便當上放置書寫的紙張，文字會消失，但將紙張放置在冰淇淋的盒子上時，字又會出現。

# 可以擦去文字的秘密

「擦擦筆」可以擦去寫下的文字的秘密，是因爲橡皮部分摩擦產生熱度。當熱度上升到60度以上時，原本與顯色劑結合的無色染料，將會回復原本的無色狀態。

## 常溫

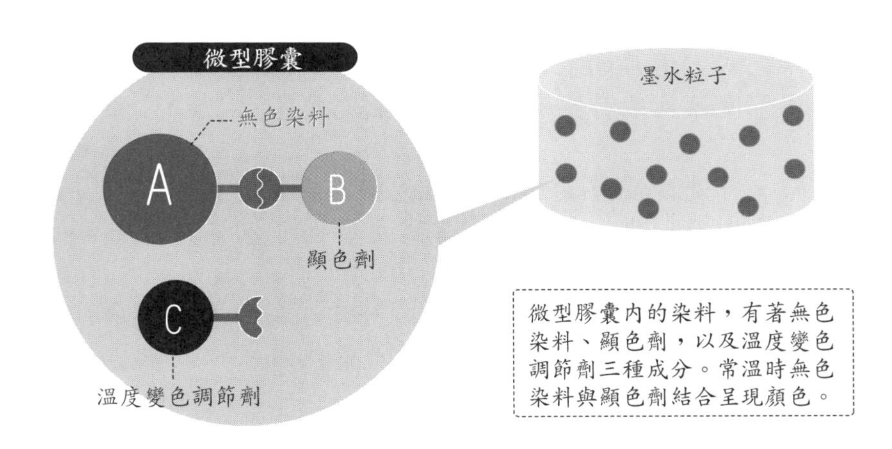


## 摩擦加熱後

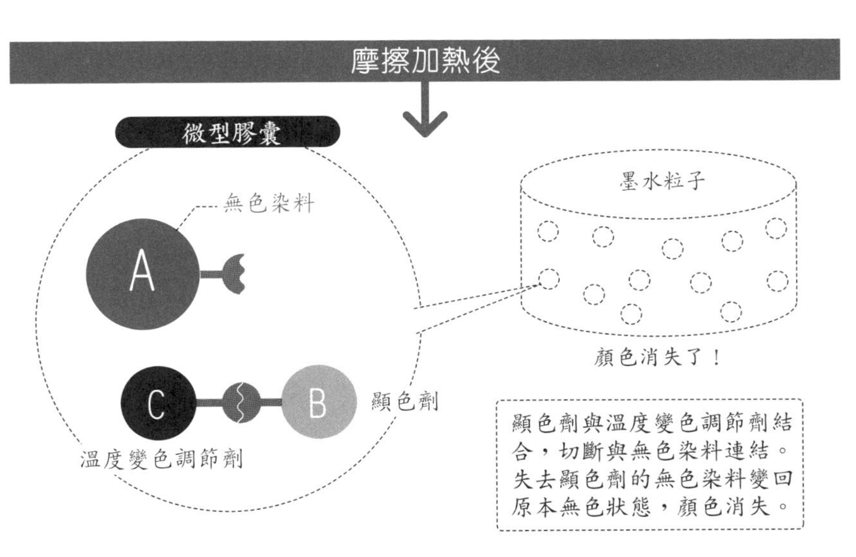

開發的百樂公司，將擦擦筆的墨水稱爲「摩擦墨水」。其實這種墨水在運用於原子筆之前，已經活用在其他領域了，其中的代表有複寫卡（Rewrite Card）。

日本許多藥妝店給顧客的集點卡即是這項科技的應用，並且分爲白濁式與無色式兩種。色彩較鮮艷且擁有設計感的通常爲無色式，卡片的表面塗有無色染料與顯色劑，加熱後立即冷卻，使無色染料與顯色劑結合呈現顏色。

然而，若是慢慢將其加溫，顯色劑與染料會因爲熱度分離而字會消失，如此一來既可以書寫文字也可以將其消除。

將無色染料變成有顏色的技術，同時也利用在商店所開出的發票和銀行的 ATM 收據所使用的感熱紙，以及無碳複寫紙 ( 第 248 頁 ) 上。

## 消失的文字因溫度下降而再出現

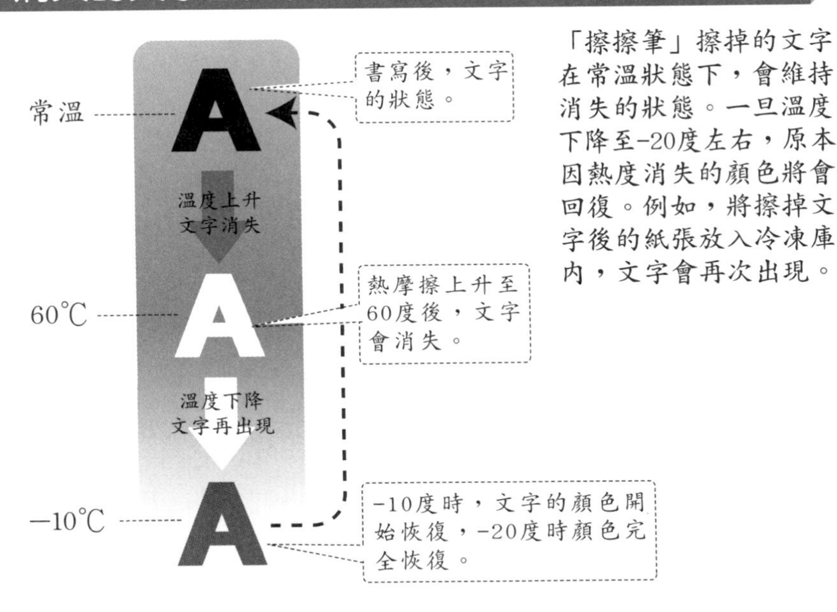


「擦擦筆」擦掉的文字在常溫狀態下，會維持消失的狀態。一旦溫度下降至-20度左右，原本因熱度消失的顏色將會回復。例如，將擦掉文字後的紙張放入冷凍庫內，文字會再次出現。

## 利用無色染料技術的複寫卡

日常生活中，有許多運用無色染料技術的例子。其中代表即複寫卡，利用溫度的高低以及加熱冷卻的緩急，可以自由控制文字的書寫或消除文字。

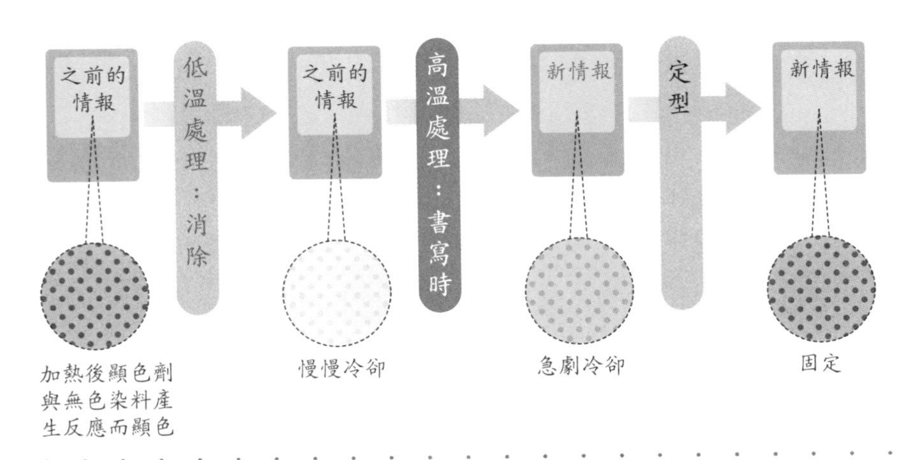

# 鋼筆

**在電腦科技時代，實際使用筆來書寫記事的機會越來越少。在這樣的時代，使用鋼筆寫字的人卻增加了。**

日本昭和時代中期，曾有過一段贈送鋼筆做爲學生入學賀禮的風潮。但是，在現今智慧型手機全盛的時代，那樣的流行已成爲過往雲煙，紀錄的方式也已經從「寫字」進化爲「打字」了。

敲打鍵盤綴成的工整文章，總有種冰冷的感覺，然而要將文字處理機或郵件完全捨棄，而改由手寫取代又是不可能的事。這時，「至少自己的名字要用手寫」這樣的想法讓使用鋼筆署名的人數逐漸增加。這是因爲用鋼筆寫出的文字，有著其他書寫文具所無法展現的溫暖和個性。

鋼筆的起源可以追溯至古埃及時代。當時的蘆葦筆可視爲鋼筆的前身，是將蘆葦的莖斜切，再將尖端縱向分割，利用毛細現象使得墨水沿著尖端的切口吸入而成的筆。

七世紀時，進化爲羽毛筆，再之後又將羽毛改爲由金屬製造，其後更進化到內裝墨水的形式而成爲現在的鋼筆。墨水自墨水管流向筆尖，是利用毛細現象，穩定且一滴一滴地送至筆尖。

## 鋼筆的零件名稱與作用

1884年，美國的華特曼公司(Waterman)推廣生產。來看看它精巧的構造。

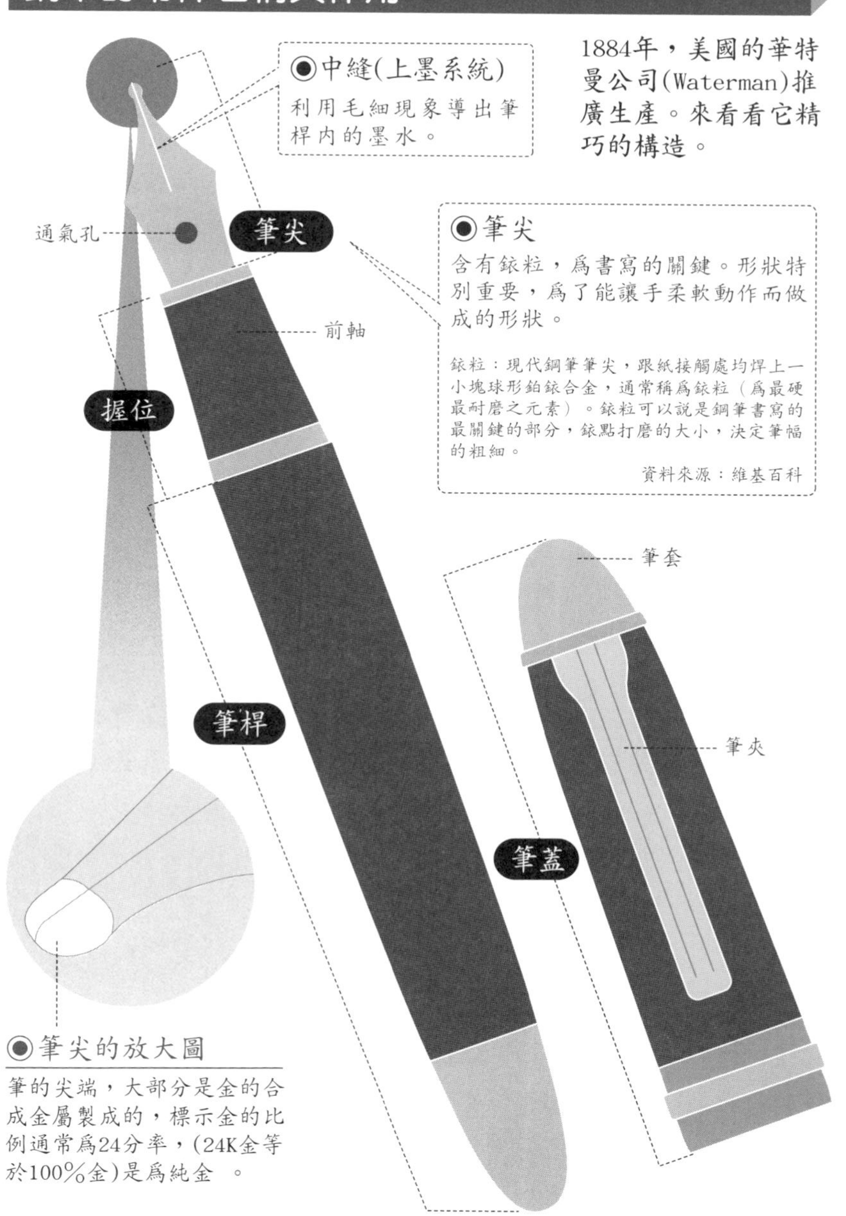

鋼筆的書寫順暢度取決於筆頭的形狀和筆尖。筆頭形狀之所以重要，是因爲若書寫時加壓在筆上的力道過重，這時筆頭就有可能會變形。筆頭中間部分有個稱爲通氣孔的洞，這並非只是裝飾，也是爲了緩和筆頭承受的壓力，避免筆尖因力道太大而變形。

筆尖是筆頭的最前端，通常是含金的合成金屬。例如，註明「18K 的鋼筆」，K 即是指金的含量 ( 純度 )，金屬純度是以 24 分率標示，純金的標示即爲 24K。與時間的標示相同，24 即爲 100%。

另外，鋼筆依照替換墨水的方式可大致分爲：卡式上墨、吸入器式上墨、活塞式上墨。近年來，即使能夠輕易替換墨水的卡式上墨技術隨時代精進，但歐洲的鋼筆，大多還是使用傳統的活塞式上墨（迴轉式）。

使用鋼筆必須注意是否卡墨水。假設短時間內沒有使用鋼筆的計畫，請務必拔掉墨水管，清洗乾淨並完全擦去水分後陰乾。

## 毛細現象的秘密

鋼筆的墨水之所以可以由墨水管流入筆尖，是利用了「毛細現象」，這是一種水會滲透至細管和其間隙的物理現象。例如，觀察盛水的玻璃杯，會發現杯緣部分的水通常比水平面高，呈現向上爬的弧線。這是由於玻璃與水分子之間的引力(分子間作用力)引起的毛細現象的緣故。

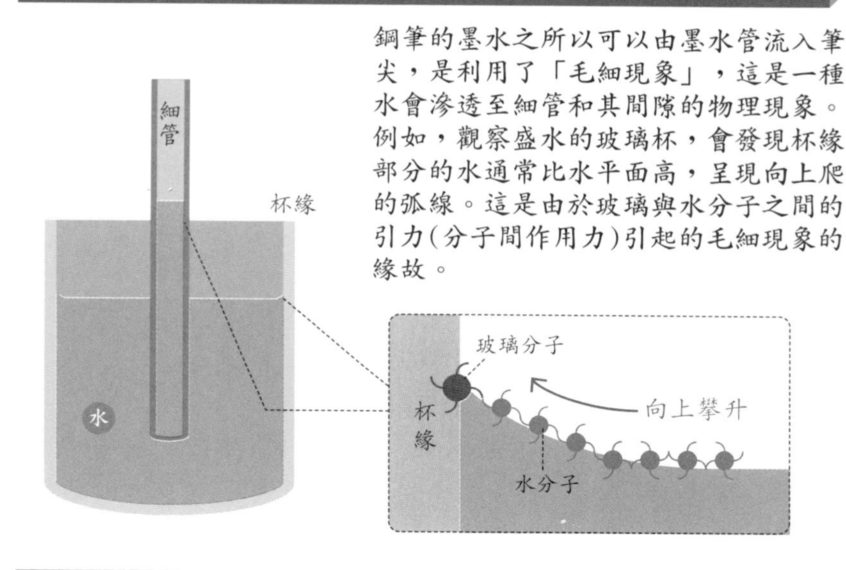


## 鋼筆流出墨水的秘密

鋼筆除了利用毛細現象外，同時也利用了許多不同的設計而成，其中之一即爲空氣溝。墨水自墨水管藉由毛細現象流向筆尖，同一時間相同含量的空氣則經由空氣溝送至墨水管。
這技術如同醬油瓶上方的部分開個小洞。若是沒有空氣送入墨水管，那麼墨水是無法送至筆尖的。

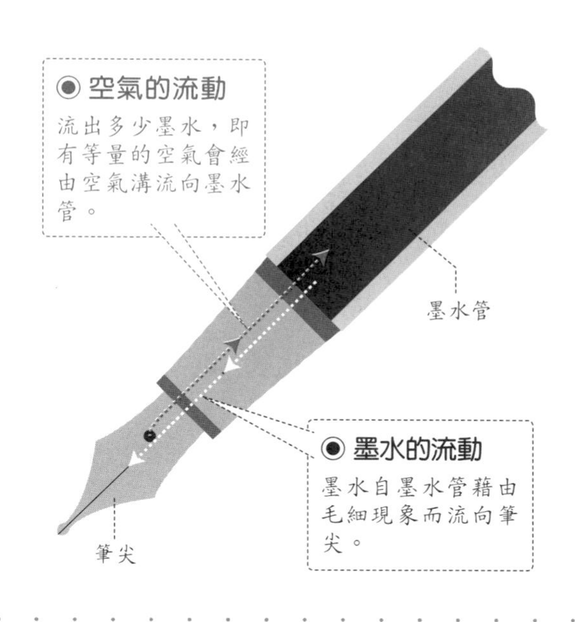

# 藍黑墨水

**有一種墨水被鋼筆愛好者視為墨水中的經典聖品，即是隨時間流逝會變成黑色的藍黑墨水。**

現在市場上出現許多不同的鋼筆專用墨水。然而在距今半個世紀以前，說到鋼筆的墨水即是指「藍黑墨水」，又稱爲古典墨水、沒食子墨水。墨水並不會因乾燥、日曬或濕氣等因素變色，防水性也高，非常適合需要長期保存的證書或文書資料上使用。

這種墨水主要的成分爲鐵，想要瞭解其顏色的原因就必須熟知相關化學知識。因爲鐵的性質複雜，在化學上也是屬於較特別的金屬原子。

墨水瓶中的墨水所含的鐵是失去了兩個電子的二價鐵離子（氧化鐵的一種）。當墨水書寫在紙張上，與空氣中的氧結合成爲三價鐵離子（失去三個電子的鐵離子），並與墨水中的鞣酸（單寧）相結合而產生化學作用，變化爲黑色的安定物質。藍黑墨水字的顏色即是這樣來的。

順帶一提，鞣酸（單寧）的英文 tannin 是從 tan（黃褐色，曬成棕褐色）字而來，以富含在茶以及酒內而聞名，但有很多不同的種類。在日本醫療藥品的基準書「日本藥局方」中，規定鞣酸（單寧）是從「沒食子或五倍子中萃取的」。

## 藍黑墨水的原理

雖然現今鋼筆使用的墨水有很多種，但藍黑墨水曾經是鋼筆墨水的主流。藍黑墨水隨時間經過會由藍色變化成黑色。

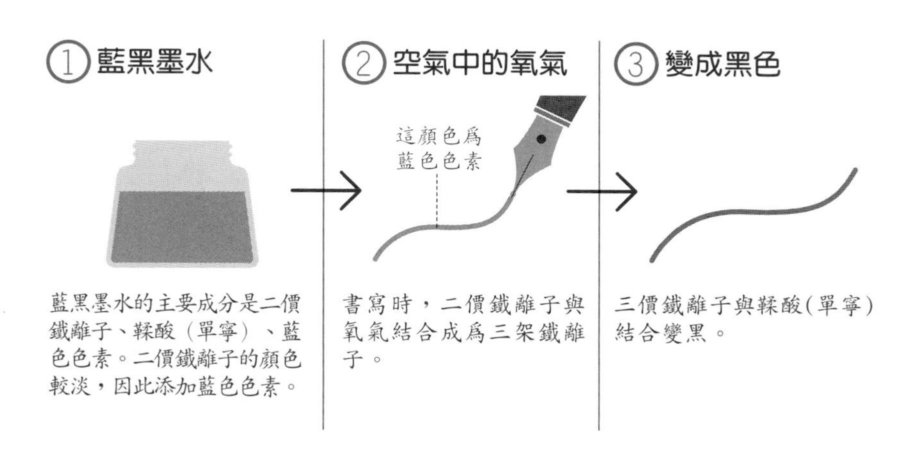


① 藍黑墨水的主要成分是二價鐵離子、鞣酸（單寧）、藍色色素。二價鐵離子的顏色較淡，因此添加藍色色素。

② 書寫時，二價鐵離子與氧氣結合成爲三架鐵離子。

③ 三價鐵離子與鞣酸(單寧)結合變黑。

## 藍黑墨水的製造過程

藍黑墨水是使用從橡木科生成的蟲癟--沒食子，提煉鞣酸(單寧)，因此也稱爲沒食子墨水。

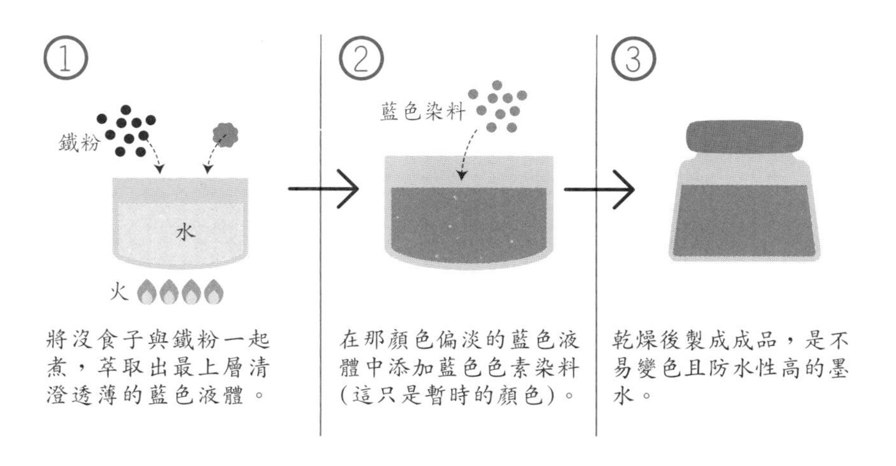


① 將沒食子與鐵粉一起煮，萃取出最上層清澄透薄的藍色液體。

② 在那顏色偏淡的藍色液體中添加藍色色素染料(這只是暫時的顏色)。

③ 乾燥後製成成品，是不易變色且防水性高的墨水。

沒食子，是指當蜜蜂等昆蟲在橡木科的樹上產卵時，植物會因此行爲而受到刺激，讓樹木在生長時產生「蟲瘡」。而在藍黑墨水中所使用到的鞣酸（單寧），又稱爲沒食子酸，過去就是從上述所說的「蟲瘡」做成，因此藍黑墨水又名爲沒食子墨水。

在日本藥局的藥方中，同時提到的另外一種名爲五倍子的鞣酸（單寧）又是怎麼樣的成分呢？這其實也屬於「蟲瘡」的一種，是由蚜蟲寄生於漆木科樹木中所形成的。

由五倍子與鐵漿水製成的成品也是染黑齒的一種顏料。有趣的是，西歐發明的藍黑墨水與日本昭和初期以前一直使用的染黑齒染料的製作方式一樣。

另外，使用藍黑墨水所寫壞的文字，可以用墨水修改液(第78頁)消除。

# 染黑齒的染色方法

藍黑墨水與染黑齒的化學反應基本上是一樣的。染黑齒利用的是從漆木科樹木上得來的蟲瘡--五倍子。

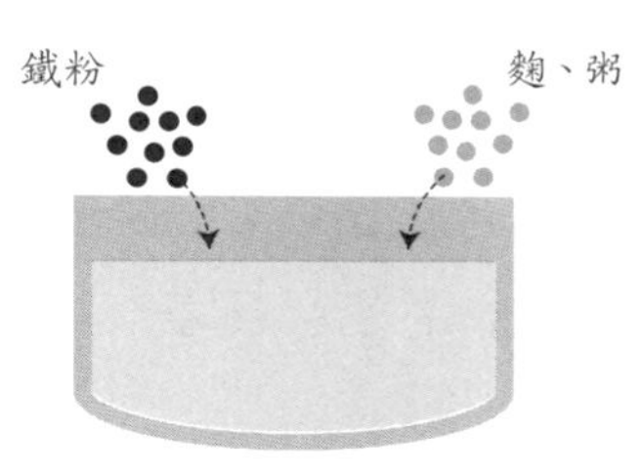


將麴、粥與鐵粉混合，放置在陰暗處兩個月，使其熟成。

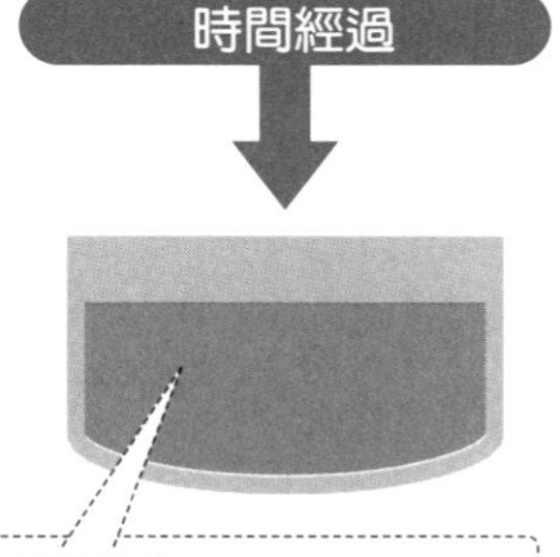


### ◉ 鐵漿水

酒精發酵，並氧化成為醋酸。酸與鐵產生反應製造出二價鐵離子，稱為鐵漿水。

### ◉ 五倍子

利用從漆木科樹木上得來的蟲瘡「五倍子」。

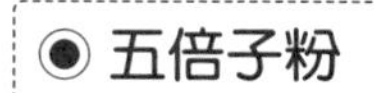

### ◉ 五倍子粉

乾燥後磨成粉末，為五倍子粉。

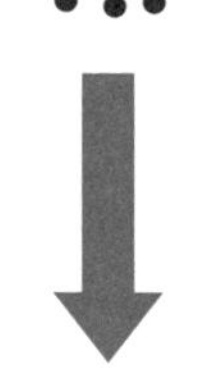

### ◉ 染黑齒

混合五倍子粉與鐵漿水後塗於牙齒上。空氣中的氧氣與二價鐵離子，以及五倍子中的單寧結合，牙齒即會染成黑色。

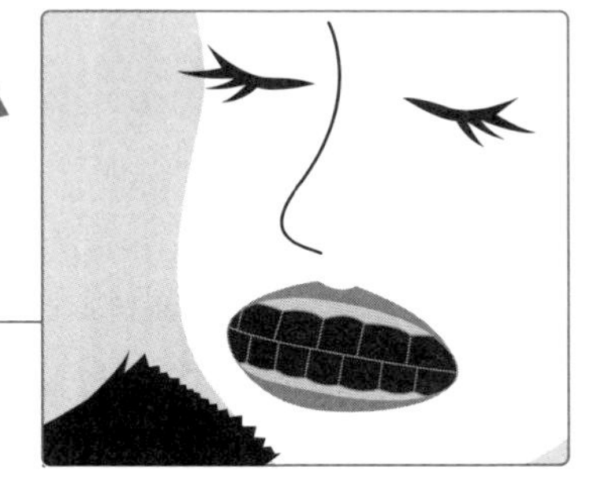

# 麥克筆

**特性為易書寫，且在什麼材質上都可以寫。在日本，有別名為「魔術」的「魔術墨水」，是麥克筆的祖先。**

筆尖使用毛氈纖維、纖維質等材料製成筆芯的筆，一般稱爲麥克筆。日本最早的麥克筆出現在 1953 年。

當時在日本將其稱爲 magic ink，也就是魔術墨水的意思，特別的是不只能寫在紙張上，甚至能在玻璃、金屬、布料、皮革、木材、陶器上書寫。

而且用麥克筆寫的字會在極短時間內立刻乾掉，即使很用力也不見得擦得掉。是打破當時筆記用具常識的「魔法」書寫用具。

麥克筆使用的是油性墨水。相對於麥克筆，水性墨水的代表則是簽字筆。雖說「簽字筆」一詞爲 Pentel 公司著名的註冊商標，但世人仍將屬於這種水性墨水的麥克筆通稱爲「簽字筆」。

麥克筆的構造單純，筆尖的纖維部分會利用毛細現象導出墨水，而導出的方法可分爲直液式和中棉式。直液式，墨水管內維持積存的墨水直接供應至筆尖；中棉式則是在墨水管的部分有著棉管，此棉管內含豐富的墨水。

# 中棉式與直液式麥克筆

麥克筆可分爲中棉式與直液式兩種。直液式，直接將墨水供給至筆尖部分，而筆尖部分的構造亦可分爲蛇腹式和控制閥式。直液式的優點，即能夠知道墨水剩下多少(墨水管爲透明時)，可以將墨水完全使用殆盡。

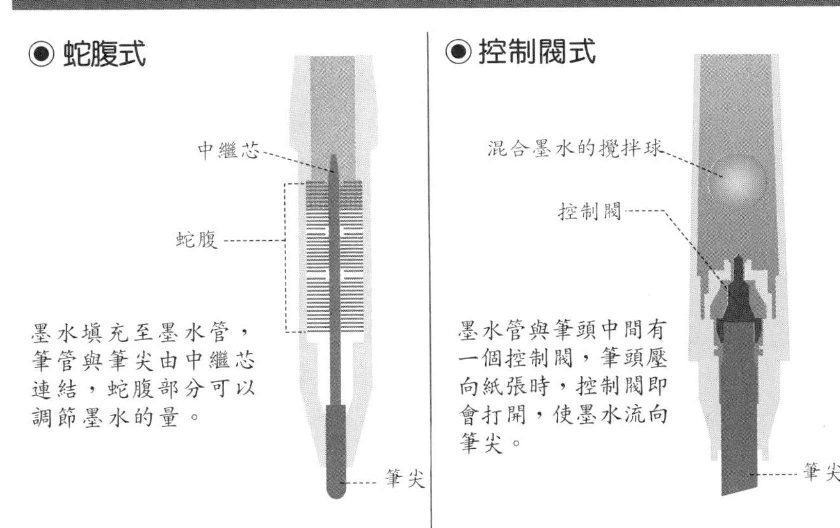


## 中棉式

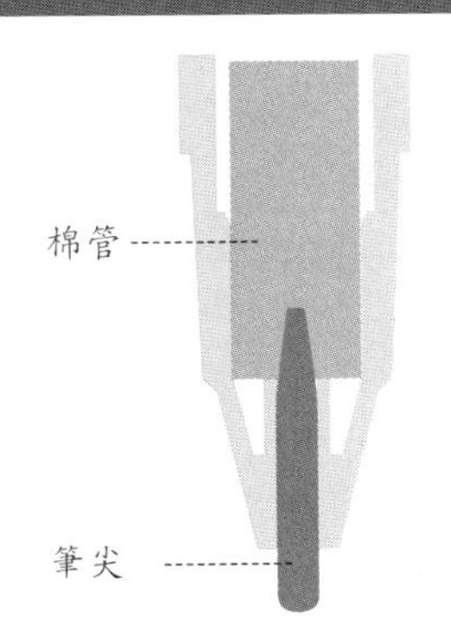


將筆尖的纖維製作得比棉管細，利用這樣的巧思，能夠增強毛細現象的效果(此爲「朱林定律」)。

不過單單利用毛細現象吸出墨水並導入至筆尖，其效果也是有限。假設墨水管內因爲墨水的減少導致內部壓力下降，那麼墨水就會因此流不出來。爲了防止這樣的情況發生，中棉式的麥克筆在筆桿的部分會開一個小溝或小洞，這就是爲了調整內部的壓力的機制。

中棉式的麥克筆，筆尖和墨水室這兩部分都是由纖維材質製成。那麼是如何將墨水由中棉的部分導入筆尖呢？這是利用了朱林定律：「液體會被縫隙較小的吸入」，只要將麥克筆筆尖的纖維密度製作高於中棉，中棉內的墨水因而導入渲染筆尖。

這個改變密度的原理也被運用在吸濕排汗的紡織材料，例如：內衣、運動衣等製作上。內側較爲稀疏，外側纖維較爲密集，以這樣的階層狀編織纖維，就能夠利用朱林定律，逐漸將汗水由內側排至外側使其自然蒸發，與肌膚相貼的內側部分則乾燥舒爽。

## 位於筆尖「謎一般的洞」的真面目

詳細看看筆尖！中棉式的筆在筆桿的部分，有爲了讓空氣流通的小溝或是小洞。這是爲了平衡筆桿内部與外部(蓋子内)的壓力而特別設計的。

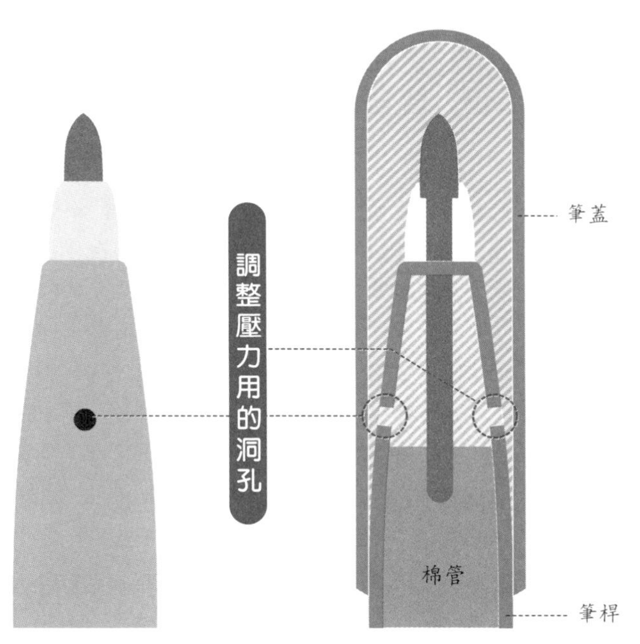


## 利用朱林定律的中棉式麥克筆

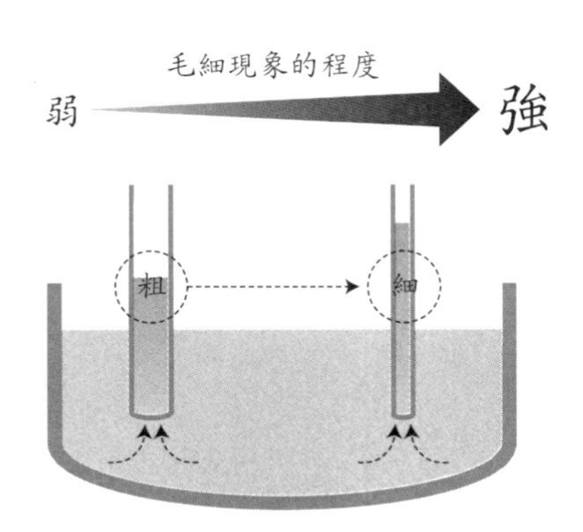


毛細現象效果的強度，也就是液體能夠上升的高度與管子的粗細互成反比。中棉式麥克筆即是應用此物理現象。

# 螢光筆

七十年代初期才被研發出來的螢光筆，現在已經成為多數人筆盒（袋）裡至少會有一支的人氣商品。

販賣初期，人們對於過去沒有見過，具有鮮豔色彩與透明感的螢光筆所畫出的顏色感到印象深刻。在那之後 40 年，螢光筆成爲了常見的必需品。

螢光筆的墨水爲什麼看起來像在發光？這是由於墨水中含有螢光物質的成分。螢光物質是指吸收外來光，變換爲特有顏色的發光物質，這種光即爲螢光。螢光筆的墨水之所以像在發光，即是因爲螢光的部分增加了發光感。

舉個日常生活中常見的例子，螢光物質也運用在日光燈管上。日光燈管內側塗有螢光物質，可將燈管中放射的紫外線轉變爲可見光。

另外，LED 照明也有使用螢光物質。LED 使用的是藍色兩極體，一般的狀況是藍光，一部分被螢光物質吸收並轉換爲黃光。而黃色的光與原本藍色的光混合，成爲白光。

講到螢光多數人會聯想到螢火蟲，誤解能夠自己發光即是螢光。其實，螢光物質是無法自己發光的。

## 螢光物質會發光的原因

照射到光後呈現高能量的電子，釋放出能量後回到原來的狀態。這種光即是螢光。讓我們來看看螢光物質之所以會發光的原因吧！

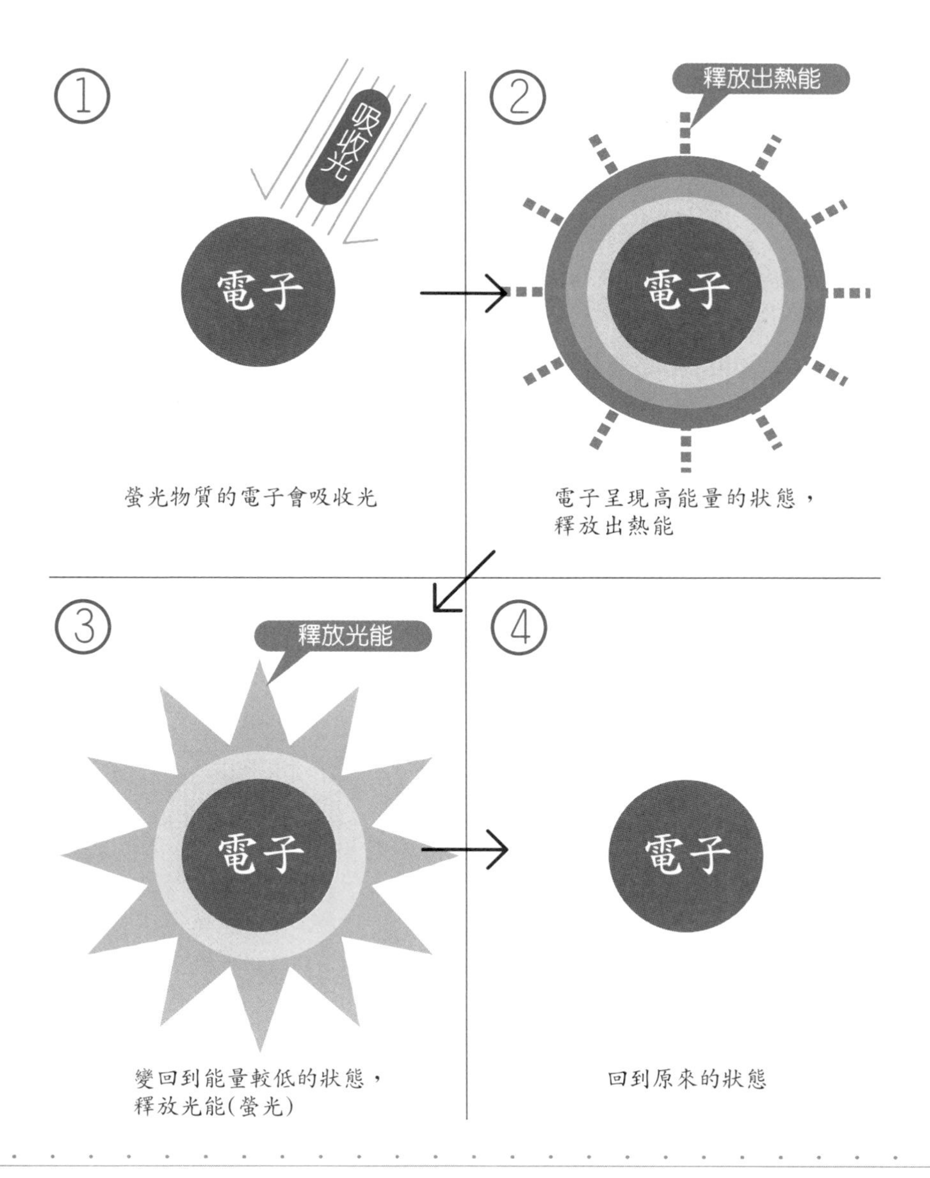


螢光物質的電子會吸收光

電子呈現高能量的狀態，釋放出熱能

變回到能量較低的狀態，釋放光能(螢光)

回到原來的狀態

另外，含有螢光物質的塗料即爲螢光塗料，一般人卻常常和夜光塗料混淆。夜光塗料是儲存光（蓄光），塗上夜光塗料的地方具有蓄光性，因此在暗處也會發光，最常使用在手錶上的整點數字。

使用螢光筆寫下的文字是透明的，因爲比起簽字筆，螢光筆墨水中的顏料、染料含量較少。這就像是用水彩作畫時，在紙張上塗上薄薄一層顏色，同時也可以看清楚圖畫紙，是一樣的原理。

那麼，螢火蟲的光又是怎麼一回事呢？螢火蟲的光爲生物的發光現象，相似於以近代電視的面板著名的有機發光二極體（Electrol Uminescence）的構造。

有機發光二極體內含有會吸收電氣與化學能量的物質，將其轉換爲特有光。這個現象稱爲發光現象（Luminescence），螢火蟲的體內構造能夠合成那樣的物質。

# 螢光筆墨水發光的原因

讓我們來看看一般的墨水與螢光筆墨水的不同之處！螢光筆的墨水之所以感覺在發光，是因爲除了反射光以外還有螢光的幫助。

## ◉一般黃色的墨水

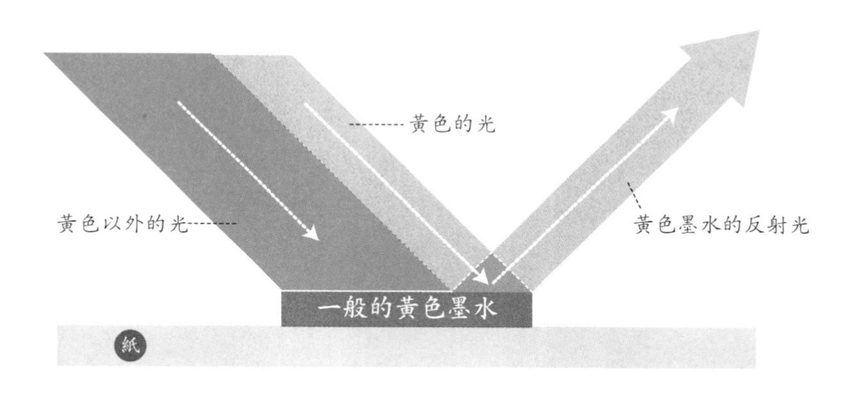


## ◉黃色螢光筆的墨水

黃色以外的光
產生的螢光
黃色的光
黃色以外的光
黃色墨水的反射光
黃色螢光筆墨水
紙

Column

## 「文具」與「文房具」

使用網路檢索「文具」與「文房具」時，會發現大多將兩者視爲同義。從這裡可得知一般對於「文具」與「文房具」這兩個名詞，並沒有區別。然而，「文具」與「文房具」本義是不同的，並不是「文房具省略即爲文具」。

「文房」，爲中國古代官職的名稱，近年來是指讀書又或是執筆寫作的房間，簡言之，即是「書房」的意思。而在書房中使用的用具，稱爲文房具。

相對來說，文具單單是指「文的道具」。也就是說，並非限定爲在書房使用的用具。由結論來看，兩者指的是同樣的物品，但文房具較有歷史的意涵。

順帶一提，中國的「文房四寶」指的是筆、硯台、紙張與墨，是古時書房內最基本的文具。

第二章

# 修正、黏貼工具的驚人技術

# 橡皮擦

雖然稱作橡皮擦，但現今大多使用塑膠製作而成。究竟，為什麼可以用橡皮擦擦掉鉛筆字呢？

第一個橡皮擦，在 1772 年的倫敦問世。

另一方面，1564 年發現石墨，不久之後將石墨夾在中空木頭中的鉛筆出現。從鉛筆問世到橡皮擦發明出來，經過了一段很長的時間。換句話說，人類在發現最佳組合前，需要非常多的時間研發。

那麼，爲什麼橡皮擦可以擦掉鉛筆字呢？其中的秘密隱藏於石墨粒子與紙張間的關係。用鉛筆在紙張上書寫時，石墨的粉末呈現附著於紙張表面的狀態（第 13 頁）。

這時，只要輕輕摩擦就可以將石墨粒子剝離紙張，藉此去除紙上的字。但若只是摩擦，並不能將字完全消除，只會使得粉末擴散，就會出現一團污漬。橡皮擦的原理其實是藉由摩擦將石墨粉末攪和在橡皮中，石墨粉末就會混合在橡皮擦屑中，這就是橡皮擦可以擦除鉛筆字的秘密。

近期的橡皮擦其實是以塑膠爲原料製作而成。因爲它比起橡皮更能有效地擦去鉛筆字，深受大眾喜愛而廣爲流傳。其實不論是橡皮或是塑膠，只要能將鉛筆字清除乾淨，即使組成不同，也將其統一稱作橡皮擦。

## 橡皮擦可以擦掉文字的秘密

可以用橡皮擦擦除紙張上文字的原理，依照鉛筆與原子筆各有不同。鉛筆所寫的字，由於只是石墨粒子附著在紙張表面，因此只要將附著於紙張上的石墨粒子剝除即可；而原子筆所寫的字，墨水會滲入紙張纖維，因此擦除時會連同紙張纖維一起剝離。

### ◉鉛筆

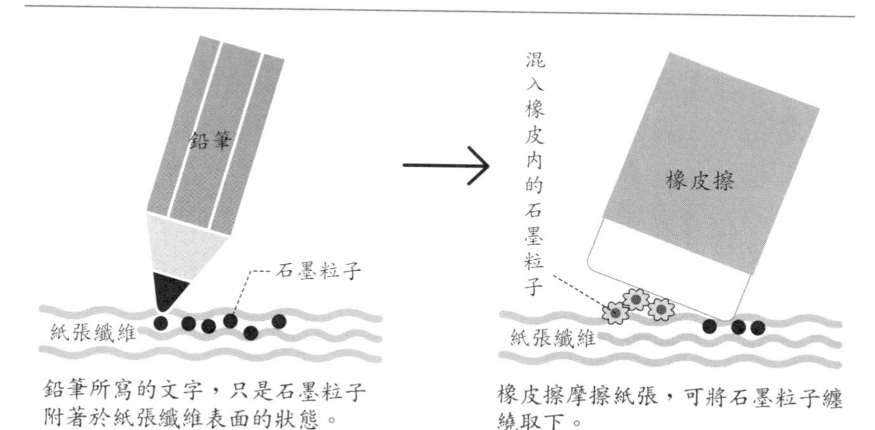


鉛筆所寫的文字，只是石墨粒子附著於紙張纖維表面的狀態。

橡皮擦摩擦紙張，可將石墨粒子纏繞取下。

### ◉原子筆

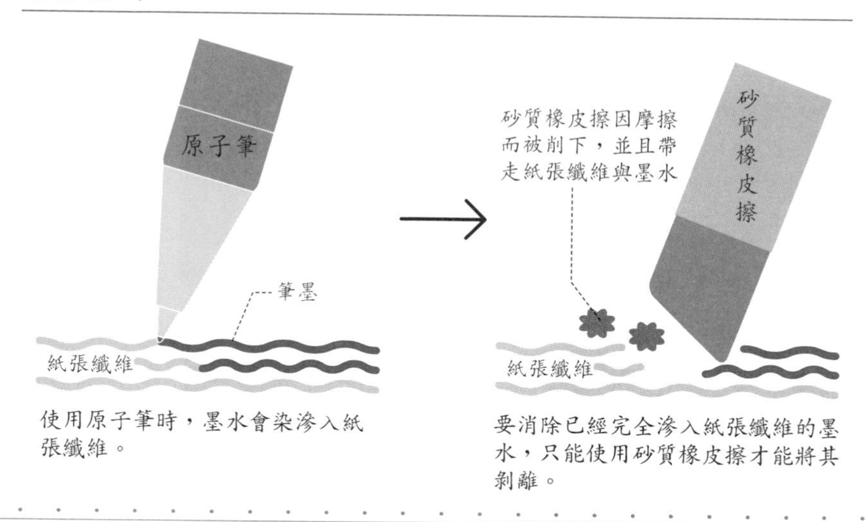


使用原子筆時，墨水會染滲入紙張纖維。

要消除已經完全滲入紙張纖維的墨水，只能使用砂質橡皮擦才能將其剝離。

右頁爲塑膠橡皮擦製作方法的流程，用紙盒將成品一個個單獨包裝收納這一點很引人注目。這是因爲橡皮擦的塑膠部分互相接觸的話，會產生再結合的現象，讓橡皮擦彼此又黏在一起。爲了防止這樣的情況發生，會用紙盒包裝隔開每一個橡皮擦。

眾所皆知，使用墨水所寫下的文字是無法消除擦去的。這是因爲墨水會直接染進紙張的纖維内，若想將其消除，就必須使用砂質橡皮擦。利用橡皮擦内砂的成分，將染上墨水的紙張纖維部分剝離。但最近修正液或修正帶使用上更爲方便，也較受歡迎。

近年來，橡皮擦的製作也凝聚了許多新的創意。例如：「角積木橡皮擦」，像積木一樣擁有多角形的橡皮擦，可以一直使用新的角擦掉較爲細小的部分，非常的方便。

另外，還有「黑橡皮擦」，這是以黑色的塑膠爲原料，不會因爲橡皮擦本身沾染髒污而覺得橡皮擦越擦越髒；使用後，遺留在紙面上的橡皮擦屑呈現全黑且爲條狀，易分辨且方便清理。

## 塑膠橡皮擦的製作方法

讓我們來看看塑膠橡皮擦的製作方法！最後用紙盒包裝橡皮擦是為了防止橡皮擦的再結合。

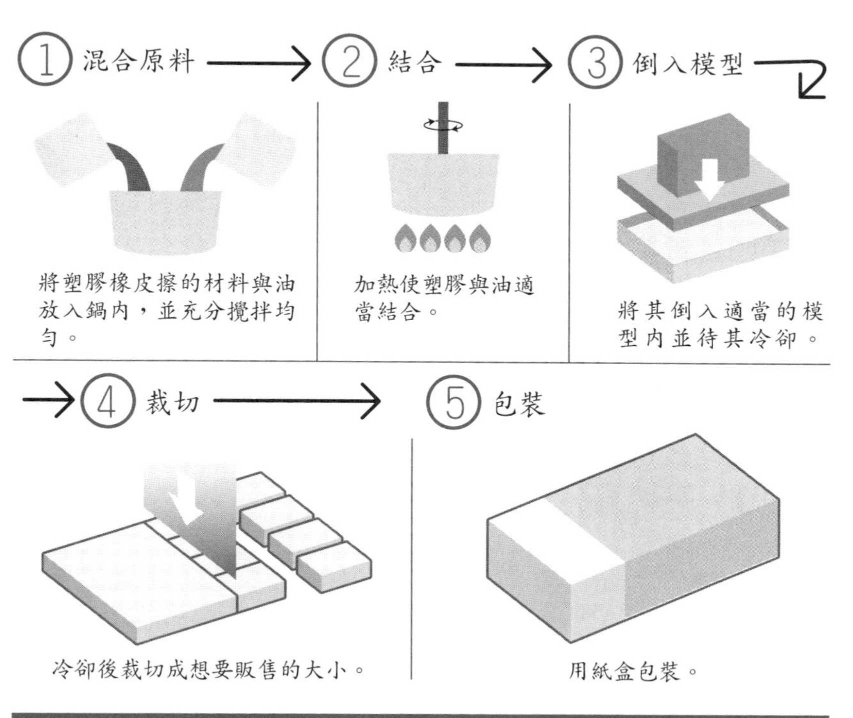


將塑膠橡皮擦的材料與油放入鍋內，並充分攪拌均勻。

加熱使塑膠與油適當結合。

將其倒入適當的模型內並待其冷卻。

冷卻後裁切成想要販售的大小。

用紙盒包裝。

## 橡皮擦的包裝盒四角有小缺口的原因

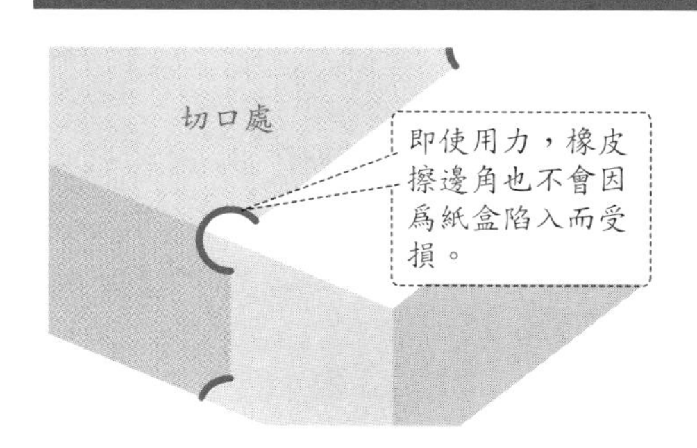


從蜻蜓鉛筆的橡皮擦開始，在橡皮擦的包裝紙盒上邊角切有缺口。
這是爲了防止過度用力使用橡皮擦時，紙盒的邊邊角角因壓力而造成橡皮擦受損的巧思。

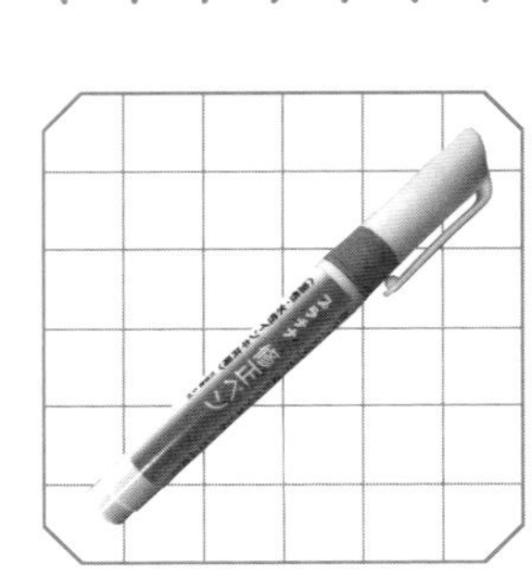

# 修正液

**修正液是能夠消除原子筆字的便利工具。修正液的白色部分，是使用防曬乳也含有的成分——二氧化鈦。**

能夠修正由原子筆寫下的文字或畫下的圖案的，即是修正液。早期使用毛刷塗蓋想要修正的地方，現在的修正液則演化爲筆型居多。另外，膠帶式的修正工具（第 74 頁）也深受使用者歡迎。

修正液的主要成分，分別爲溶劑的甲基環己烷，還有可以消除墨水字的白色顏料——二氧化鈦，以及用來將顏料凝固的凝固劑——壓克力類樹脂。

做爲顏料的二氧化鈦重量較重，在靜止不動的狀況下會沉澱，與溶劑呈現分離的狀態。長時間擱置不用的修正液，透明的溶劑集中在上部，漸漸不能使用，這時只要在使用前蓋上蓋子用力搖晃就可以再使用。筆型的修正液在容器內放有攪拌混合液體用的小球，搖晃時會發出咖咖的聲音。請充分搖晃後再使用。

使用修正液時，要注意與想要消除的文字所使用的墨水必須相容。因爲如果相容失敗，會造成想要消除的文字墨水浮出，反而看起來更不乾淨。因此使用前請務必確認與墨水的相容性。

## 修正液的製作方法

白色粉末的主要成分爲二氧化鈦，這個白色可以覆蓋要修改的字。溶劑部分則使用快乾的溶劑，大多爲甲基環己烷。樹脂部分使用的是壓克力類的樹脂，可使白色的粉末乾掉時固定在紙上。

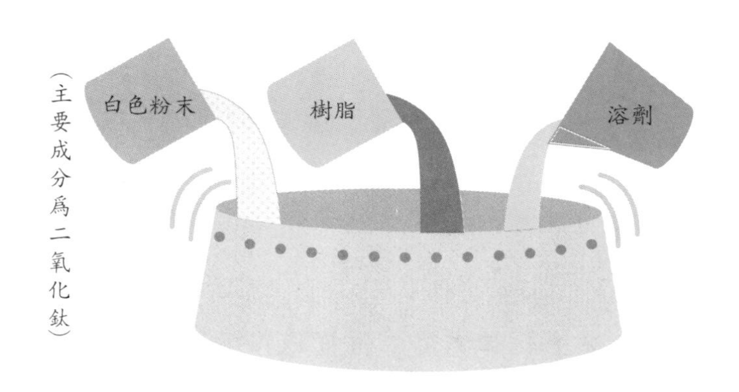


## 修正筆的秘密

修正液成分中的二氧化鈦與溶劑較難混合，因此修正筆內有能夠充分攪拌的小珠子。需要充分地搖晃、攪拌內容液後才能使用。

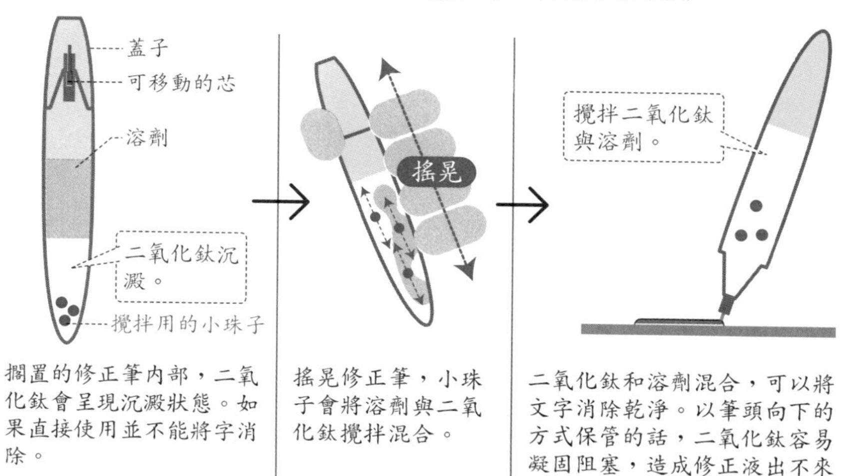


擱置的修正筆內部，二氧化鈦會呈現沉澱狀態。如果直接使用並不能將字消除。

搖晃修正筆，小珠子會將溶劑與二氧化鈦攪拌混合。

二氧化鈦和溶劑混合，可以將文字消除乾淨。以筆頭向下的方式保管的話，二氧化鈦容易凝固阻塞，造成修正液出不來的問題，因此要特別注意。

在日常生活中，「白色」爲所有顏色的基礎，但與二氧化鈦一樣的白卻不存在。修正液使用二氧化鈦爲白色的原料。繪畫用的水彩與壓克力顏料的白色顏料也多使用二氧化鈦。順帶一提，由於二氧化鈦的價格較高，因此便宜的繪畫顏料會用氧化鋅替代。

「二氧化鈦」這個名詞，在文具以外的用品上也常常聽到。化妝品的粉底、防曬乳或抗菌劑也有使用。二氧化鈦有種令人感到不可思議的性質，光線照射後會產生分解作用或超親水等光觸媒的作用。

觸媒是指自己不變化但另外擁有促成化學變化的物質，又稱催化劑。因爲光的作用而產生觸媒作用的稱爲光觸媒，二氧化鈦爲其中代表。「不需要打掃的廁所」、「不會髒的塗層」、「不會起霧的鏡子」等等，二氧化鈦的性質活用在許多領域。

## 二氧化鈦的構造

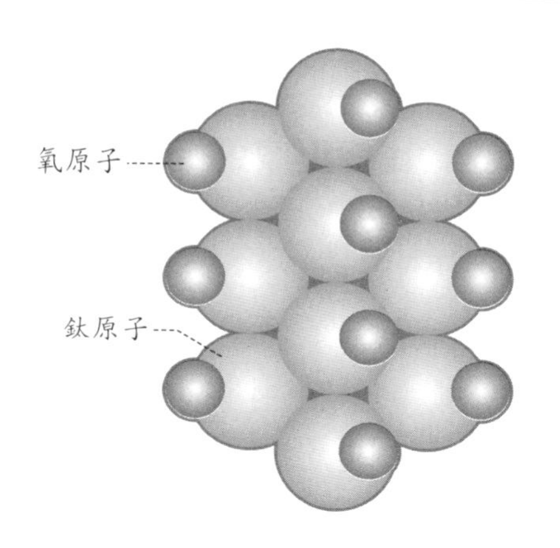


二氧化鈦爲修正液中的顏料，爲鈦原子與氧原子的結晶。

## 光觸媒作用

二氧化鈦，有著照射到光後能夠活化其周遭物質的性質。將周遭的有機物(含菌或病毒)分解的作用即是其一。另外，照射到光後，與水的親密度提高，這即爲二氧化鈦的「超親水性」。

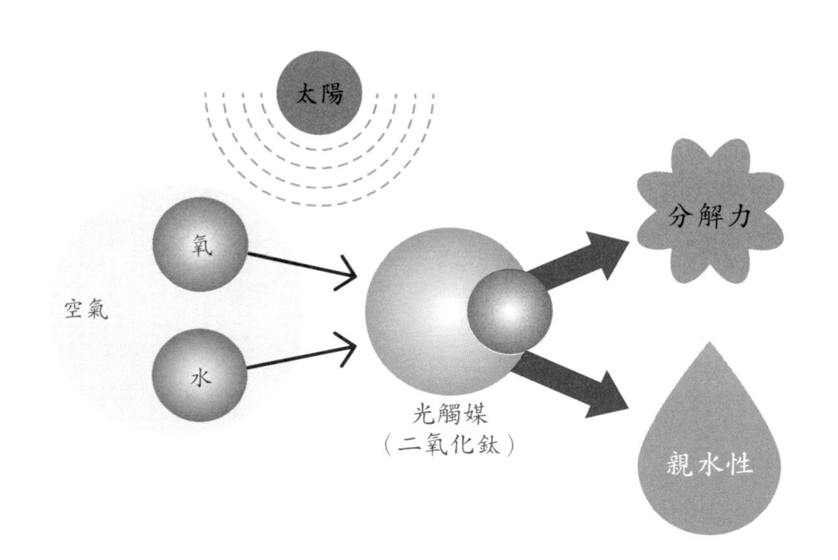

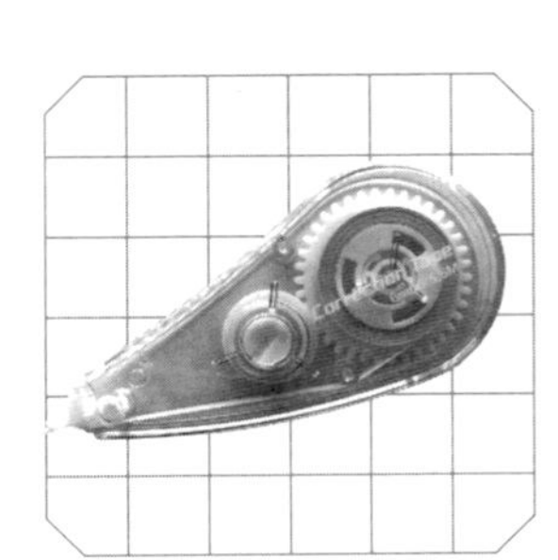

# 修正帶

近年來修正帶比修正液更受歡迎。因為修正帶不會弄髒手，且不需等它乾，可以修改後立刻書寫。

當修正液沾到衣服或是手指時，很多人總是爲了弄乾淨花了很多時間。不只是修正液，那些不會弄髒手的文具都很寶貴。修正帶不但不會弄髒手，還可以畫直線，又有修正的功能，也不像修正液一樣使用前需要搖一搖。

若是說起修正帶的缺點，那麼就是價格有點貴，但其實現在在日本百圓商店內也有辦法找得到它的蹤跡。

來看看修正帶的構造吧！膠帶內部是由黏著層、修正膜，以及底部的膠帶層組合而成。黏著層負責將修正膜黏在紙上，厚度大約 1 微米（0.001 毫米），非常薄。

修正膜與修正液有同樣作用，成分也與修正液相似。但是爲了能夠直接在修正帶上書寫或畫線，通常在修正膜中會添加能夠染上墨水的活性劑。修正膜非常薄，厚度一般約爲 25 微米。

基層膠帶使用的是延展性不強的紙張或是膠卷等材質，表面使用矽膠等材質做塗層使表面光滑，修正膜不容易脫落。

## 修正帶的構造

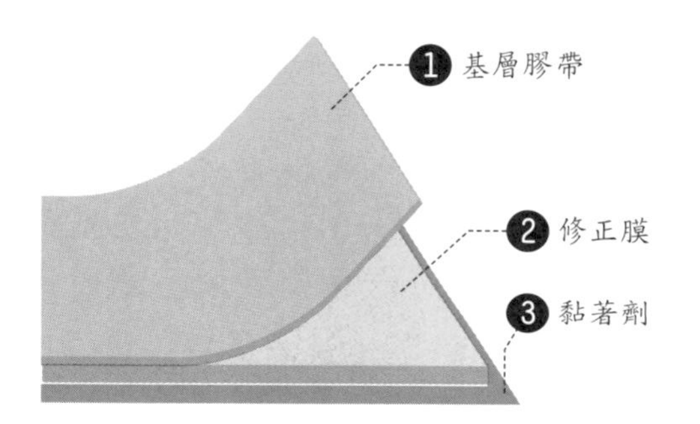


修正帶有三層。基層膠帶用來放置修正膜與黏著劑，通常使用紙張或塑膠膠卷；修正膜使用與修正液相似的材料；黏著劑的作用是將修正膜黏貼在紙張上。

## 修正帶的內部構造

基本上，是由兩個齒輪與輸送尖頭所組成的。將修正膜與黏著劑黏貼紙張後，使用後的膠帶會捲上捲盤，比起未使用的修正帶的膠帶捲盤稍微薄一點。

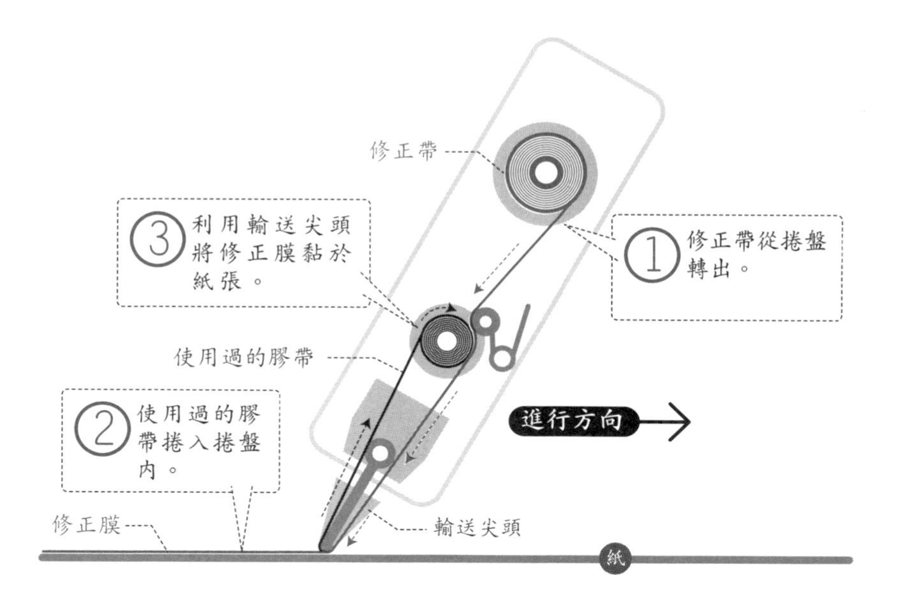

修正帶的外殼容器大多是透明的，因此內部構造可以一目了然，是巧妙地結合數個齒輪與捲盤運作而成的工具。

使用修正帶是有技巧的。將尖頭的部分與紙垂直，向要修正的方向斜放施壓並慢慢移動，修正膜就會轉移黏貼在紙張上。修正結束時，停止移動並慢慢地將修正帶移開紙張，修正膜即會與基層膠帶分離切斷。

與修正液相比，修正帶使用起來更爲方便，即使是大面積的部分也可以很快速地塗抹、修改完畢。另外，由於修正膜顏色非常薄，因此使用後再影印，影本也不會複印修正膜的痕跡。

再者，修正後不需等待乾燥就可以立刻再次書寫。而能夠立刻就寫上新的文字的原因，如同先前敘述，是因爲在修正帶的表面開了無數個微型的小洞，並將活性劑加入洞中，讓墨水容易滲入其中。

## 修正帶的製作方法

修正帶是如何形成三層構造的？來看看製作流程。

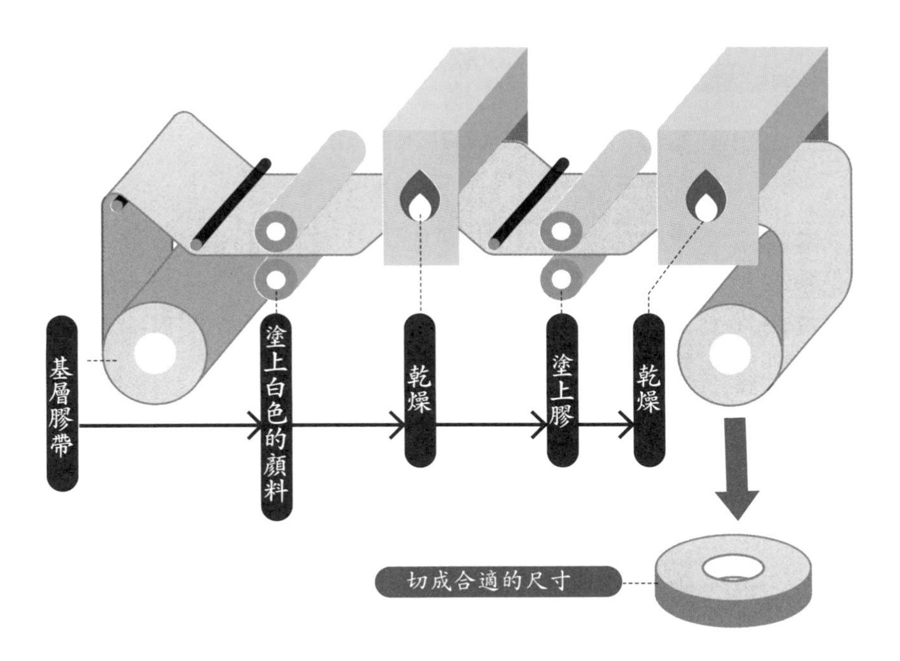


## 使用修正帶的小技巧

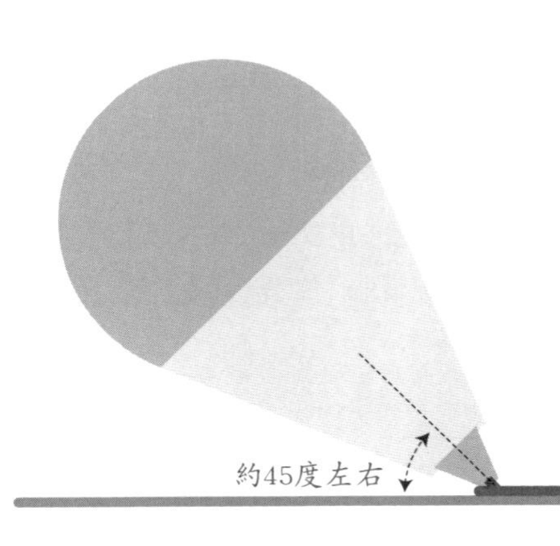


想要正確地使用修正帶，需如圖中所示，讓修正帶與紙張呈現45度再移動；修正結束時，先停止在結束的位置，慢慢拿起修正帶，就能完成漂亮的修正，修正帶也完美地切斷。

# 墨水修改液

**能夠消除藍黑墨水的即是「墨水修改液」。與墨水的構成一樣，消除墨水也是利用化學反應，非常有趣。**

有種稱爲墨水修改液的文具用品，是爲了消除鋼筆寫下的藍黑墨水(第52頁)的工具。講起墨水修改液，一般會聯想到修正液（立可白），而團塊世代[註]或更年長的人則會聯想到前述的墨水修改液。

墨水修改液一組有二瓶，是由第一液和第二液這兩種液體構成的。消除藍黑墨水的方法，其實就是顛倒墨水附著在紙上的化學反應順序，將其與空氣中的氧氣產生氧化反應的三價鐵離子還原爲二價鐵離子，並且更進一步地將墨水中所含的色素成分漂白。

「還原鐵離子」也就是將電子還給鐵離子，簡單來說就是「放出氧」。以藍黑墨水的狀況說明，鐵離子會與空氣中的氧氣結合變成黑色，那麼將氧歸還空氣即是鐵還原，進行這個還原動作的是第一液。

第一液含有草酸，這是在菠菜中也含有的成分，同時也是造成腎結石的原因，是種不討喜的物質，但是它擁有能將氧從物質中取出的作用（還原作用）。

## 藍黑墨水修改液的原理

墨水修改液是反轉墨水附著在紙上的反應過程。

◆…藍色染料　■…鞣酸(單寧)　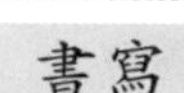…二價鐵離子與鞣酸(單寧)的化合物　■…三價鐵離子與鞣酸(單寧)的化合物

### 書寫

① 

藍黑墨水在容器內的狀態。

② 書寫後

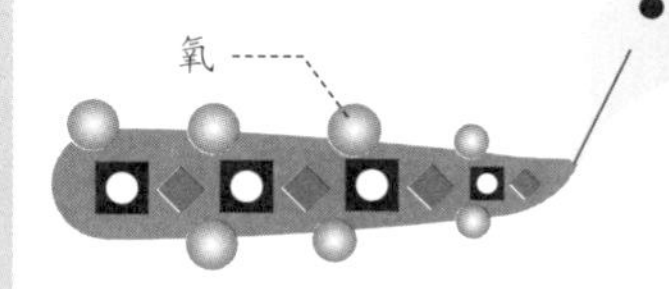


鋼筆書寫後，墨水中的鞣酸(單寧)與空氣中的氧結合。

③ 時間經過(氧化)

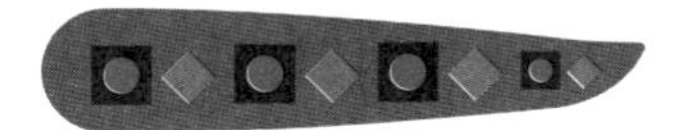

經過一段時間後，二價鐵離子與氧結合成為三價鐵離子，再與鞣酸(單寧)結合，轉變為黑色。

### 修正

④ 第一液



塗上第一液的草酸，去除氧(還原)。三價鐵離子變回二價鐵離子。

⑤ 第二液

塗上漂白劑將染料顏色漂白。

⑥ 消失



顏色完全消除，回到原本的狀態。

藍黑墨水在出售前，會在墨水中混入藍色的染料。所以若是不將顏色蓋掉，那麼字就不會消失。

因此，在第二階段所使用的是漂白劑，這也是第二液的作用。當藍色染料消失，文字就會完全消失。漂白劑的成分，與清潔用的漂白劑相同，都是含有次氯酸鈉的液體。

另外，現在也有販賣給原子筆專用的墨水修改液。其第一液是含有漂白劑的次氯酸鈉的液體，第二液則是使用了酮做爲溶劑。酮是種與去光水中所含的丙酮相似的化學物質，能夠分解樹脂、油類等物質。

第一液是將色素漂白，第二液會分解凝著劑的樹脂，再將浮出的物質擦掉，字就能去除乾淨了。但是，能夠消除的原子筆墨水，只限定爲較舊型的油性染料。

註：「團塊世代」出自於1976年堅屋太一的小說《團塊的世代》。泛指出生於日本戰後那段時期的人。團塊用以形容爲了改善生活而默默地辛苦勞動，緊密地團聚，一起努力支撐戰後日本的社會和經濟。資料來源：維基百科

## 墨水修改液的成分

墨水修改液中的草酸與次氯酸鈉，也存在於日常生活中常見的菠菜及漂白劑中。

**第一液：草酸**

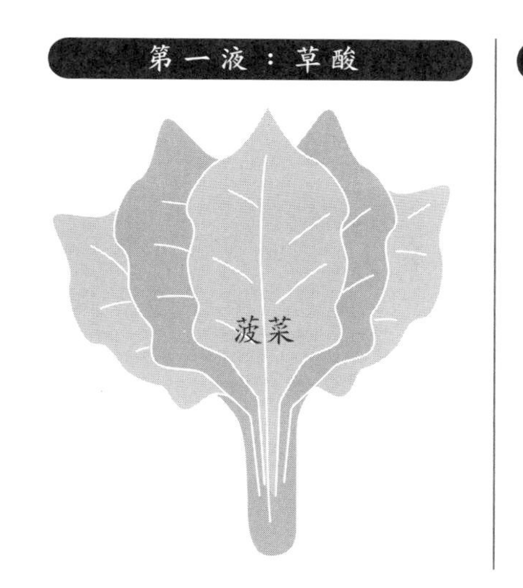


**第二液：次氯酸鈉**

## 油性原子筆專用墨水修改液的原理

油性原子筆專用的墨水修改液，是先使用漂白劑將顏色消除，再利用酮溶解墨水中的樹脂成分。

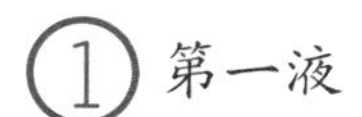


次氯酸鈉
（漂白劑）

塗上次氯酸鈉後，油性原子筆字上的染料顏色會被消除。

2 第二液

酮
（溶解樹脂）

塗上酮溶解凝固劑上的樹脂成分。

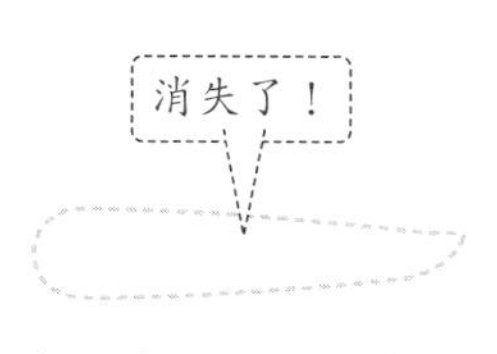


擦拭後，文字完美消失了。

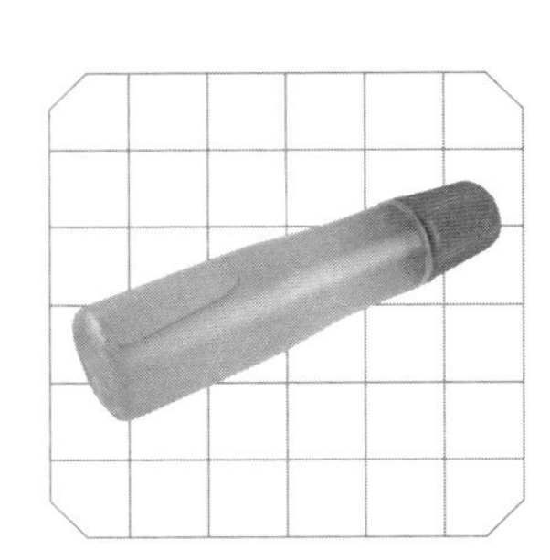

# 黏合劑

在文具店的黏合劑區擺著許多不同的黏合劑（膠水），呈現液態是它們唯一的共通點，這是為什麼呢？

「糊」這個漢字是從中國傳到日本的。因爲是米字邊，據說其原料取自於米。實際上，回顧一下歷史，在中國古代本來就有將米、小麥等澱粉物質反覆熬煮，使其產生黏性，這種物質即爲糊（漿糊）。反觀現代使用的多爲石油中提煉的合成漿糊，讓「糊」字的定義變得不夠明確。糊這類用以黏貼東西的商品皆屬於黏合劑範疇。

話說回來，讓我們來看看在文具店販賣的膠，不管哪一種都是液態的。即使是口紅膠，乍看之下似乎是固態的，但內容物其實是呈凝膠的半液態狀。其實，黏合的秘密就隱藏在液態這個性質裡。

黏合劑爲什麼可以將兩個固體接合在一起？可從奈米角度放大來看，有下列三種方式：

| 方式 | 原理 |
| --- | --- |
| 機械的黏合 | 黏合劑滲入二個物體的表面，並凝固黏合兩者。 |
| 化學的黏合 | 利用黏合劑讓固體表面產生化學變化而使二者互相黏合。 |
| 物理的黏合 | 利用分子與分子間本來就有的作用力將兩者結合。例如在兩片玻璃間滴水，再將兩者貼合起來，玻璃就會黏在一起，這就是物理黏合。 |

## 固體的表面其實是凹凸不平的

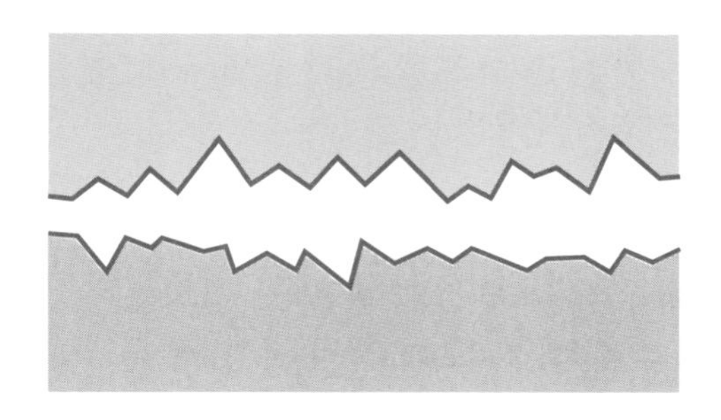

固體，以微觀的角度看會發現表面凹凸不平，不論再如何無縫隙的重疊在一起，原子或分子之間力量有作用的部分卻是微乎其微。因此，即使用手將兩樣物品重疊放置，卻無法將其黏住。黏合劑爲液態即是爲了方便滲入其中的間隙。

## 三種黏合的作用結構

黏合的結構，有「機械的黏合」、「化學的黏合」、「物理的黏合」三種，分別看看其中的特徵吧。

### 1：機械的黏合

黏合劑滲入凹凸不平的部分後凝固，黏住兩物體。

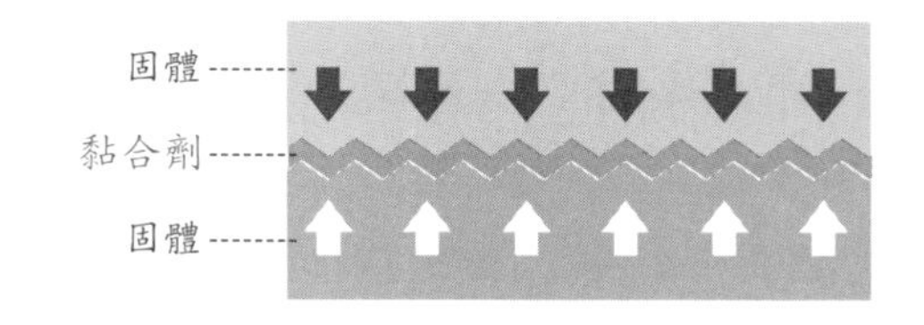


### 2：化學的黏合

黏合劑與固體表面產生化學結合，使兩者結合。

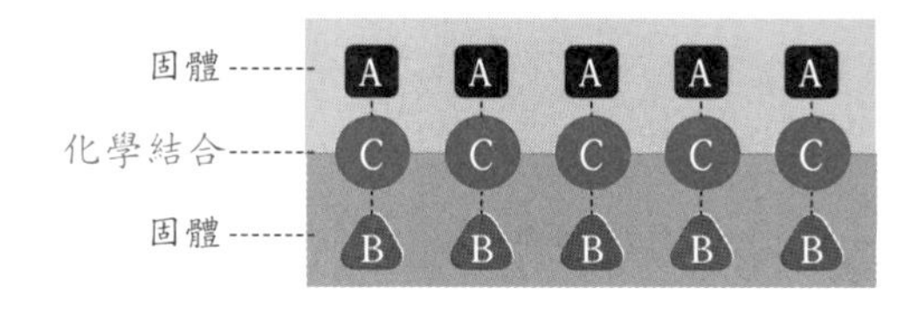


### 3：物理的黏合

利用原子與分子間本來就有的力（分子間作用力），將兩者相結合。而分子之間的作用力稱爲「凡得瓦力」。

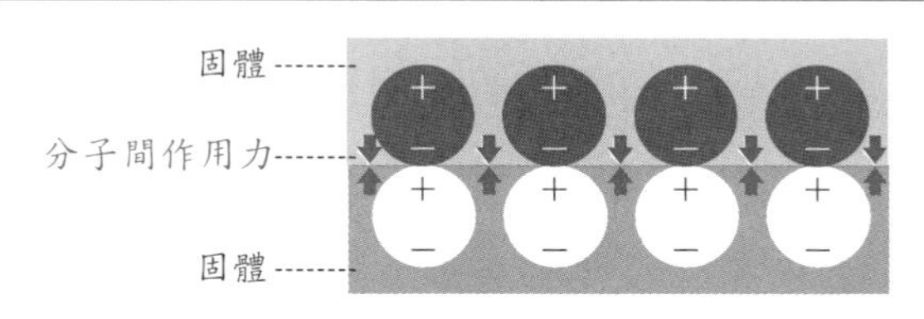

不論是哪一種方式，黏合劑在原子、分子必須要密切地貼合固體表面才能發揮黏合作用。但是不管固體表面如何光滑平坦，從奈米觀點來看都是凹凸不平的。

因此，要讓黏合劑的原子、分子層與固體表面緊貼一起，黏合劑就必須要與固體表面融爲一體。黏合劑大多爲液態就是爲此需求。液態黏合劑與固體表面融合的狀態稱爲「浸潤」。使用時必須讓黏合劑凝固，否則黏合的強度不夠強，無法持久。因此，爲了確實黏貼兩固體，使用後必須要等黏合劑確實乾燥。

使用米做成的澱粉膠（漿糊）可以黏住紙張，是因其同時有機械與物理的黏合效果。紙與膠的構成分子——羥基（又稱氫氧基）互相結合而黏住（物理黏合），同時，膠滲入紙的內部並凝固，成爲猶如在紙張纖維內部下錨，使其互相穩固地結合（機械黏合）。

# 黏合劑的作用原理

在上黏合劑之前，即使是看似光滑的表面，將其放大後會發現實際上是凹凸不平的。黏合劑，就是將這些凹凸不平的地方填平，確實黏合兩者的媒介。

①

將液態的黏合劑塗上要黏合物的表面(或兩面)，做出平坦的面。

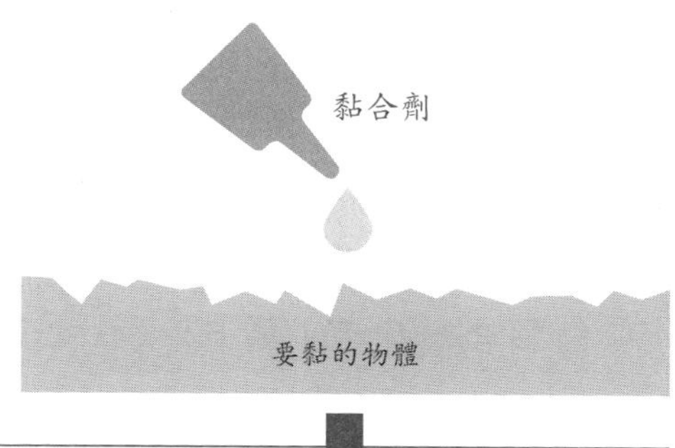


②

因爲是液態，加上毛細現象的幫忙，黏合劑可以在物體表面延展開來並融合。這時黏合劑與要黏合的物體表面接近，開始黏合作用。

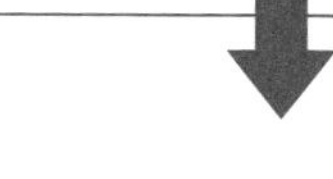

③

與要黏在一起的物體合在一起。黏合劑在中間作用，兩個物體的表面緊密黏合。

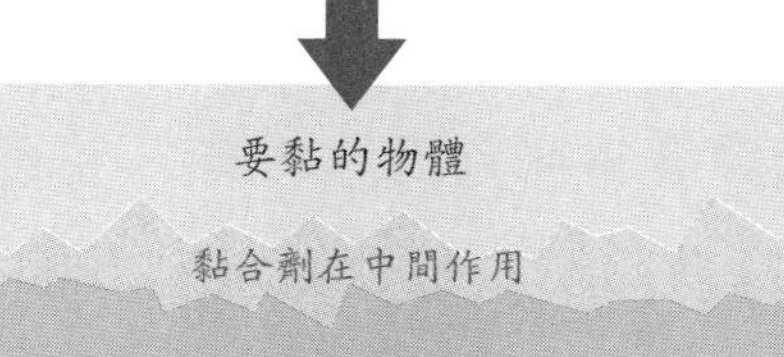


④

一段時間經過，黏合劑凝固，兩個物體牢牢黏在一起。

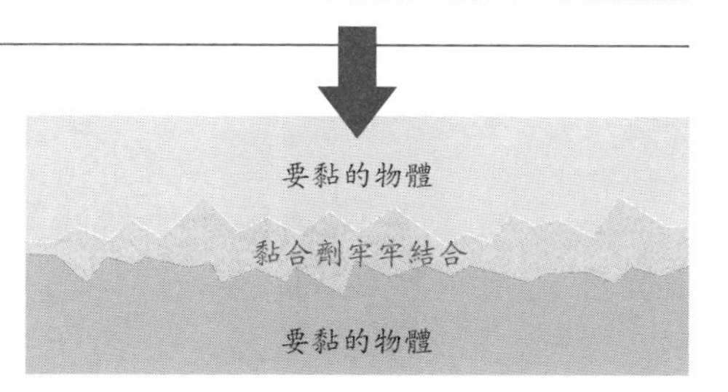

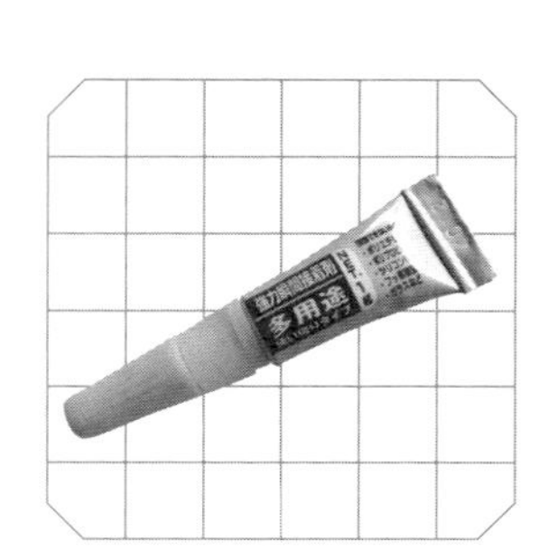

# 三秒膠

**當物品壞掉時，最強的幫手即是三秒膠，它可以瞬間將壞掉的部分黏貼在一起。這個瞬間的秘密就在於水分。**

在我們研究三秒膠如何瞬間黏住物品之前，先來複習一下一般的黏合劑原理(第 82 頁)吧！

黏合劑為液體，其成分能夠延展到兩個對象物的表面並融入其中，以分子層將兩者結合。經過一段時間，黏合劑乾燥凝固，會將兩個物體表面牢牢接合在一起。從這模式中可以瞭解，黏合劑最初為液態，凝固後變成固態。

決定黏合的關鍵時刻是凝固。三秒膠是一瞬間就能「凝固」的黏合劑。那麼，又如何讓液體在一瞬間就凝固呢？其實秘密隱藏在空氣中的水分。三秒膠利用了一種接觸空氣中的水分即會瞬間凝固的物質。

日常生活環境中，空氣中含有水氣，在物體的表面雖然感覺不出來，但水分確實存在。三秒膠即會與那些微水分作用，一瞬間就能凝固。讓我們以三秒膠的代表「Aron Alpha 三秒膠」為例來看它作用原理。

三秒膠的主要成分為一種稱為氰基丙烯酸酯的物質。這個物質即是前述所提到，擁有「遇到水分即凝固」的特性。

## 三秒膠作用原理

**如其名稱所示，會「瞬間」黏合物體的三秒膠，其能夠瞬間凝固的秘密，隱藏在空氣中的水分。**

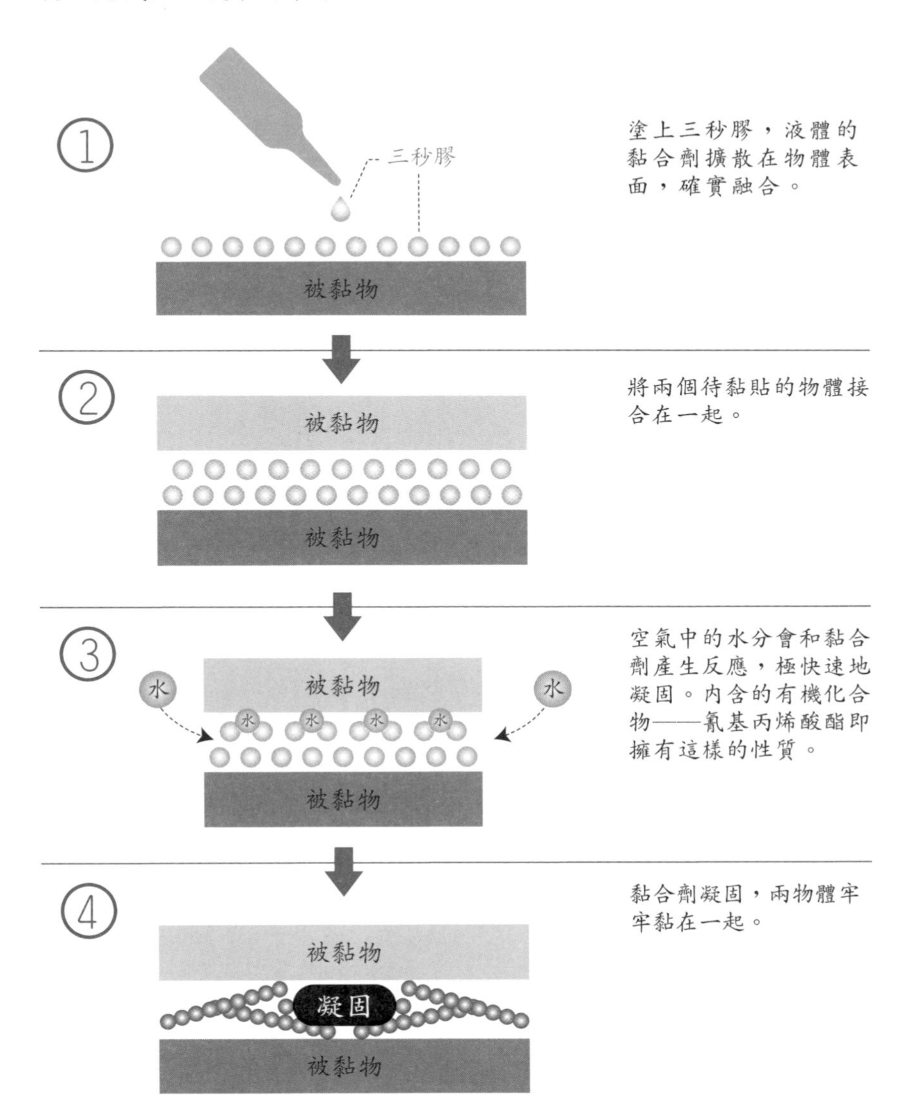

當三秒膠處於液態時，分子是分散的狀態（單體），但與空氣中水分相遇後，分子會瞬間互相連結、進而凝固形成固體（聚合物），成就了三秒膠的瞬間黏合功能。

類似這個與水分作用的物質，化學上稱之爲催化劑（觸媒）。它們的特性是處於化學反應的速度雖然非常快，但本身並不做反應。

化學工業世界中，催化劑扮演著很重要的角色。在製作物品時，時間的長短很重要。假使不能快速製作成品，即使再怎麼優質的商品，也是沒有意義的。因此，大多會利用催化劑縮短製作的時間。

在我們生活中常見的催化劑：灰燼。物品經燃燒作用後留下的灰燼，當然無法再次燃燒，但卻是一種可以促進燃燒的物質。試圖在方糖上點火，並不會成功燃燒，但是塗上灰燼再點火，方糖便會開始燃燒，這就是灰燼的觸媒作用。

## 從微世界觀點看黏合的方程式

讓我們用「微世界」的角度來看看三秒膠凝固的過程。

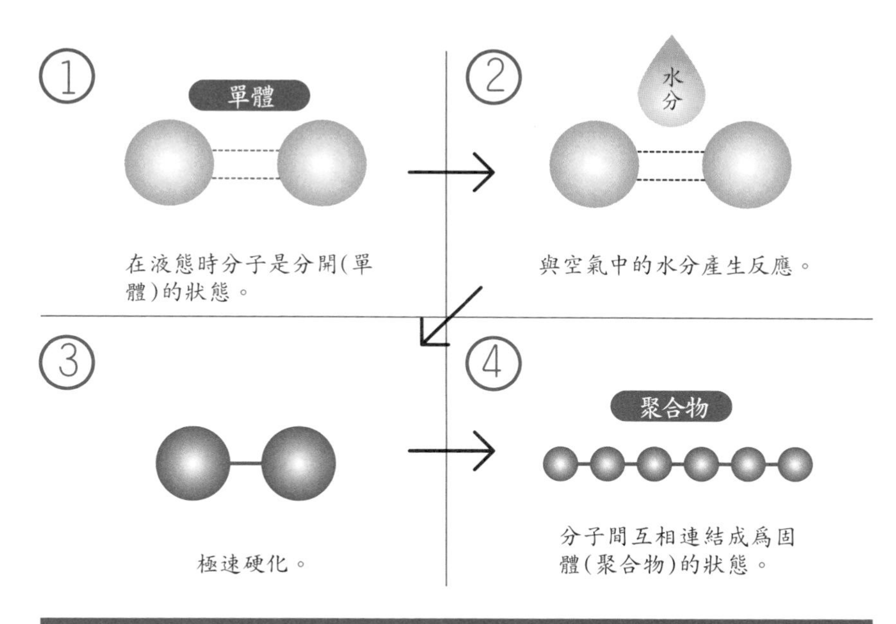


## 灰燼的觸媒作用

能促進化學反應，但本身並不會產生反應的物質爲「催化劑」，又稱作「觸媒」。如下圖使用方糖做實驗，灰燼中的碳酸鉀成爲燃燒的催化劑。

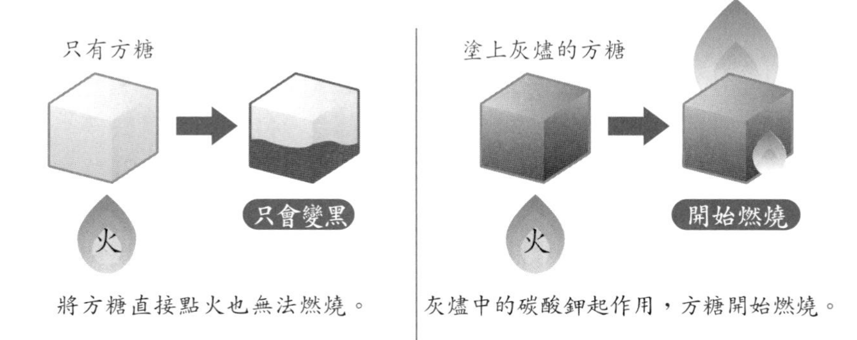

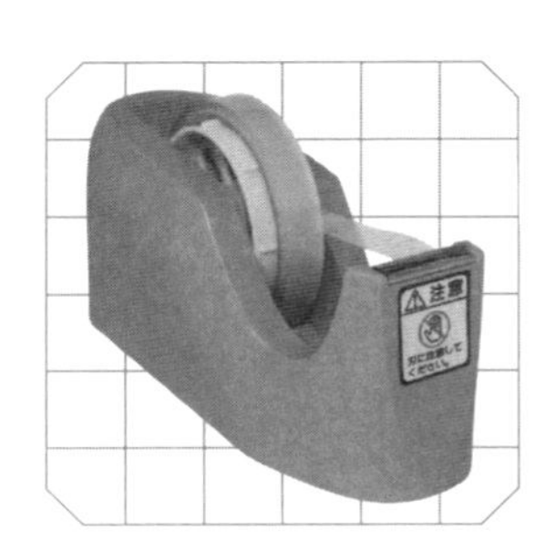


# 透明膠帶

日本戰後的文具前三名為：麥克筆、原子筆，以及透明膠帶。讓我們來看看貼東西時不可缺少的透明膠帶。

說到一般家庭或辦公室裡與我們關係最密切的膠帶，即是透明膠帶。透明膠帶是 Nichiban 公司的註冊商標，成爲旗下著名商品，一般都簡稱爲膠帶。

看似單純將「透明玻璃紙塗上膠的透明膠帶」，其材料的特性卻並非這麼簡單。普通的膠會隨著時間乾掉凝固，所以理論上從包裝中拿出新的膠帶就會馬上乾掉凝固而不能使用，因此可以推知，透明膠帶所使用的是特別的膠，換句話說，即是有利用特殊的黏著劑。

膠帶所使用的黏著劑，是一種能夠持續維持安定且本身能呈保濕狀態的黏合劑。在貼上之前與之後都能夠保持黏性且柔軟的狀態。只要將透明紙塗上這種黏著劑製作的膠帶，就可持續黏住對象物。

透明膠帶，使用的是天然橡膠加工而成的黏著劑，也就是利用了橡膠會黏在一起的原理。將黏著劑塗到透明膠卷上的方法，也是費盡心思。

市售的透明膠帶一般是一卷一卷賣，之所以會這樣是由於透明膠帶的表面與內裡乍看之下無法用肉眼區別，假設將表

## 黏著與黏合的差異

「黏著」與「黏合」看似相同，實際上性質並不同。讓我們來看看個別的特徵。

### ◉黏著

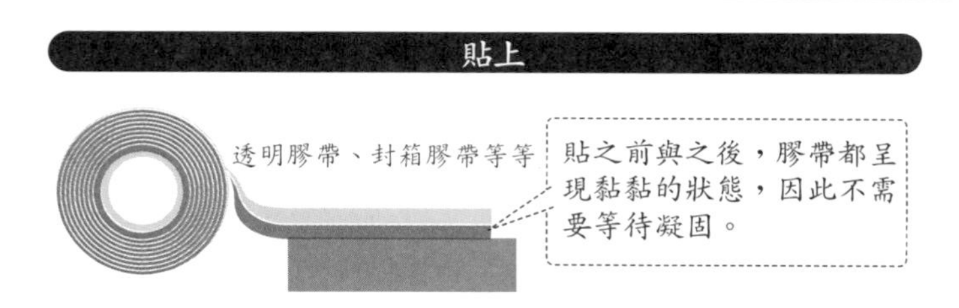


### ◉黏合

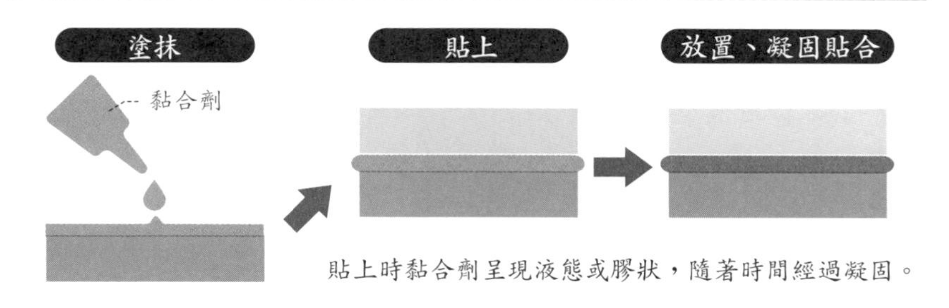


貼上時黏合劑呈現液態或膠狀，隨著時間經過凝固。

## 透明膠帶的構造

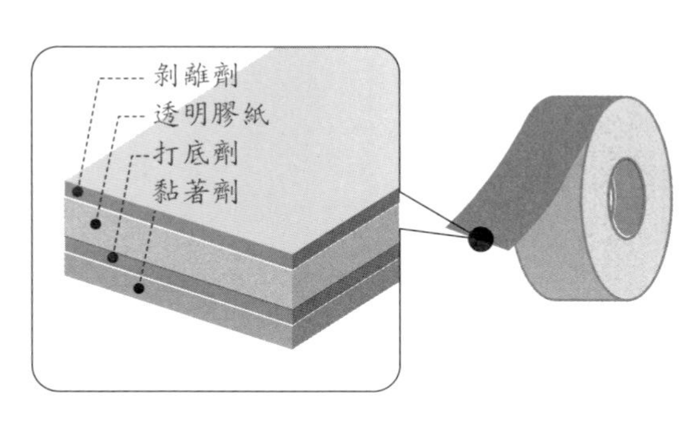


透明膠帶的表層塗有剝離劑，讓膠帶容易撕起來。另外裡層塗有打底劑，用以穩定黏著劑，使之不易自膠帶脫落。

層塗上黏著劑後捲成一卷，那麼內側與外側互相黏在一起會無法剝離。因此在透明膠帶的表層塗上一層剝離劑，讓透明膠帶較容易撕起。

另外，膠帶內側在塗上黏著劑之前會先塗上一層打底劑，這是爲了將黏著劑與透明膠卷部分確實且牢固地黏在一起，厚度大約爲 1 微米，就是因爲利用這樣的小技巧，因此使用膠帶時只要將膠帶撕起，就可以將膠帶剝離膠帶卷。

話説回來，透明膠卷部分到底是用什麼做的？多數人都誤以爲透明膠卷是石油化學成品，但它其實是利用樹木的纖維所製造出來的純天然膠卷。

透明膠卷日文名稱是セロハン テープ (cellophane tape)，由植物的纖維素（cellulose）以及「透明」的法文組合成的外來語。

自木材的木漿中萃取出植物纖維，將植物纖維連結並從狹小的縫隙擠壓成薄狀，出來的物體凝固捆成膠卷狀，就是透明膠卷 ( 如右圖 )。與合成樹脂——賽璐珞（Celluloid Nitrate）的做法相似，兩者皆不耐火。

# 透明膠卷的製作方法

透明膠卷是由樹木的纖維做成的天然膠卷。來看看它的製作方式吧！

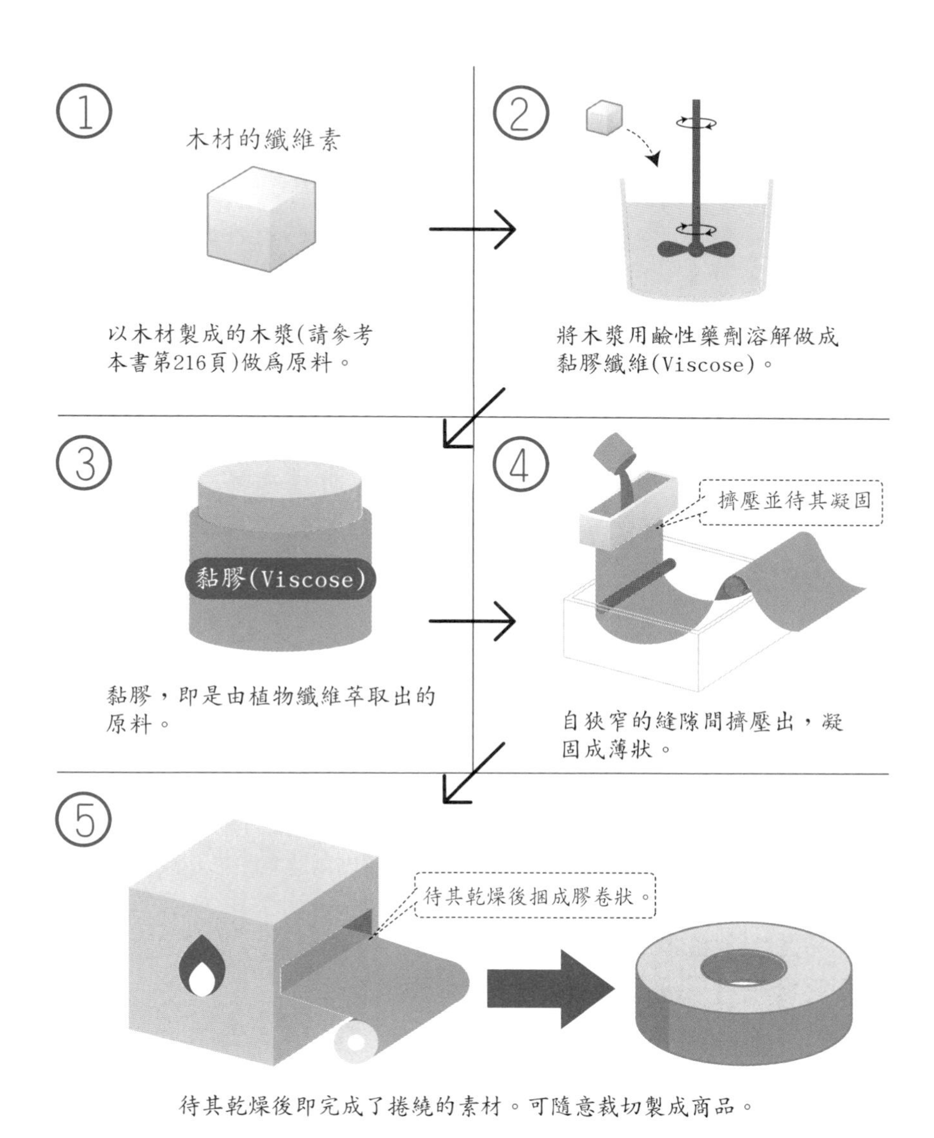


待其乾燥後即完成了捲繞的素材。可隨意裁切製成商品。

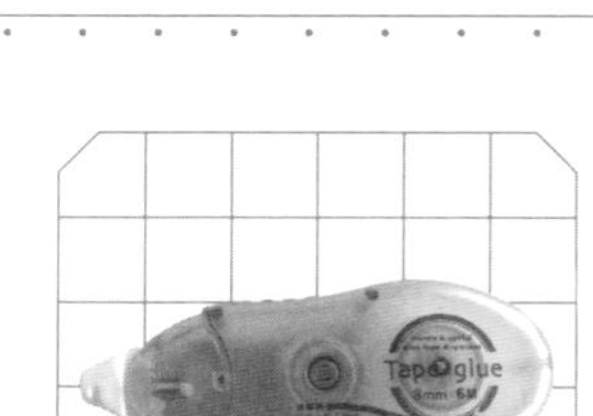

# 膠帶膠水

**不會弄髒手，加上設計巧妙等原因，「膠帶膠水」近年來深受大眾喜愛。這個膠是利用黏著劑而製成的商品　。**

近年來，做成修正帶一樣型態的膠帶膠水是人氣極高的辦公室小物。外觀相似修正帶，容易搞錯，但是同時也因爲這絕妙的外型而受到矚目。使用時不會弄髒手，讓黏貼的工作更方便進行。

雖然稱作膠帶膠水，但在這所利用的並非一般的膠，而是黏著劑（第 82 頁）。一般的膠會隨著時間經過而乾掉凝固，黏著劑則不會。如果膠帶膠水的膠在內部乾掉而凝固的話就悲劇了。

不只外觀與修正帶相似，內部的構造也非常像。膠帶膠水是由黏著劑與塗放膠的剝離紙兩層所構成的，只會在塗上膠的地方轉印黏著劑。這約莫於 30 年前在德國開發出來，日本晚了將近 20 年才開始販售。

在剝離紙的部分，使用的是薄且延展性低的紙，或是薄塑膠膜。在表面用矽膠塗層，內側的膠則是做了讓黏膠容易剝離的加工。多數膠帶上的膠並非塗滿一整面，而是呈現點狀，這種設計使膠比較容易剝離轉印在紙張上。

# 膠帶膠水的構造

膠帶膠水的運作方式與修正帶相似。一般外殼是透明的，因此內部構造可以看得一清二楚。

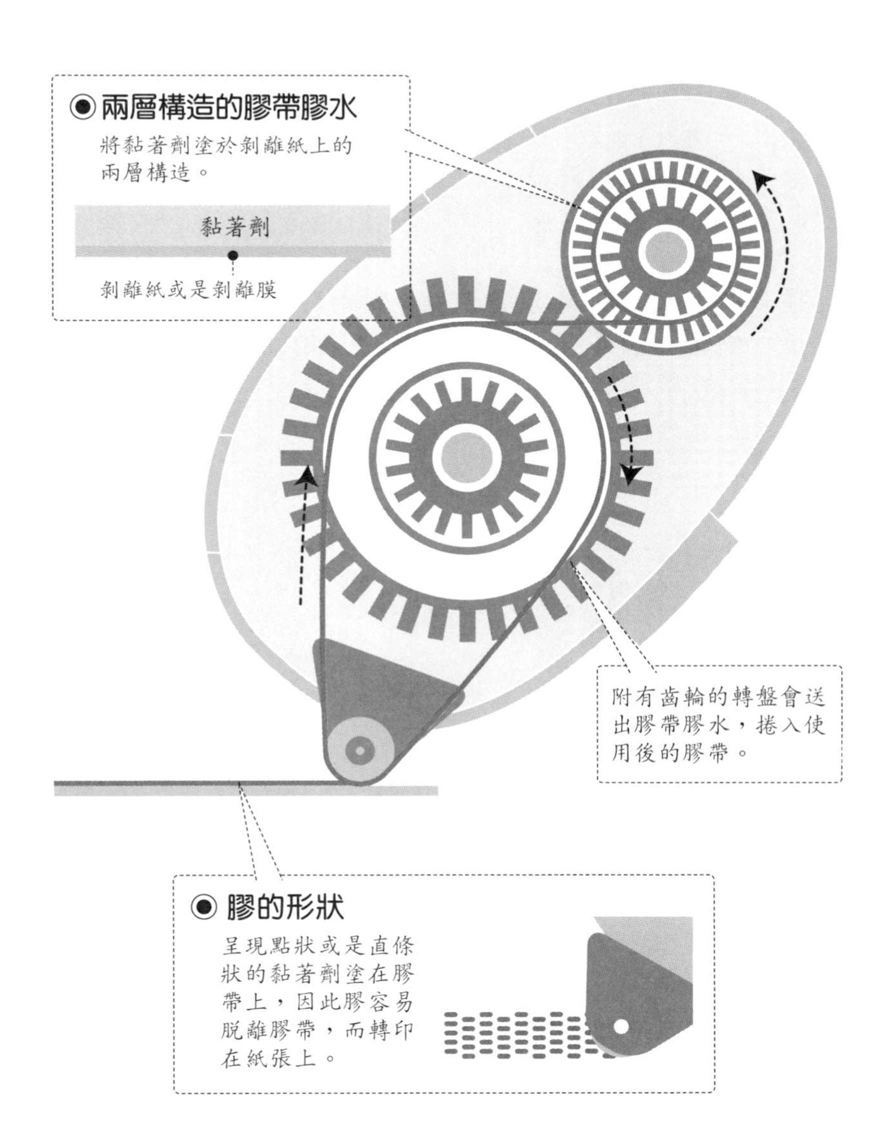

也因此，從塗膠的發想中延伸出了如同印章般轉印的想法，這就是印章膠水。較不適合細小精細的塗膠作業，但便於使用在彌封文件、張貼簡報等等的作業上。

同樣不會弄髒手的，就是高人氣的口紅膠。比膠帶膠水便宜，並且一次可以塗不小的面積。口紅膠所使用的膠叫做固型膠。看似固體，但同前(第 82 頁)所提到的，口紅膠是由水分充足的膠狀物製成。

與膠帶膠水相似的還有雙面膠。雙面膠顧名思義即是兩面皆有膠，中間夾著膠帶基材，會與膠一起轉移。因此，雙面膠的膠比起膠帶膠水的膠還要厚上好幾倍。

## 膠帶膠水的「剝離紙」的構造

剝離紙可因基本材料分爲紙以及塑膠膠卷這兩種，其表面都塗佈上剝離劑。

**以紙爲基本材料**

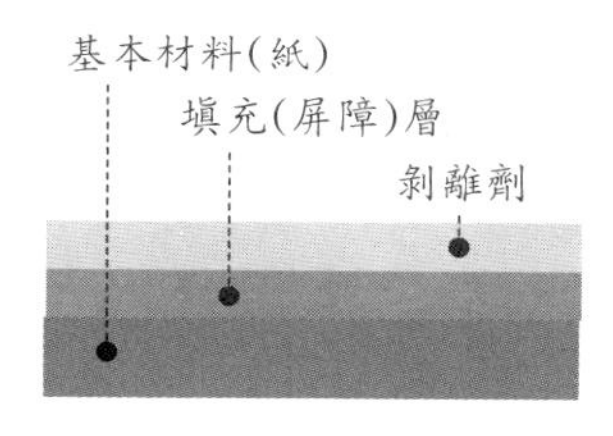


三層構造中，填充層即是爲了防止剝離層混入基材内的屏障。

**以塑膠膠卷爲基本材料**

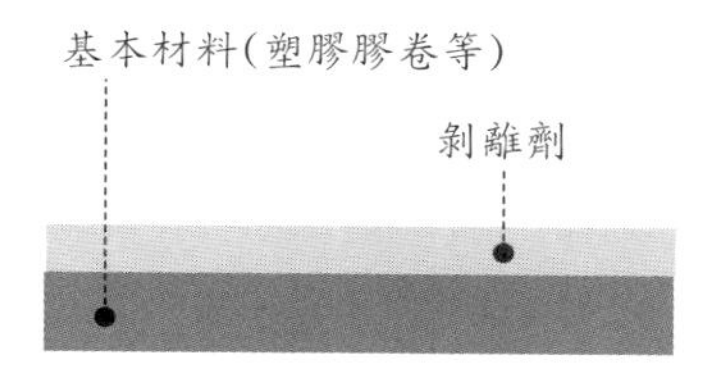


兩層結構中，利用塑膠膠卷做爲基本材料。

## 雙面膠帶的構造

雙面膠帶如下圖所示，是由三層的膠與剝離紙所構成。與膠帶膠水相同，市面上也有販售剝離紙會自動捲收起來的雙面膠。

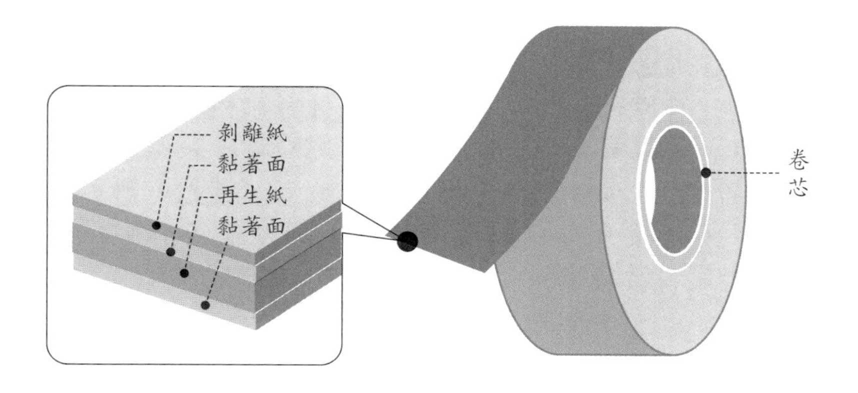

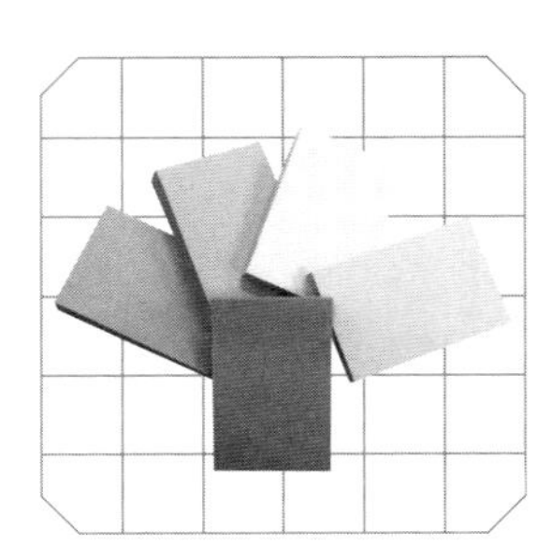

# 便利貼

用來標記備忘錄或筆記時不可或缺的便利貼，可以任意貼在桌子、書本或筆記本上，貼上後可以再撕下，非常方便。

Post-it notes 是美國 3M 公司聞名全球的註冊商標，一般稱爲便利貼。爲什麼便利貼能夠重複使用，並且可以輕易撕下呢？想要瞭解這個秘密，讓我們追溯開發的歷程後就會更容易瞭解原因。

大約 40 年前，3M 公司負責研發黏合劑的一位研究人員，在開發商品的過程中偶然做出一種容易撕下的黏著劑。身爲黏合劑的研究者，應將重點放在讓膠擁有更強大的黏合能力，因此理所當然地認爲這是一件「失敗品」。

其後更因在意失敗的原因而繼續研究，發現此黏著劑的分子呈現球狀並平均分散。研究者還發現黏著劑的分子呈球型並整齊排列的膠貼上後還可以撕下。

這種黏著劑當然並不是一開始就被製成便利貼。當時，由於不瞭解這種膠的用途，即使 3M 公司內部公布這種膠後，也沒有任何提案發展。5 年後的某一天，開發者與別的研究員合唱時，夾在文件中的便條紙掉在地上，靈光一閃，想到如果有「貼上後又可以撕下的便條紙就方便了」。於是在 1974 年，便利貼誕生。

## 便利貼可以貼上再撕下的秘密

貼上的便利貼可以輕易撕下，這是因爲便利貼上的黏著劑構造呈現球狀，與被黏著物的接觸面積較小的關係。

### ① 黏貼前

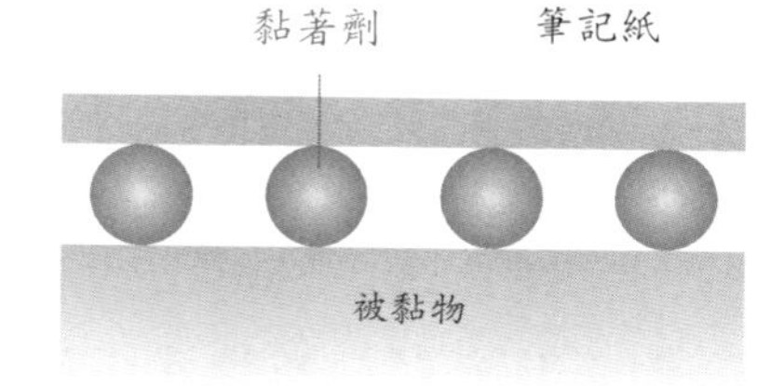


便利貼在貼上被黏物之前，黏合劑呈球體狀。

### ② 黏貼上

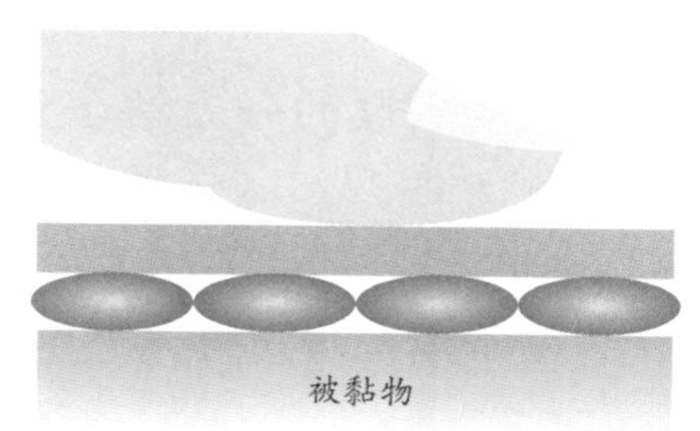


用手指向下壓，球體向兩旁擴大，紙張黏在被黏物上。

### ③ 撕下

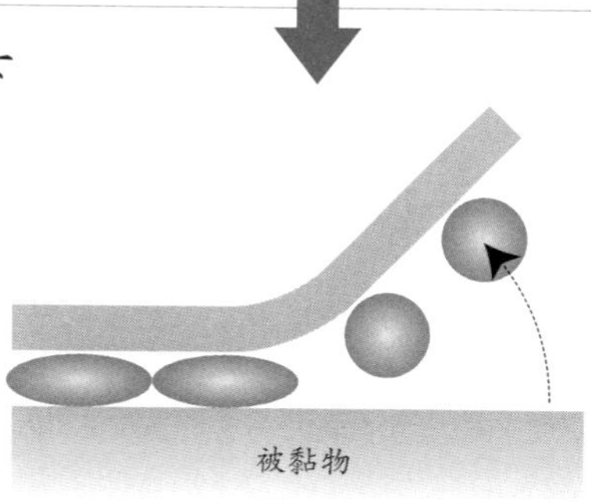


拉扯紙張，膠的組織回復原本的球狀，將便利貼漂亮地撕下來。

這個「貼上後又可撕下」的膠，被活用並且製作成許多領域上的商品。

例如能將一般小紙條變成便利貼的「可撕下的口紅膠」，或是可以將公告紙張貼在白板或畫板上，還有如磁鐵般作用的「點點貼」（又稱作圖釘黏膠或海報貼）等產品，都屬於利用這種膠的特性而研發出的商品。

另外，也有利用在文具以外的地方，如掃除用具的「滾滾黏」(或稱作除塵滾筒)，即是將便利貼的特殊膠的性質利用得非常巧妙的商品。將兩種黏著劑塗上圓筒，藉由圓筒的滾動，即可讓滾筒上的膠帶走灰塵以及小垃圾，以達到清掃的作用。

便利貼與數位文具的合作也是科技的一大結合。將便利貼的內容，用智慧型手機拍照後，再匯入以編輯記事本而聞名的雲端「Evernote」存擋。將便利貼的筆記或備忘錄數位化後，可以進行整理、分類或搜尋等更爲方便有效的使用。

## 便利貼與「Evernote」的合作

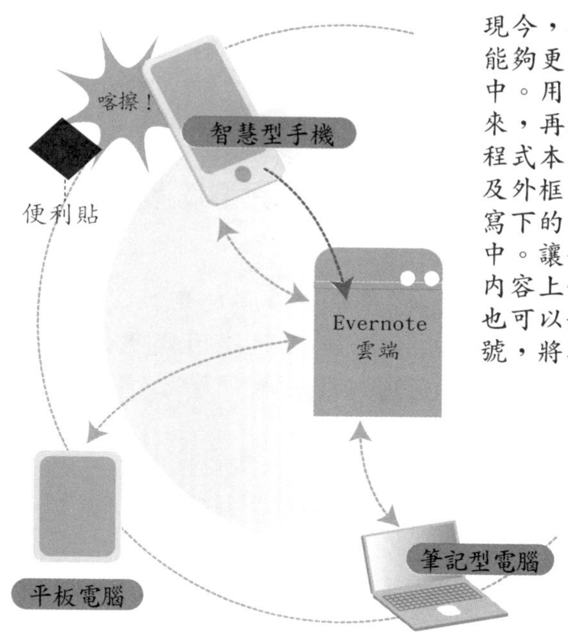


現今，便利貼也數位化了，能夠更靈活地用在日常生活中。用手機將便利貼拍照下來，再利用Evernote的APP程式本身對便利貼的顏色以及外框的辨識能力，進而將寫下的內容傳送到Evernote中。讓備忘錄或是筆記上的內容上傳到雲端共享，甚至也可以辨識手寫的文字或符號，將其轉換爲數位資料。

## 滾滾黏為「貼上又可撕下的膠」的另一應用

「貼上又可撕下的膠」應用在許多不同的領域，例如以掃除聞名的道具——滾滾黏。在基本的紙張材料上塗佈強力的黏著劑，在其上方再塗上黏性較弱的黏著劑。可以輕易掃除地毯及地板上的灰塵或小垃圾。

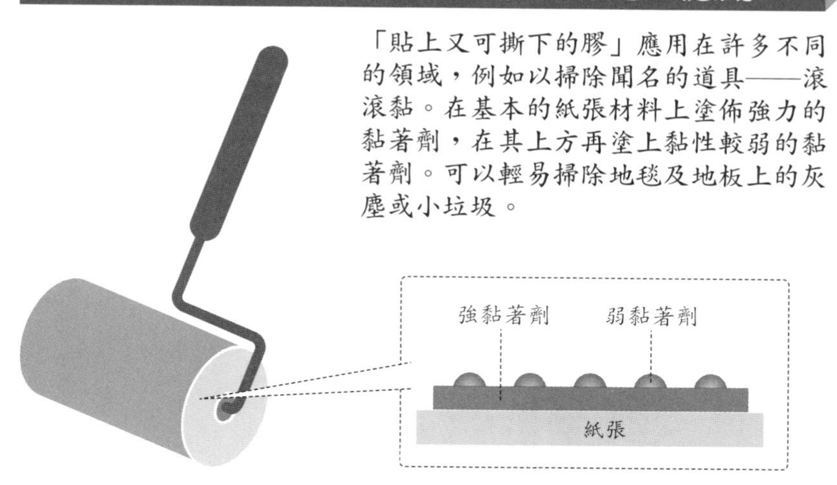

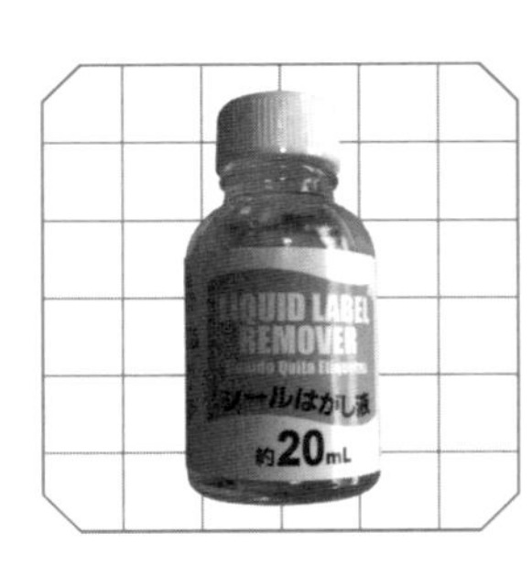


# 標籤清除劑

可以有效去除書本或是白板上標籤殘膠的，即為「標籤清除劑」。類似的物品還有去除牆壁塗鴉的「污漬清潔劑」。

可以輕易去除撕掉郵票、標籤或貼紙殘膠的用品，當屬「郵票除膠清潔劑」或「標籤清除劑」。按照使用說明的步驟處理，即可漂亮地撕下郵票或標籤。到底是什麼原理可以將郵票或貼紙漂亮且乾淨地撕下呢？

這個原理是使用與黏貼側相似成分的溶劑使膠溶解，並讓貼紙自然浮起，就能輕易撕下。相似的物體因契合而互相融合，就是利用這個「鬆弛」的作用，就讓我們以「去除郵票上的膠」爲例來看看這個作用吧。

貼在信封上的郵票，爲何泡點水就能夠剝離？秘密在於郵票上膠的成分。其中的主成分爲聚醋酸乙烯酯與聚乙烯醇。聚醋酸乙烯酯也是口香糖的主成分，有著黏性。而聚乙烯醇的功用，是溶解聚醋酸乙烯酯。

聚乙烯醇是酒精的一種，具水溶性。當我們將貼在信封上的郵票浸泡在水裡，使它吸收水分時，首先聚乙烯醇會漸漸地溶解在水中，聚醋酸乙烯酯接著溶解。於是郵票浮起，便可以輕易撕下。

## 除膠方法的一般論點

去除黏合劑的原理，是利用和黏合劑相似成分的溶劑使之溶解，讓紙張自然浮起撕下。

①

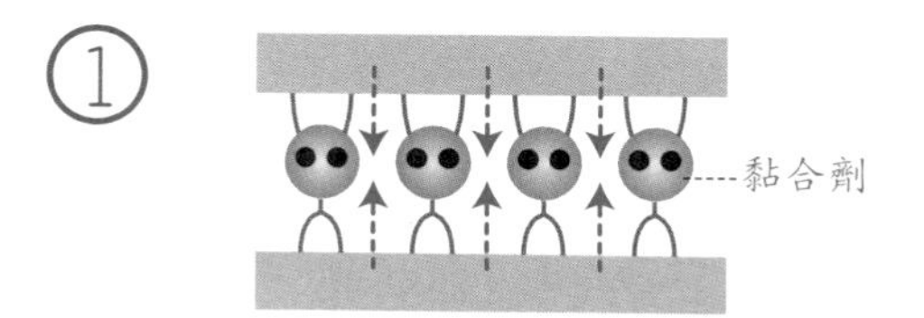


黏合劑作用，將兩面黏在一起。

②

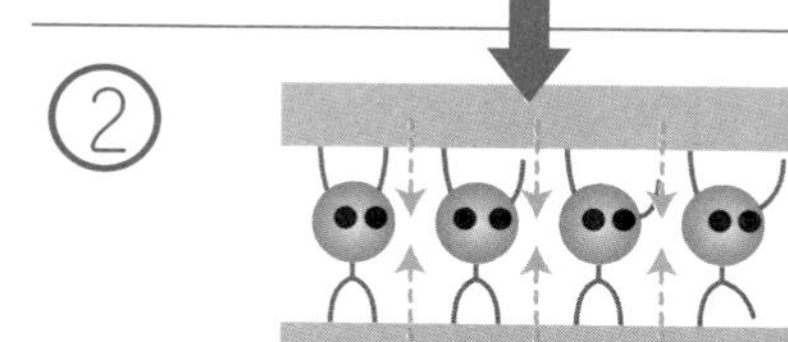

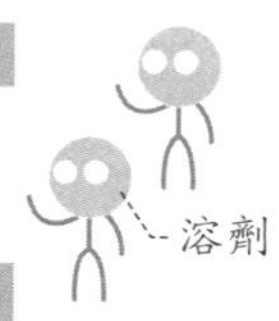


溶劑與黏合劑的成分相近且相容性高，因此溶劑接近後「放鬆警戒」的黏合劑開始溶解。

③

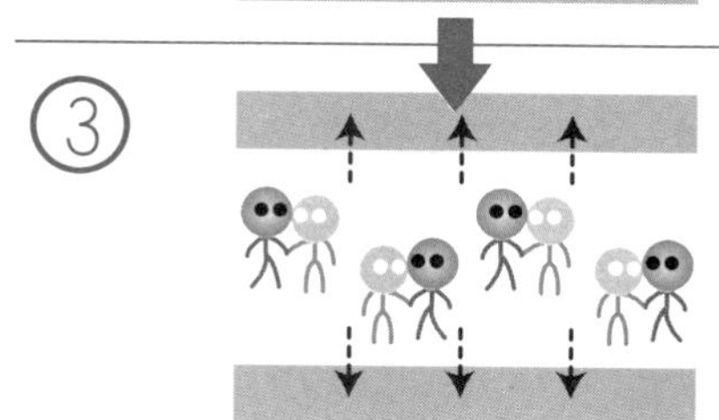

經過一段時間，黏合劑忘記自己黏貼的工作鬆開兩面，使得兩個原本黏在一起的面剝離。

## 貼上郵票的方式

郵票能夠貼在信封或是明信片上，歸功於郵票背面的背膠。這種黏合劑的主成分爲聚醋酸乙烯酯與聚乙烯醇。

①

在郵票背面弄點水

②

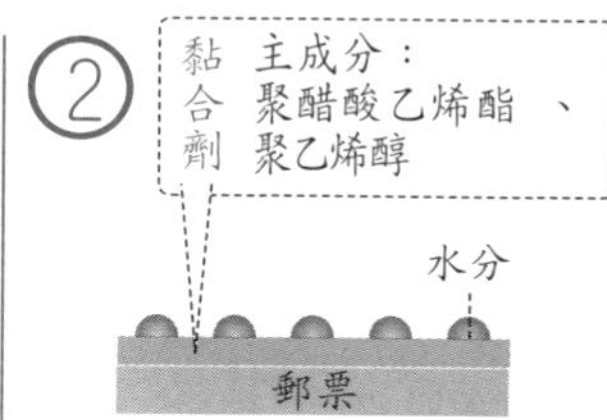


黏合劑的表面溶解，可以黏合。

③

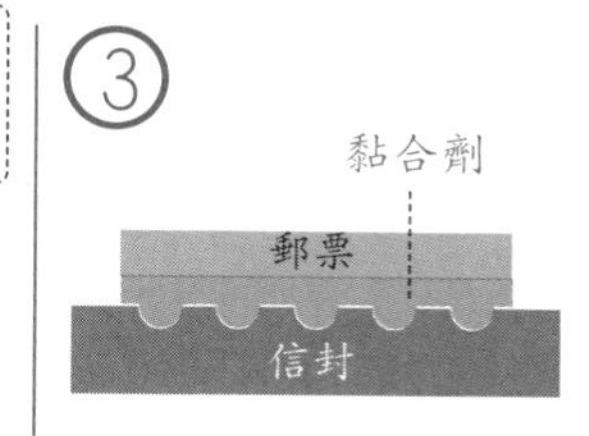


將郵票貼在信封上。隨著時間，黏合劑乾掉凝固並牢牢黏住。

但實際上，如果將貼上郵票的信封或明信片泡在水裡，那麼信封或明信片也就損毀了。也因此，市面上有販售「郵票除膠清潔劑」，內含水的介面活性劑，可以溶解聚乙烯醇。只要將紙張稍微弄濕，即可輕鬆撕下郵票。

此外，聚醋酸乙烯酯對人體無害，即使是沾口水來貼郵票也不會中毒。

「標籤清除劑」中含有丙酮、酮與甲苯等有機溶劑，原理與郵票剝離劑中含有聚醋酸乙烯酯與聚乙烯醇相同。因爲貼紙或標籤的黏合劑成分與上述那些有機溶劑的構造相似，所以可以輕易剝離。

前面有提到，郵票背膠的成分中——聚醋酸乙烯酯同時也是口香糖的主成分。相信大家都聽過口香糖與巧克力一起吃時，口香糖會融化，原因是聚醋酸乙烯酯被巧克力內含的油脂溶解了，也就是相似的兩物體接觸後互相溶解的一個例子。因爲聚醋酸乙烯酯與油脂的化學構造相似，才會導致這樣的結果。

## 郵票除膠清潔劑剝離郵票的原理

將剝離黏合劑方法的一般論點套用在郵票除膠清潔劑來看。黏合作用的聚醋酸乙烯酯，與性質類似的水溶解的則是聚乙烯醇。

①

黏合劑中的聚醋酸乙烯酯作用，將郵票與信封黏在一起。聚乙烯醇則是沉睡狀態(不作用)。

②

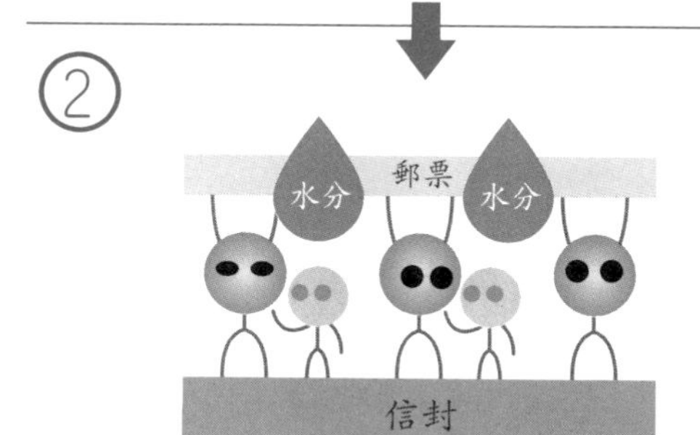


加點水，首先水會與相容的聚乙烯醇起作用，然後聚乙烯醇再誘惑性質相似的聚醋酸乙烯酯。

③

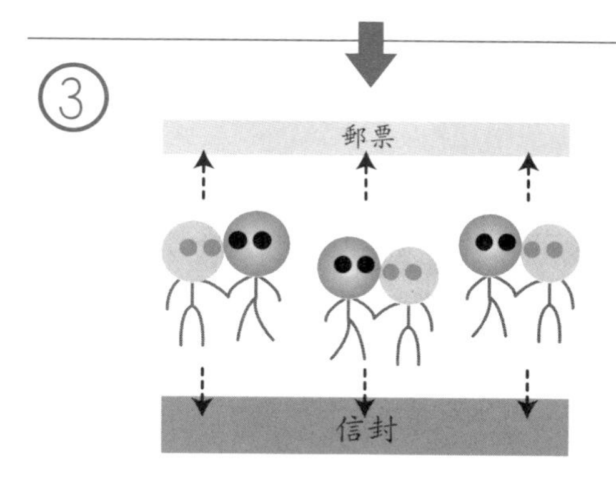


經過一段時間，聚醋酸乙烯酯忘記自己的工作，將原本黏在一起的郵票和信封鬆開。因此郵票就能剝離了。

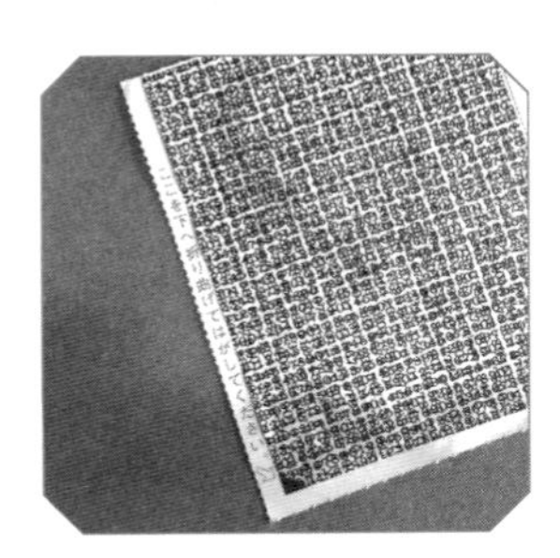

# 個人隱私保護貼

害怕個人隱私資料被盜用的並非只有 IT 世界。文具的世界裡，有種防止個資外洩的便利工具。

寄明信片時，有時會不想讓其他人看到內容，這時個人隱私保護貼紙就能發揮作用了。

將想要隱藏的部分貼上這個貼紙，就可以保護內容避免他人看見。而且，原本必須得用信封保護寄送的內容也可以用較便宜的明信片寄送，節省預算。

個人隱私保護貼紙分為二種，表面紙與剝離紙(第 94 頁)，而秘密就藏在兩者之間的那層。市售較便宜的種類，使用的是較弱的黏著劑並且只有一層；只要撕下剝離紙層，貼在明信片上即可達到遮蔽的功能，但由於這種貼紙即使撕下了還可以再度黏回去，因此並不能保證沒有人撕掉偷看。

這時候，如果想確認是否有人偷看，就必須利用上層紙與剝離紙之間有複數層的貼紙，也就是含有擬似黏著劑、透明膜、強力黏著劑這三層的個人隱私保護貼紙。

擬似黏著劑層是能夠輕鬆撕下的黏著劑，但只限一次。將貼紙撕下後，擬似黏著劑的構造被破壞，無法恢復原狀也就無法再貼回去。這樣即可知道是否有人撕下偷看內容。

## 個人隱私保護貼紙的構造

個人隱私保護貼紙是使用了黏性弱的黏著劑，以及擬似黏著劑。來看看它的構造吧！

**利用黏性弱的黏著劑商品**

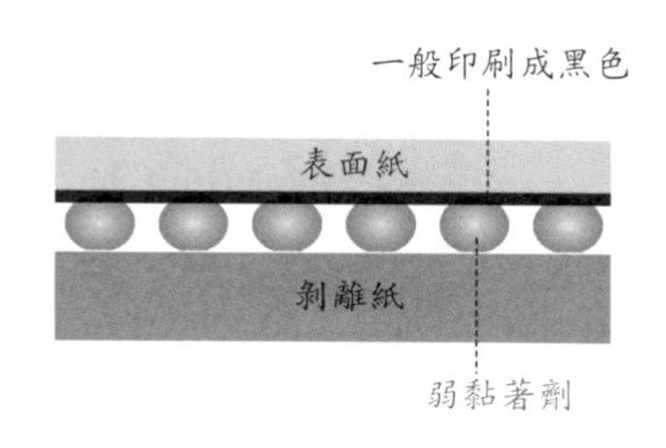


黏性弱的黏著劑層塗有與便利貼同樣的膠，撕下後可以再黏回去。

**利用擬似黏著劑的商品**

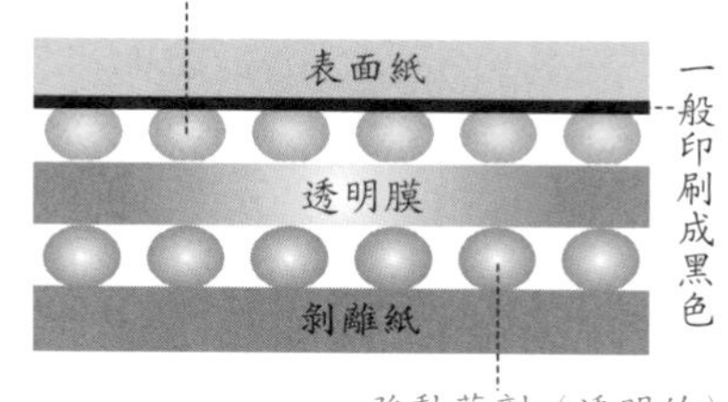


若是撕下，那麼擬似黏著劑那層將會被破壞，無法再貼回。

## 使用擬似黏著劑的個人隱私保護貼紙

擬似黏著劑是能輕易撕下的一次性黏著劑；撕下後，擬似黏著劑的那層會被破壞，無法復原。

①

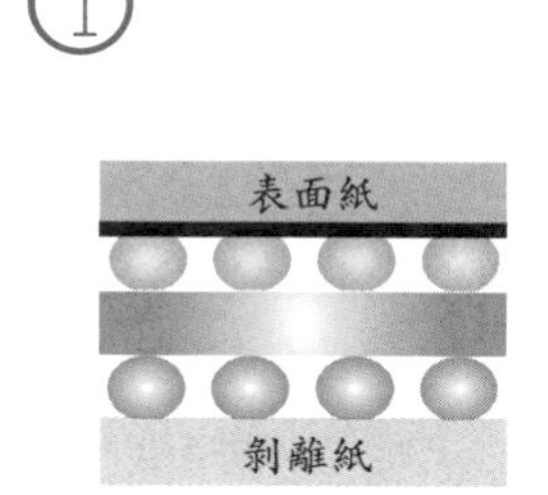


貼之前底層的剝離紙還呈現附著的狀態。

②

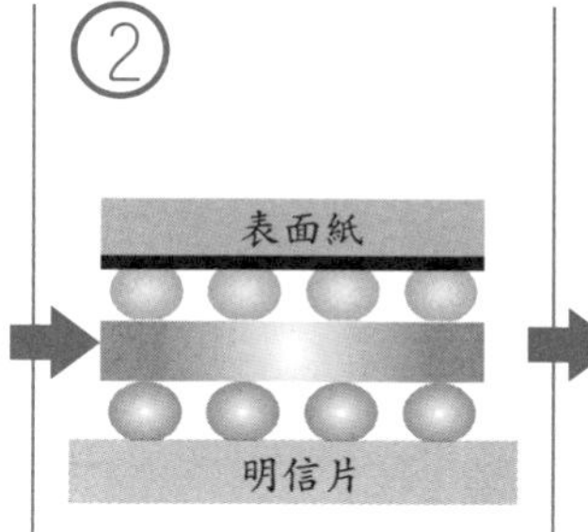


將剝離紙撕下，貼在明信片上。

③

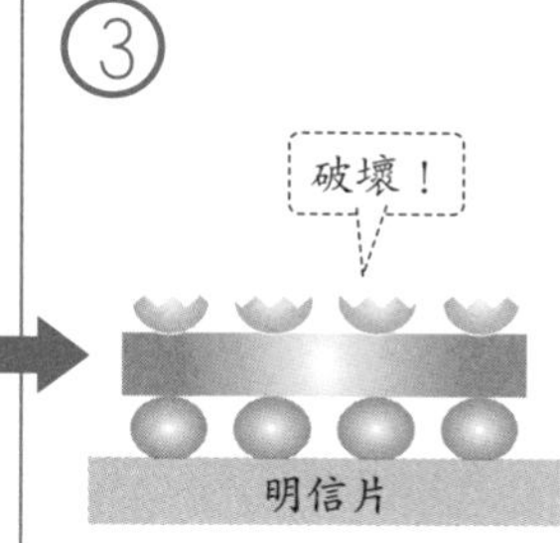


若撕下表面紙，擬似黏著劑被破壞，無法恢復原狀。

擬似黏著劑同時也稱作再度剝離膠。一般來說，黏上膠後是無法撕下來的，而這種膠則是以會被撕下一次的前提所開發出來。這種膠的開發技術爲擬似黏著技術。在這個對個資的保護以及防止外洩的意識抬頭的世代，這些技術的必要性也提高了。

與個人隱私保護貼紙相似的商品，還有彌封式明信片。像是從銀行寄出的通知就常利用這樣的明信片，開封一次即無法再黏回去。作用與個人隱私保護貼紙相同，同樣利用擬似黏著劑的特性。

彌封式明信片是在一面塗上膠，然後將另一面貼合用力加壓，讓兩個接觸面在牢固貼合的狀況下，膠水乾燥後凝固。這麼一來，即使將一面撕開，卻無法再將它黏回去，就可以清楚確認是否被他人偷開。

擬似黏著劑的技術也廣泛活用在 CD 與 DVD 的包裝上。一旦打開盒子後即會出現「已開封」的文字，是否開封過一目了然，這樣的預防措施也是眾所皆知的。

# 彌封式明信片的化學原理

彌封式明信片與個人隱私保護貼紙相同，皆使用擬似黏著劑。

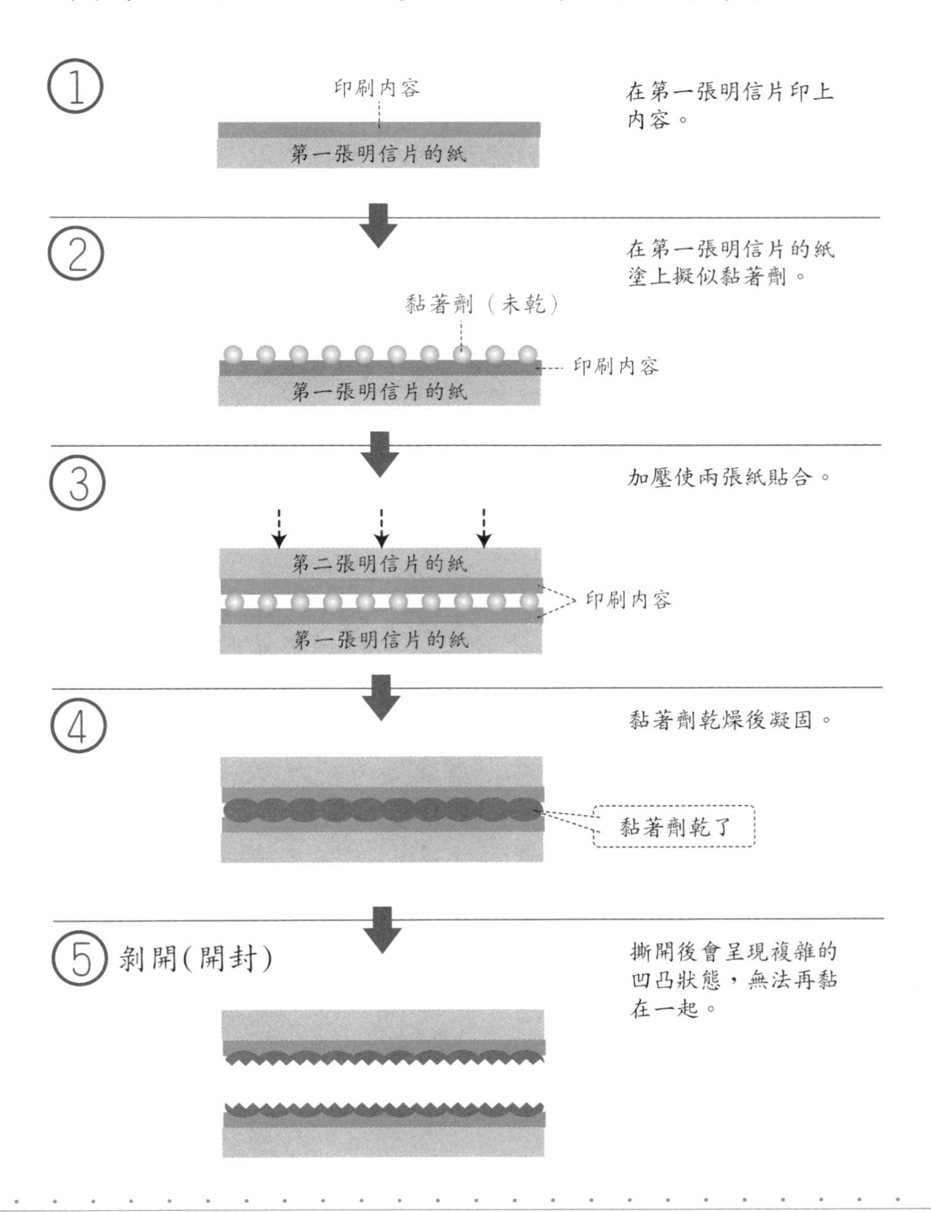

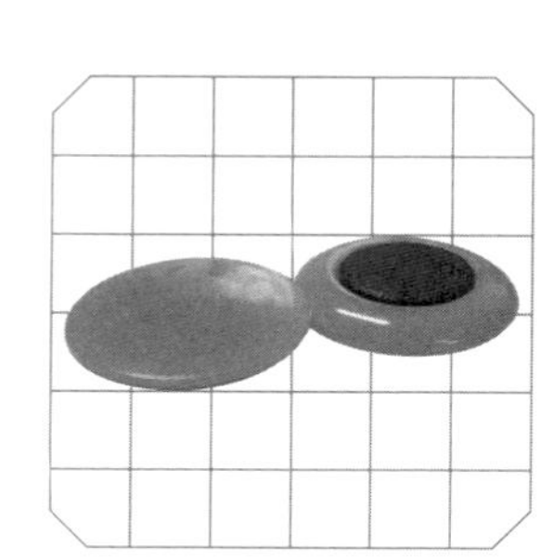

# 磁鐵

能夠將紙張固定在磁性白板上的重要物品即是磁鐵。磁石上附著著鐵，這又是為什麼呢？

一般來說，磁鐵是概括所有磁石。然而一般家裡或辦公室所稱的磁鐵，是指用來固定紙張在白板或是冰箱上的磁石。外層包覆著繽紛的彩色塑膠殼，十分可愛。

來看看在那塑膠外殼內的部分吧！只要不是便宜貨，大多內部會鑲著扁平的圓柱形磁鐵，並且附著「鐵蓋子」，這個鐵蓋子又有什麼意義與作用呢？

回想一下小學自然科學課程所學到的棒狀磁鐵與U型磁鐵。以同樣大小的磁石來比較，U字型的磁鐵較可以吸起較重的鐵。原因是，當磁鐵做成U字型後，磁力集中所以吸力較大、較強。另外，不只使用N極或S極，而是將兩極的磁力合起（N＋S），則可發揮出最大的吸力。

這個即是磁鐵會有「鐵蓋子」的秘密。鐵有著吸磁力的性質，用鐵蓋子集中磁力，另外，也拉近兩個分離的磁極。因此，鐵蓋子能夠增加磁鐵吸力。

## 「棒狀磁鐵」與「U型磁鐵」吸力的差別

比起棒狀磁鐵，U型磁鐵的吸力較強。注意下圖的橢圓部分。

**棒狀磁鐵**

比起U型磁鐵，棒狀磁鐵的兩極分散，因此磁力線分散。

**U 型 磁 鐵**

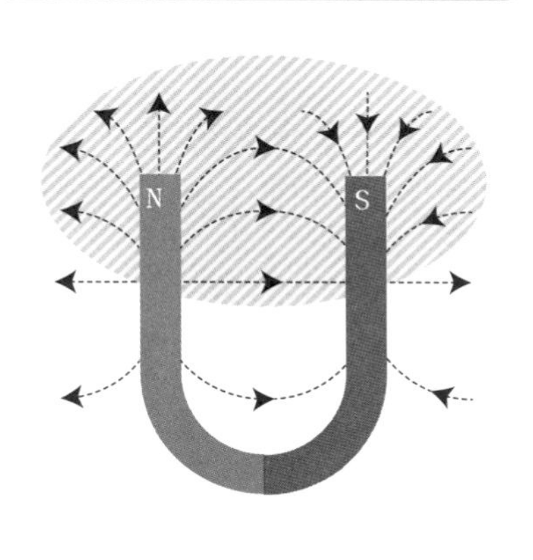


比起棒狀磁鐵，U型磁鐵的兩極相鄰且磁力線集中，因此吸力較強。

## 鐵蓋子「磁軛」的效果

**無磁軛**

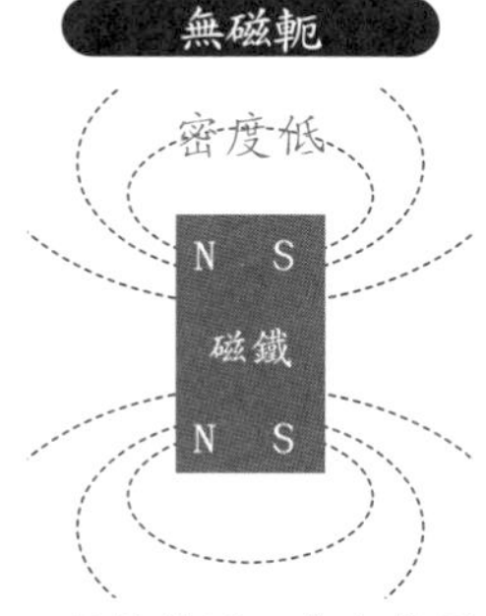


一般的情況，與有使用束縛的狀態相比，磁力線的密度較低。

**有磁軛**

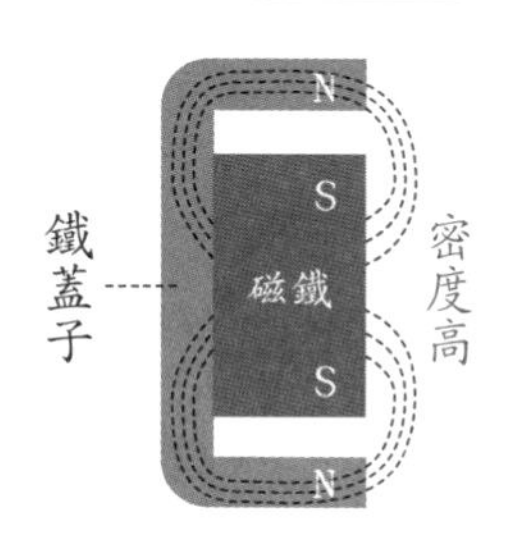


磁力線透過束縛密度提高，有將磁力集中在接合面的效果。

爲了讓磁鐵發揮強力的吸附力，磁鐵的應用商品多數皆有鐵蓋子(磁軛)。這個磁軛有著可以增強磁鐵吸力的效果。

與鐵蓋子類似的現象，吸收磁力線幫助增加磁力的鐵爲「磁軛」。像是想要有如同馬達一樣的強力磁力的話，就必須要有磁軛的幫助。舉個比較容易懂的例子：傢俱櫃門上的磁鐵，應該是和鐵板一起組合的。

鐵是怎麼變成磁鐵的？大家都知道，物質的基本組成爲原子，而原子由電子與原子核組成。電子因自旋（spin）產生磁場。

多數的金屬，其本身有著成對的右旋轉與左旋轉的電子，磁力線互相抵消所以不會產生磁場。然而，鐵只有一半的電子，因此無法成對互相消除磁場，那些磁場最終覆蓋整體成爲磁鐵。

磁鐵屬於日本拿手的領域，以磁鐵研究爲基礎，成功運用在動力混合車以及磁浮電車等開發上，磁鐵眞是一項深奧的學問啊！

## 磁鐵可以吸鐵的原因

鐵與磁石接近時會互相吸引，是因爲呈個體狀的鐵由於本身的磁性(原子磁性)受磁鐵影響，而朝向固定的方向。

磁場不在附近時

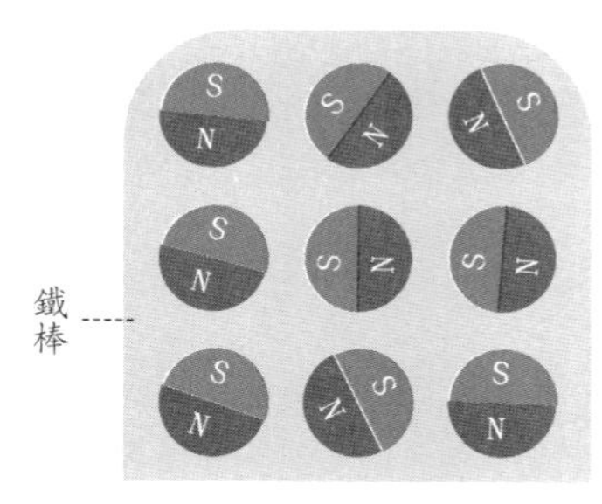


鐵棒的磁性呈現分散狀態。

N極接近時

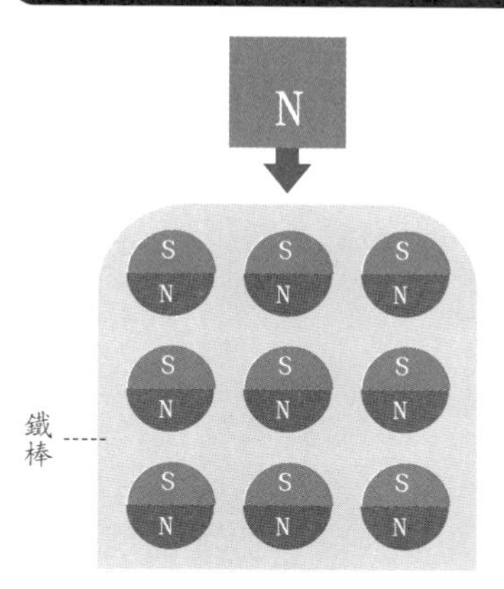


由於磁石的影響，鐵的磁矩方向一致，向上爲S極，向下爲N極並受磁石吸引及吸附。

## 鐵原子的構造

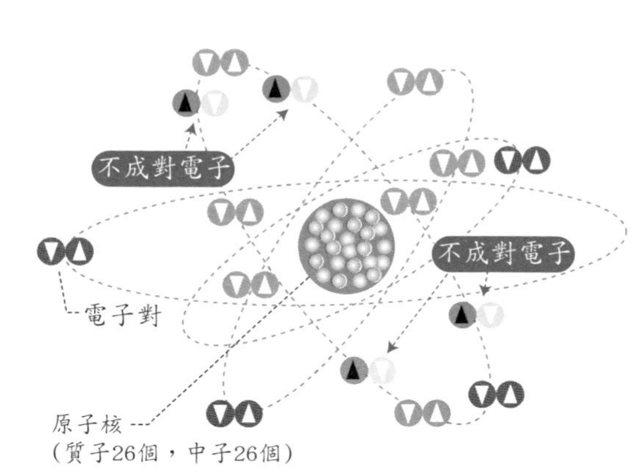


電子自旋(spin)會產生磁場。在一般的原子或分子中，向右轉的電子與向左轉的電子是成對的(電子對)，因此磁矩互相抵消。

然而，鐵原子則是擁有四個不成對的電子，當這四個不成對的電子聚在一起時，鐵就成了磁石。

Column

## 最初使用的黏合劑是瀝青？

「黏在一起」是製作物品的基本。在有文明的國度，必有要接合在一起的物品，也就是黏合劑。

據說，人類最早使用的黏合劑是天然的瀝青。即使是現代，仍用在鋪設道路、防水等功用上。在日常生活中許多用途的瀝青，是自古以來眾所皆知的天然物，而人類很早就將其使用於黏貼作用上。

例如，舊約聖經中有名的故事「諾亞方舟」，使用的防水黏合劑也是指瀝青（煤油、焦煤油）；其他還有美索布達米雅文明和印度恆河文明時期，也將瀝青使用在建材防水用途上；古埃及文明時期，則用來保存木乃伊。

日本秋田地方也有「尖處附著著瀝青的箭」與「用瀝青修補的陶器或陶偶」出土，已經證明日本自繩文時代[註]開始即有使用瀝青爲黏合劑的歷史。

註：日本文明發展的一個時代，約西元前1萬4千至300年前，橫跨舊石器時代後期到新石器時代，因出土的陶器表面有繩索紋樣而得名。

第三章

# 裁剪、裝訂工具的驚人技術

# 剪刀

**剪刀裁斷物品的方法十分巧妙。左撇子使用右手專用的剪刀會不順手，這是有原因的。**

剪刀有「裁縫線頭剪刀」與「一般剪刀」兩種類型。一般剪刀是古羅馬時代留下的產物，而現在的裁縫線頭剪刀則是出現於比它還早的埃及時代。

話說回來，剪刀爲何可以裁剪紙張和布呢？平常沒有特別思考這個理所當然且常常接觸的剪刀，並不是如同刀片有著鋒利的刀刃。如果只用剪刀單邊的刀刃，一般是無法向刀一樣順暢裁切。

剪刀可以剪東西的秘密就在「間隙」與「彎曲」。剪刀的兩片刀刃間存有縫隙，且刀刃內側是呈現彎曲狀態。這樣一來，用剪刀剪東西時，只會有一個點與刀刃接觸，力量集中於此，就可以剪裁了。

然而，只是這樣的說明，並不能瞭解爲什麼左撇子很難使用右撇子慣用的剪刀。

讓我們來看看剪東西時拇指的動作。拇指以外的手指頭是固定的，當要裁剪時，拇指是無意識地向刀刃「加壓」。這時，右撇子在使用右撇子專用的剪刀時，兩片刀刃的組裝，是配合著右手的動作而密切貼合。

## 裁縫線頭剪刀與一般剪刀

剪刀依外型分爲「裁縫線頭剪刀」與「一般剪刀」，來看看他們的特徵吧。

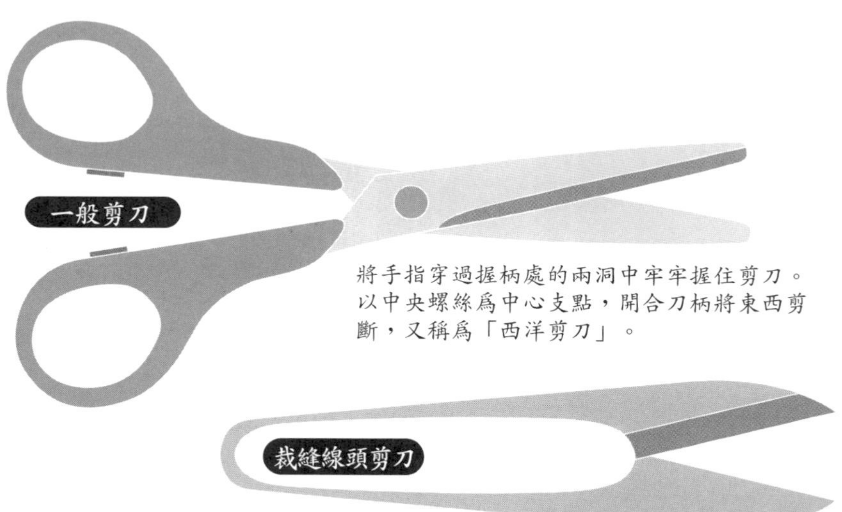


柄處沒有兩洞使手指頭可以穿過握住，而是直接握住刀身將東西剪斷。

## 兩片刀刃的力量集中在一個點

剪刀的兩片刀刃間有著縫隙，而且刀刃分別向內側微微彎曲。由於這樣的構造，導致手指的力氣可以集中在一個點上，輕鬆就能剪斷紙張等物品。這個構造與裁紙機裁切紙張的構造是一樣的。

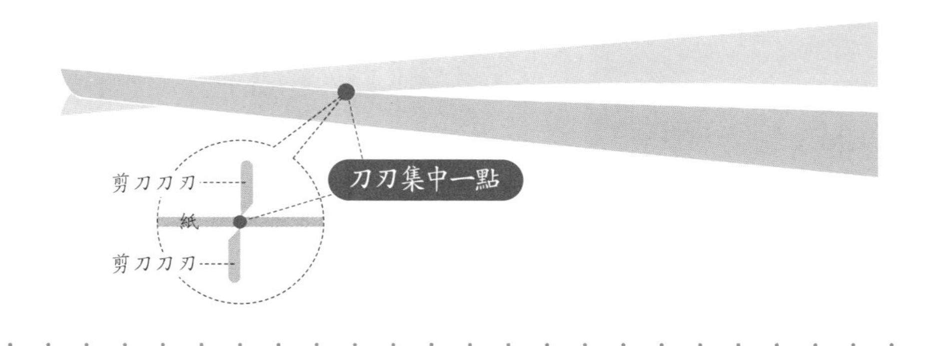

更具體地說明，慣用手爲右手的人使用右撇子專用的剪刀，手掌向上，來看看拇指穿過的那側刀刃。拇指那邊的刀刃朝上，其他的手指則穿過下方刀片的握把洞口。刀片這樣子組裝，當拇指加壓時，兩片刀刃則閉合就可以裁剪東西。

這時，兩片刀刃接觸於一點，力量也集中於一點。

左撇子之所以覺得右撇子專用的剪刀很難使用，主要是因爲「非對稱性」。左手使用右手專用的剪刀時，兩片刀刃間的縫隙會變大。

最後，來看看裁縫線頭剪刀。這種剪刀在古希臘時期最常使用，然而現在卻幾乎只在日本有使用。因此，裁縫線頭剪刀又稱爲「日式剪刀」。

## 右撇子專用的剪刀與左撇子專用的剪刀

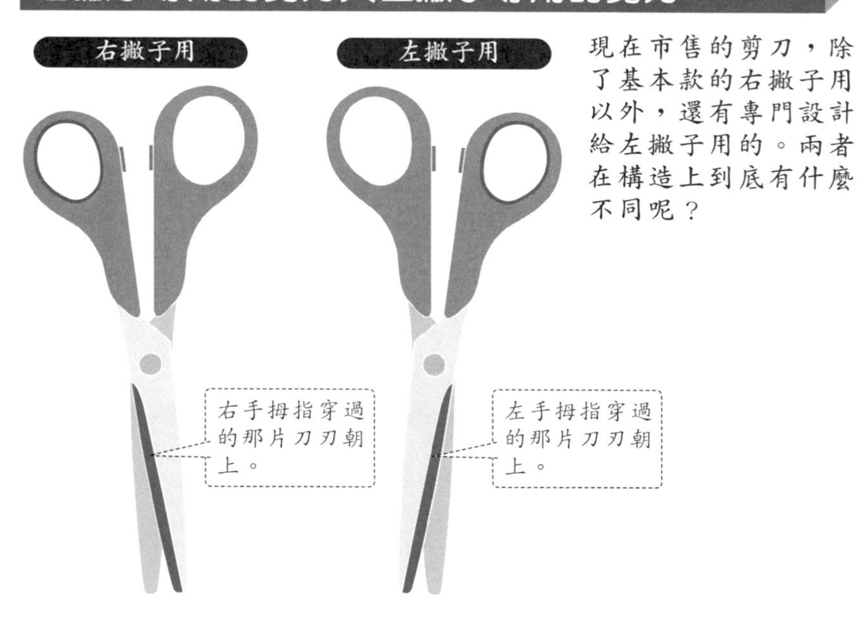


現在市售的剪刀，除了基本款的右撇子用以外，還有專門設計給左撇子用的。兩者在構造上到底有什麼不同呢？

## 左撇子使用右手專用剪刀時會不好剪的原因

右撇子使用右手專用的剪刀時，拇指無意識地加壓，這時兩片刀片的閉合力量集中於一點。因此右手專用的剪刀給左撇子用時，兩片刀刃間的縫隙擴大，較難剪。

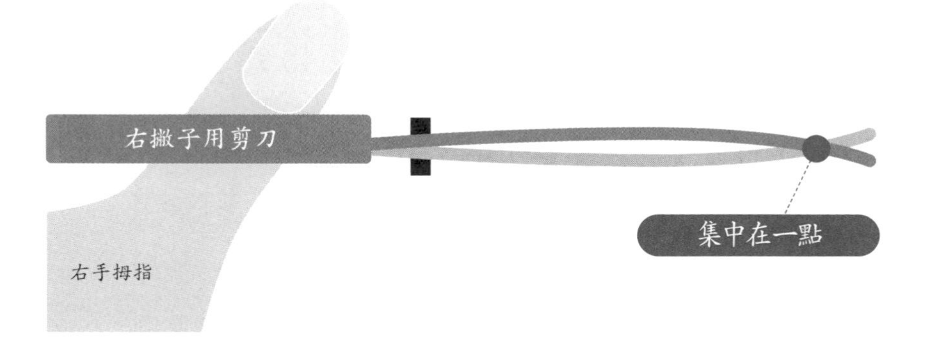

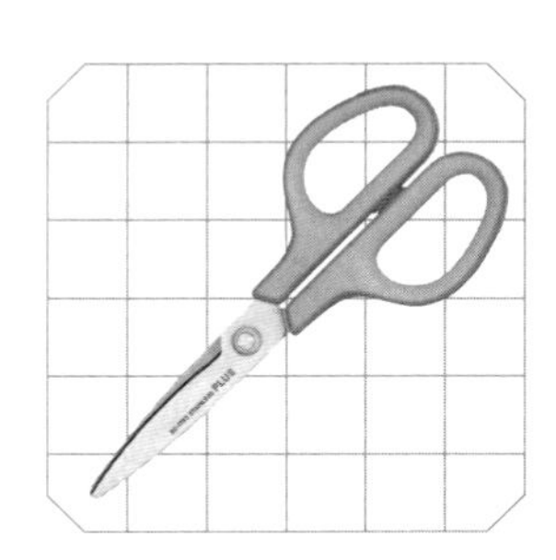

# 高機能剪刀

**剪刀擁有二千年以上的歷史，現今更是不停地改良進化，例如：應用數學原理的剪刀也問世了。**

數學原理意外地能應用在許多地方。比如，IT產業的保全措施——金鑰加密，即是質數的應用。所謂的質數，是除了1與本身以外，無法被其他自然數所整除的數字，如2、3、5、7、11等等。

現在，利用數學原理的文具也開始受到矚目。普樂士公司的「30度弧線剪刀」即是其一。普樂士公司發現當剪刀兩片刀刃的角度固定呈30度時，是最能輕鬆裁剪東西的角度。於是，開發了「裁切時刀刃恆保30度」的剪刀。

這個技術採用了流體力學原理中的伯努利曲線，將刀刃設計成有弧度的。這個弧度可以讓剪刀在裁切時不管交錯在那個點，都能讓兩刀刃保持30度角。這麼一來，從剪刀根部開始到剪刀尖頭，就都能夠確實維持好剪的手感。

伯努利曲線來自於有名的荷蘭數學家——雅克布·伯努利(Jakob Bernoulli)。雅克布·伯努利致力於數學方面的研究，在數學領域留下許多重要貢獻，而這個伯努利曲線（又稱：「等角螺線」、「費波那契數列」）就是其中之一。

## 「伯努利曲線」是什麼？

伯努利曲線又稱「等角螺線」、「費波那契數列」。在平面上，質點圍繞原點逐漸離開，相對於原點的角（下圖的$\alpha$）角度恆定，且相對於原點的距離以等比例增長，則其軌跡爲伯努利曲線。向日葵種子的排列方式、仙人掌的渦等都是，在自然界中處處可見。

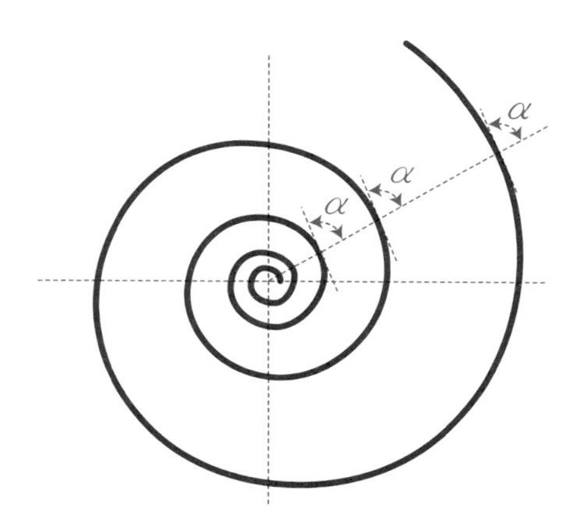


## 伯努利曲線刀刃的構造

利用伯努利曲線，維持裁剪時兩刀刃角度固定爲30度。

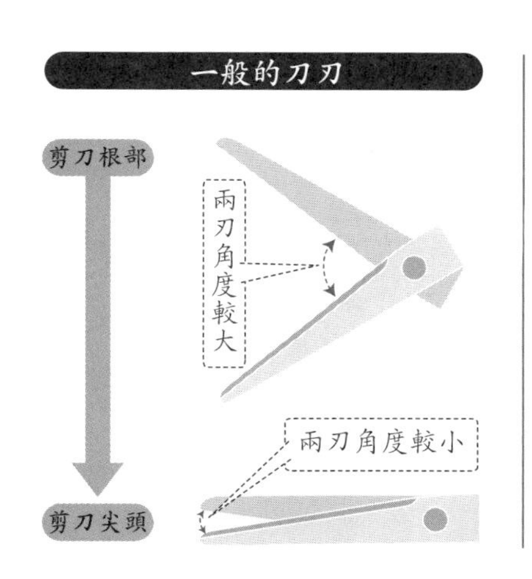


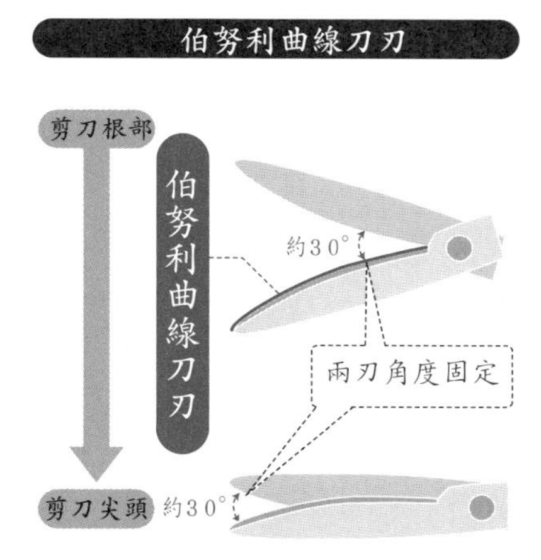

伯努利曲線，是指在平面上，從原點向外拉一條線，依照這條線上的點順時針或逆時針繞著原點走，並且維持著與線的固定角度，則走出的軌跡即爲此曲線。鸚鵡螺的外殼、向日葵種子的渦狀排列等，自然界出現的螺旋狀，皆爲這個曲線。

近年來，剪刀的設計不斷進步。例如日本 KOKUYO 公司的「不沾膠剪刀」。兩片刀刃只在刀鋒有接觸，刀刃的內側面設計爲中空的構造，即使用來剪膠帶也不會沾膠。剪刀常常不好剪的一大原因，即是刀刃上沾到殘膠，因此這個發明非常的方便。

說到「不沾膠」，另外還有種經氟加工的剪刀在文具市場也很有人氣。聚四氟乙烯（polytetrafluoroethylene，縮寫爲 PTFE 俗稱鐵氟龍）有著可以將髒污彈掉的特殊性質，不沾鍋就廣泛應用了這類的加工。將聚四氟乙烯塗在剪刀刀刃的表面，那麼刀刃就不容易沾上黏膠。

## 不沾膠刀刃的構造

兩面刀刃只有刀鋒有接觸，刀的內側面呈現中空狀態的不沾膠剪刀。由日本KOKUYO公司開發，即使用來剪膠帶，膠也不會沾在刀刃上。

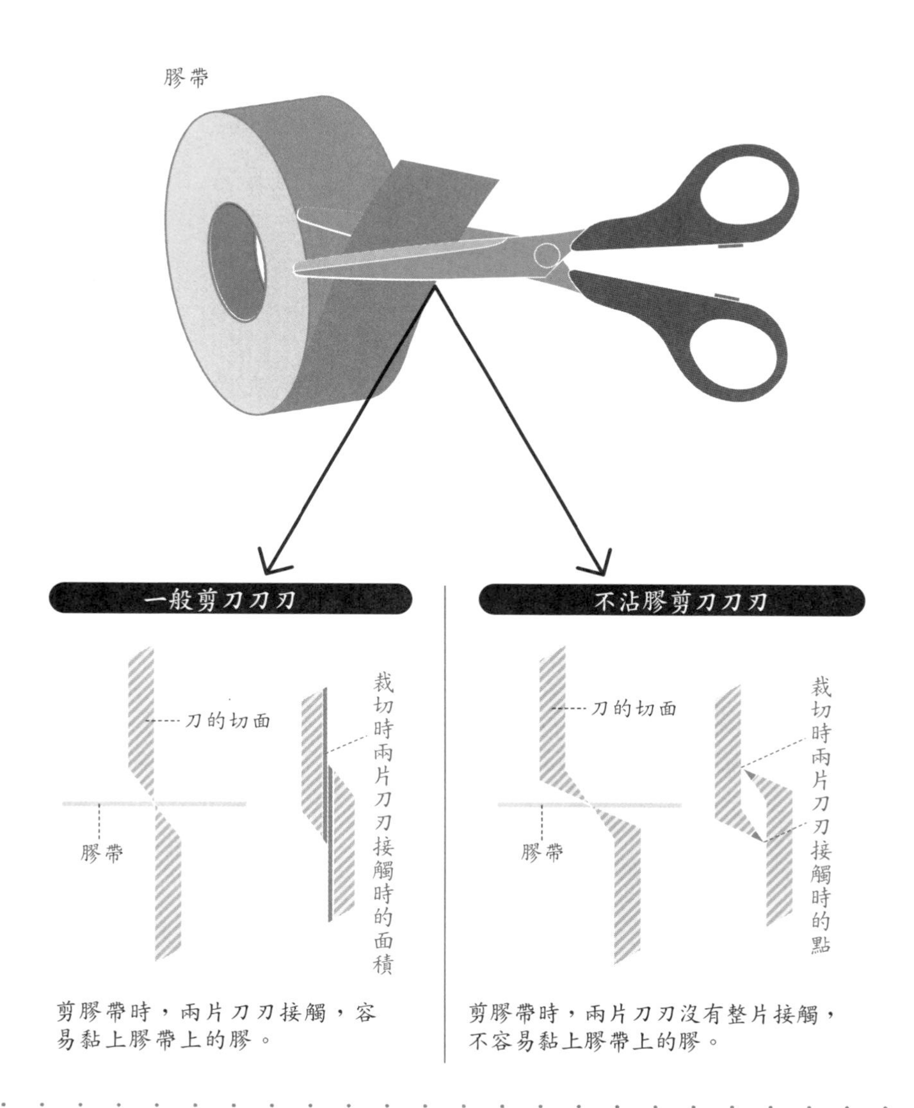


剪膠帶時，兩片刀刃接觸，容易黏上膠帶上的膠。

剪膠帶時，兩片刀刃沒有整片接觸，不容易黏上膠帶上的膠。

# 美工刀

市售的第一把美工刀出現在 1960 年。在那時產生「折斷刀片」這樣的構思，顛覆了「刀具要磨」這樣的常識。

美工刀，簡稱「刀片」，已經融入我們的日常生活中，是不可或缺的文具。不需要磨刀，只要用力折斷一小截即可以恢復鋒利的狀態，非常方便。

美工刀的刀片，是由碎玻璃片和巧克力板的組合發想而來的。當時，在印刷廠用來裁切紙張的是刀子或是剃刀，常常用沒多久就鈍掉而得換新，非常浪費。

在思考有什麼辦法能夠解決這樣的問題時，聽說「過去的工人們都是使用破玻璃裁切紙張」。於是，更進一步地發想出「玻璃碎片→切→巧克力板」，進而想到而發明了「可折斷式刀片」。

這個劃時代的想法：「可折斷式刀片」的日文發音爲 O-RU-HA 變換爲羅馬字，因而將其命名爲 OLFA（同時也爲公司名），可以說是一大傑作。在 1956 年實際開始販售。

接著來瞭解近期的發展，近年來，「可折斷式刀片」做了許多加工，刀片銳利度的壽命也延長了，同時也有販售有氟加工的刀片。

## 從玻璃碎片和巧克力板所延伸出的「可折斷式刀片」

做爲辦公室用品中不可或缺的美工刀，爲日本的原創發明。1956年，OLFA公司的創辦人設計的新商品，即是從玻璃碎片和巧克力板所延伸的「可折斷式刀片」美工刀。

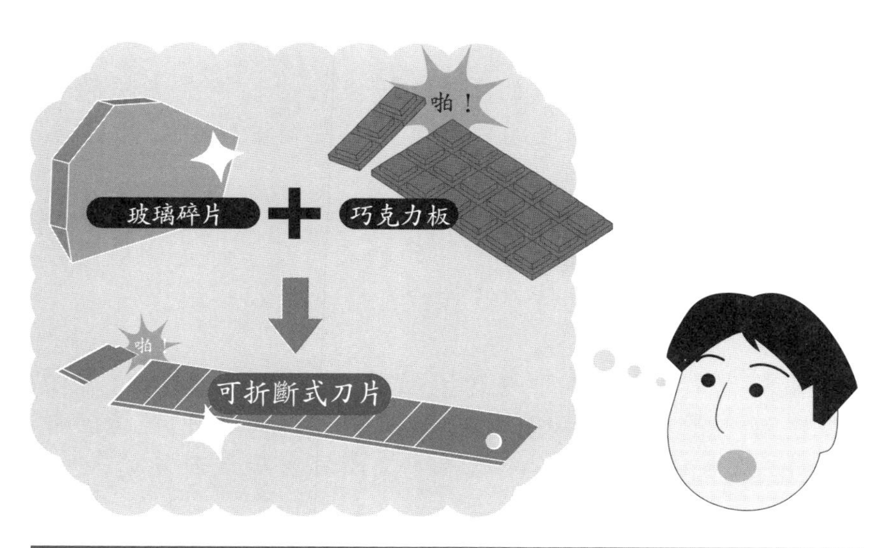


## 美工刀的構造

美工刀有著許多不同的大小、形狀。右圖的美工刀是屬於有螺旋式安全鎖的樣式。

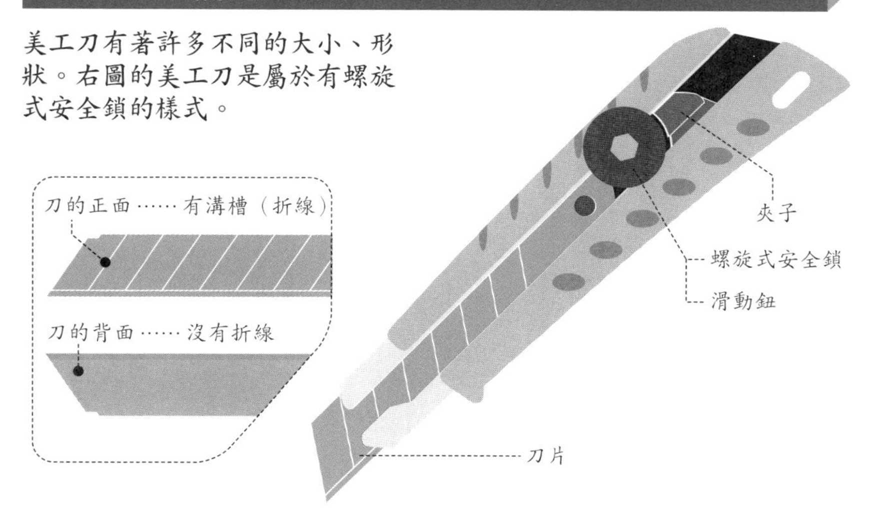

在前述的高機能剪刀時有說明(第120頁)，聚四氟乙烯是可以防止髒污沾黏的物質，讓刀片不會沾上殘膠等物質，因此銳利度可以維持較長時間。

另外，還有表層塗有鈦的美工刀。鈦合金擁有最高級的強度，也就是利用這最高級的強度增強刀片堅硬度。

但是，過於將技巧凝聚於刀片的加工，便漸漸遠離了原本「輕輕一折即可變成嶄新刀刃」的初衷。反正都是使用後即可丟掉的刀片，適當維持刀片壽命即可。

使用美工刀裁紙時，推薦和切割墊一起使用。雖說使用過期的雜誌或報紙代替切割墊的人不少，但這並不是最佳辦法。因爲需要去切割更多的紙張，反而容易導致刀片變鈍。

多數人認爲使用切割墊是爲了保護桌子不被割壞，但事實上切割墊也有保護刀片的功用。這是因爲切割墊爲兩層的墊子，表面那層較柔軟，可以輕輕地包覆刀片，藉此達到保護刀片的效果。

## 氟加工的刀片

聚四氟乙烯有著可以將油性或樹脂性的物質彈掉的性質。將氟加工塗料塗抹在刀片的表層，刀片就不容易沾黏上殘膠。平底鍋就是使用氟加工最為有名的例子。

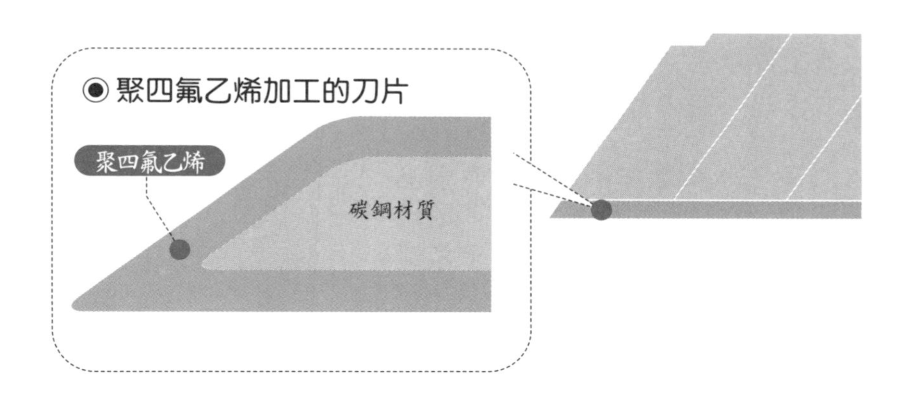


## 切割墊的構造

切割墊(又稱裁切墊)的構造是將兩層較軟的聚氯乙烯(塑膠)夾著較硬的聚氯乙烯。軟的聚氯乙烯會保護刀片。

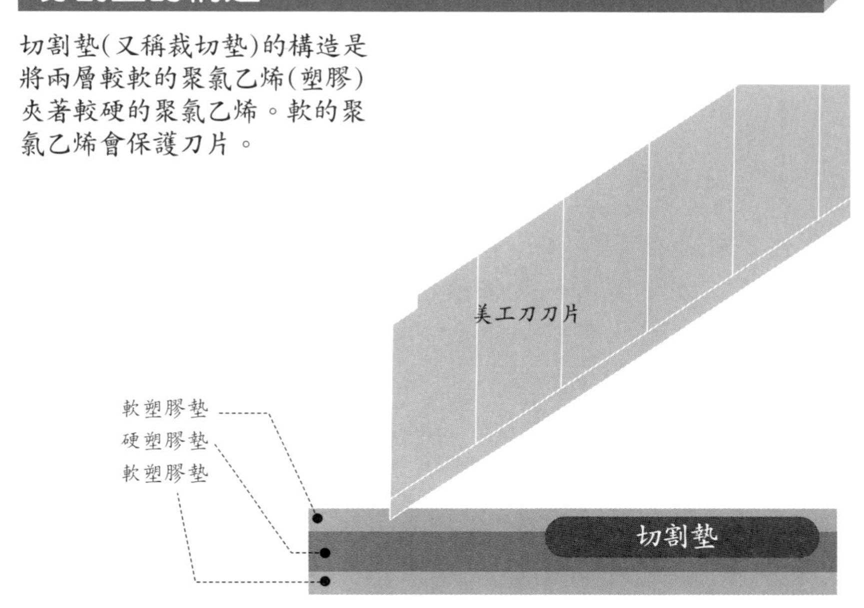

# 削鉛筆機

**只要轉動把手，就可以輕鬆將鉛筆漂亮地削好的削鉛筆機，其構造非常巧妙，是從很久以前就有的物品。**

削鉛筆機在明治末期就已經自美國傳入日本，但是一直到了昭和30年（西元1955年）左右，削鉛筆機才普及化。在那之前，大多數人是使用刀子來削鉛筆。

削鉛筆機中有著螺旋狀的刀片，可以在鉛筆的周圍一圈一圈地旋轉。便宜的削鉛筆機不用1000日圓即可買得到，它的構造卻是非常的巧妙。

在金屬加工的世紀要刨削圓柱狀的物體的話，基本上都是利用車床（鏇床）。車床有著與高速旋轉的金屬棒垂直的刀片，是能將金屬棒削成想要形狀的機器。這樣的刨削方式也被使用在木製人偶的製作上。

削鉛筆機削鉛筆的運作方式則與車床相同，只是轉的是刀片，鉛筆不動。因爲如果將構造脆弱的鉛筆高速旋轉，鉛筆可能會斷掉，因此要將鉛筆削尖，則必須將迴轉的刀斜放並緩緩移動。

能讓削鉛筆機成功運作的是螺旋狀的刀（螺旋刀），將螺旋刀斜放旋轉，與將車床的刀斜放旋轉有著同樣的效果，可以很快地削好鉛筆。

## 削鉛筆機的內部構造

下圖爲削鉛筆機的內部構造示意圖。在固定的大齒輪中，有一個旋轉的小齒輪。

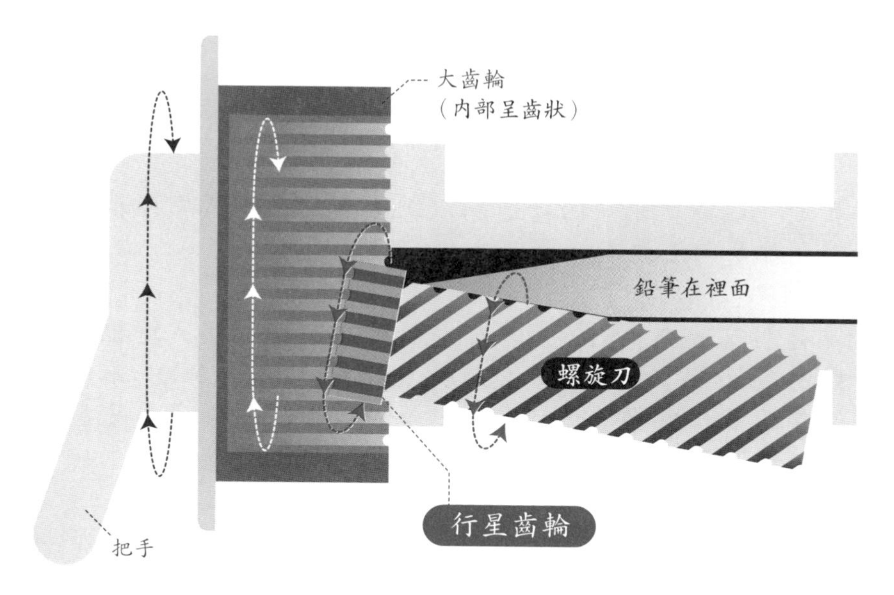


## 行星齒輪與刀片在鉛筆周圍旋轉

此圖爲齒輪運行示意圖。行星齒輪旋轉帶動斜放著的螺旋刀，得以刨削鉛筆。

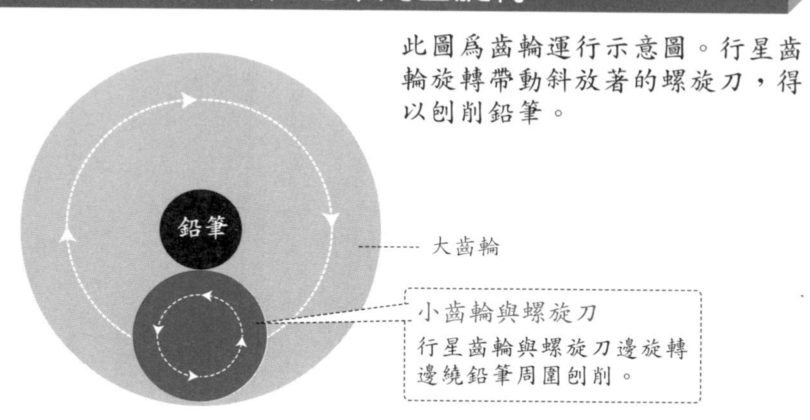

爲了完成這樣的構造，需要有行星齒輪連同斜放的螺旋刀。行星齒輪不只繞著大齒輪同時也會自轉。當我們旋轉削鉛筆機的把手時，行星齒輪帶著螺旋刀在外圈固定的齒輪環中一圈一圈旋轉，雖然小卻確實地活躍在我們看不到的地方。

我們可以觀察車子的變速箱以及冷氣的迴轉式壓縮機，它們也都是利用相同的原理。

說起削鉛筆機，就不能不介紹攜帶式削鉛筆器。這種攜帶式削鉛筆器不論經過多久的時間依然非常有人氣。雖然售價差不多只需要100日圓，但是可以放入鉛筆盒内隨身攜帶，對很多鉛筆愛好者來說是非常便利的工具。

並且，這類型削鉛筆器雖然小，但是利用棘輪的結構及運動方式，只要將鉛筆向左或向右旋轉，即可削好筆尖，現在市面上販售的幾乎都是上述的樣式，但有關攜帶式削鉛筆器樣式的研發，仍在進行中。

## 從車床到削鉛筆機

削鉛筆機將鉛筆削尖的方法，是由車床延伸出來的。將簡單的車床改造(同下圖)，就會變成削鉛筆機。

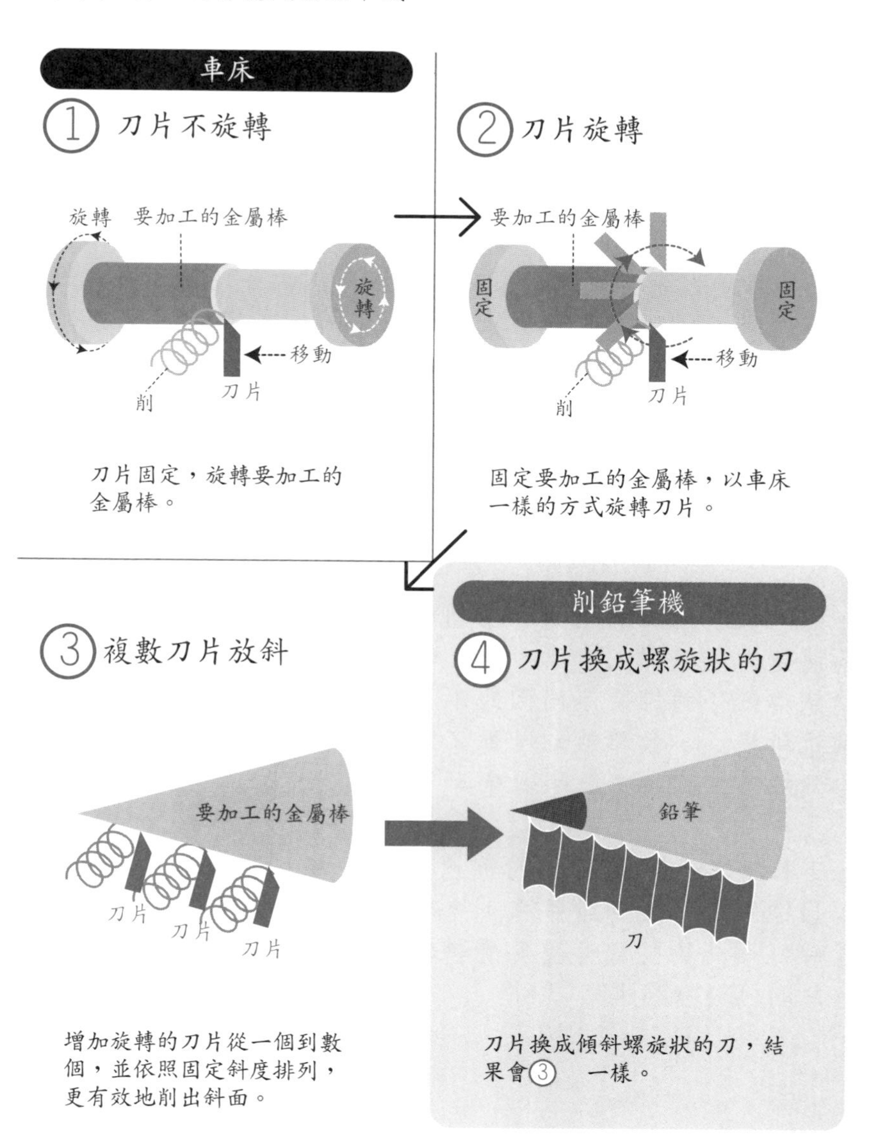

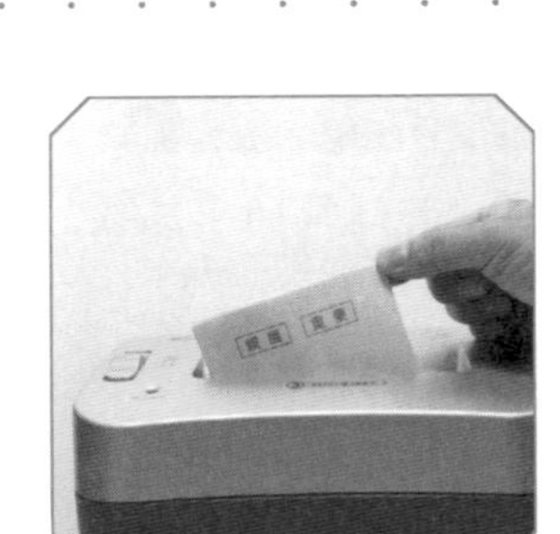

# 碎紙機

**現今，極為便宜的家庭用碎紙機大受歡迎，其原因在於資訊化的世代，有越來越多的個資文件需要妥善處理。**

高度資訊化的社會，人們越來越注重個人資料管理的重要性。不只是大企業，一般家庭的垃圾中，也有可能洩露住址、電話號碼、銀行帳號等資訊，因這樣的方式掌握個人資訊的犯罪越來越多。因此，家用碎紙機也漸漸地普及化。

碎紙機，是可以撕碎紙類（裁成條狀）的工具。在個人資料這個詞彙還未出現的半世紀之前，被歐美批判情報管理不足的日本開發了這樣的商品，我個人覺得非常有趣。

碎紙機，是由明光商會的創辦人高木禮二所開發，他是從烏龍麵的製麵機而有了碎紙機的想法。看似簡單，但由於烏龍麵與紙張的性質不同因此不易開發，這是因爲紙張是由紙纖維所構成，較難裁切，更不用說要一次銷毀很多張，這需要做許多工業技巧上的考量。

日本國内販售的1000日圓内的碎紙機，即使是ＣＤ或是ＤＶＤ也可以摧毀。近年來，光碟也用於資料的備份上，這樣的碎紙機能夠將儲存重要資料的光碟摧毀。不過要注意一下碎片的垃圾分類喔！

## 碎紙機的概念是從製麵機而來

日本發明的碎紙機，爲明光商業的創辦人看到下圖這樣的製麵機所產生靈感而設計出來的。

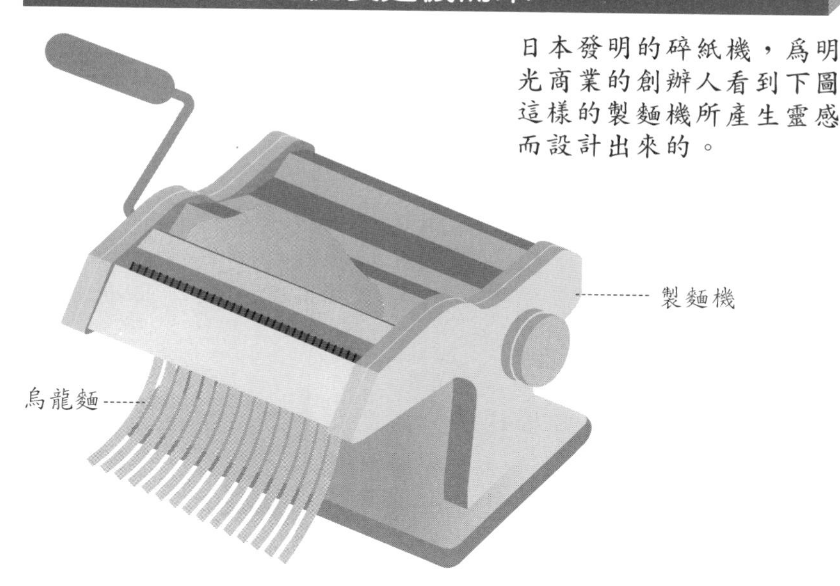


## 碎紙機裁切方式的種類

碎紙機的刀刃裁切基本是直線切斷的Straight cut。近年也發展出在直線裁斷後，再斜(或橫)面切碎的升級版碎紙機。

**Straight cut**

仿照製麵機裁切方式的碎紙機。圓形的刀片互相重疊，使用與剪刀相同的方式將紙裁切。

**Spiral cut**

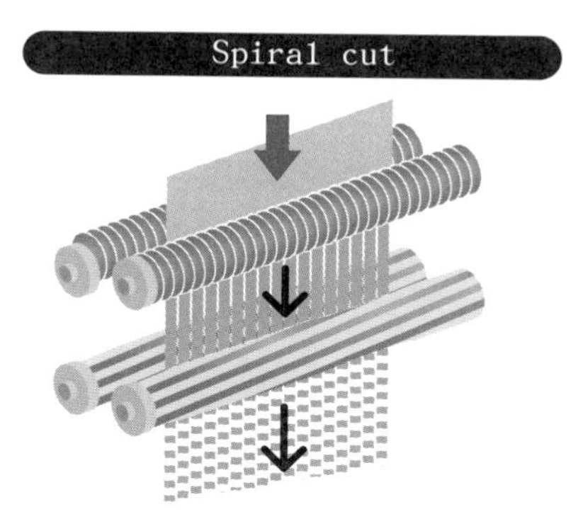

縱向的裁斷後再斜切，一次即可將紙張切碎成丁狀。

市面上也有販售由無數個剪刀合成的碎紙機，稱爲碎紙剪刀。如果數量不多只有幾張紙的話，這種類型的碎紙方式就非常夠用了。

不使用物理上的破壞，而將部分資料用墨水遮蓋的商品，是個人資料保護印章。利用個人資料保護印章也是一種避免資料外洩的對策，是「用文字遮蓋文字」的工具，這也是非常獨特的設計。

過去，通常使用碎紙機切碎的紙張很難製成再生紙。因爲使用碎紙機處理過後的紙張，會將紙纖維也切細，不過現在是可以回收的。在家裡使用碎紙機裁碎的紙張只能分在可燃垃圾，但是辦公室的部分卻是可以資源回收的。

隨著銀行寄來的通知資訊、ＤＭ等直接寄到家中的信件的增加，想必碎紙機的重要性也越重要。不過碎紙機的普及化，也增加幼兒誤將手放入碎紙機而受傷的事件，家中有幼小孩童的人，請務必要讓孩子們瞭解刀具的危險性，以預防這類事件再度發生。

## 剪刀型碎紙機

碎紙剪刀比機器型碎紙機更容易買到。其構造極爲單純，即是將數個剪刀刀刃合體。若只是幾張紙的厚度，碎紙剪刀就非常夠用。

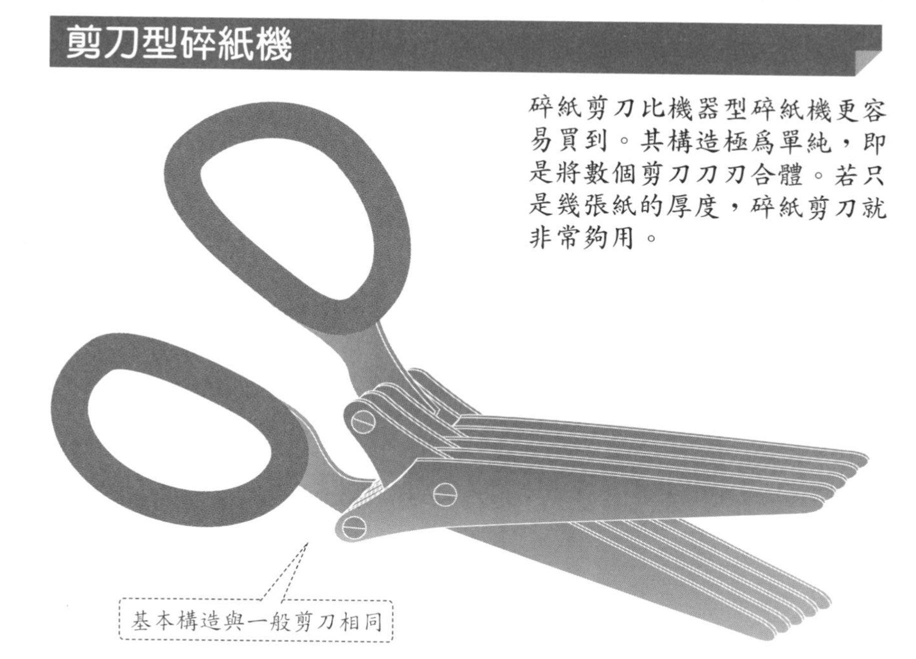


## 蓋住資料的「個人資料保護印章」

爲了防止個人資料外洩，從日本普樂士公司開發販售的「個人資料保護印章」開始，到一般用墨水將資料遮蓋住的文具也是非常優秀。雖不能完全遮蓋，但像是明信片、信封上寫的地址、名字等等都可以簡單地蓋住。市面上販售的，除了一般印章樣式以外，還有滾輪式的印章。

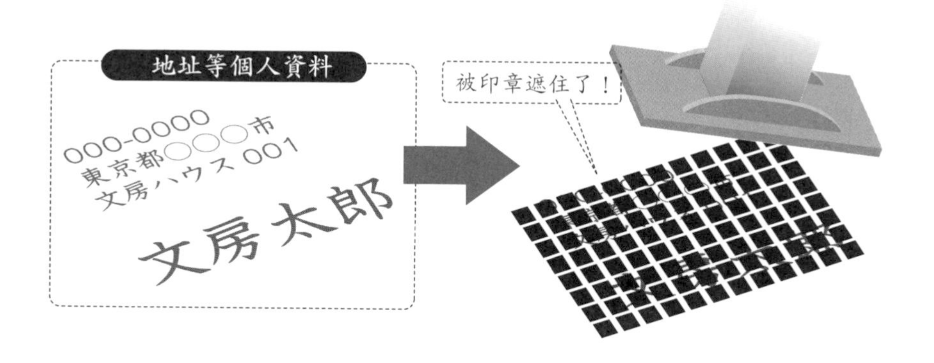

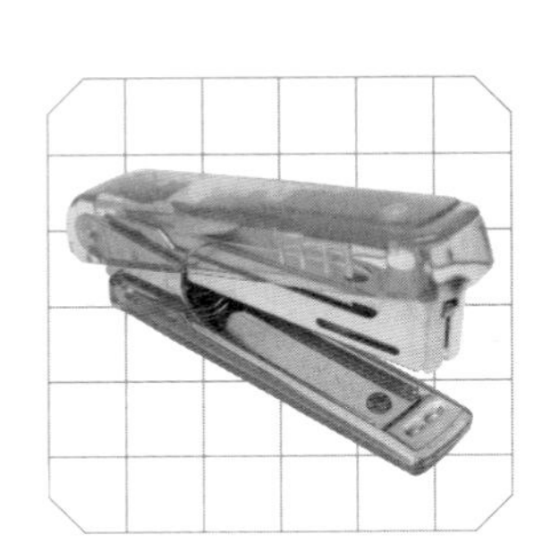

# 訂書機

**裝訂紙張必備的工具即為訂書機。在日本稱訂書機為ホッチキス（hotchkiss）。**

1952 年，小型訂書機開始在日本販售。當時命名爲訂書機的商品，一夕之間聞名於全世界。

訂書機基本的運作方式，不管是過去或現在幾乎都沒有任何改變——利用金屬的壓縮加工方式，將專用的針施加在書本上；也就是利用把手部分的金屬板力量，將訂書針壓向稱爲彎針座的部分，訂書針就會被壓成像是眼鏡一樣的形狀。如此一來紙張即裝訂完成，這一連串的動作稱爲「clinch」（釘牢、綴訂）。

長久以來訂書機所釘牢的訂書針，都會呈現像是眼鏡摺疊後的形狀。因此，裝訂完成的好幾本資料重疊放置時，裝訂的部分會特別厚，並且不好疊放。

於是，有種叫做平針裝訂的方式開始受到矚目。彎針座的旁邊有金屬導板能讓針直直向下，加壓後針腳會呈現出扁平的狀態，將裝訂後的資料重疊在一起時也是平的，對整齊排放的要求有很重大的貢獻。

## 訂書機的構造

將呈現ㄇ字型的訂書針加壓穿過紙張裝訂的訂書機，這個商品的名稱爲Hotchkiss，據說是由發明者E.H. Hotchkiss的公司名稱而來。

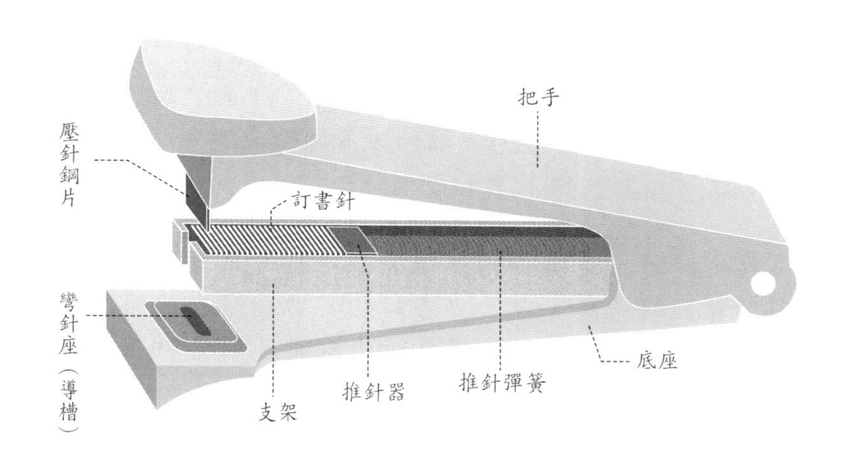


## 彎針座（導槽）的運作方式

如同金屬加壓加工的方式向下壓，壓針鋼片將訂書針壓入彎針座。

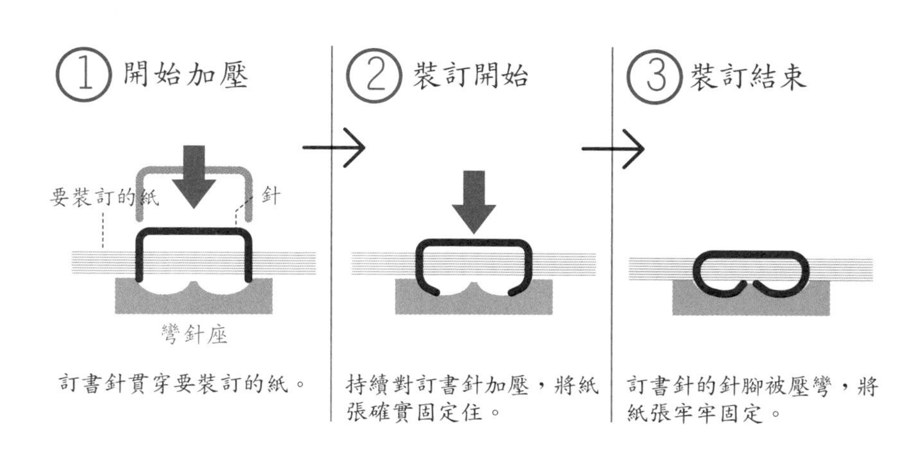


訂書針貫穿要裝訂的紙。

持續對訂書針加壓，將紙張確實固定住。

訂書針的針腳被壓彎，將紙張牢牢固定。

話說回來，訂書針又是如何製造出來的呢？以鐵絲為材料，在其外側鍍膜，接下來的步驟可能會讓人感到意外，但就是將鍍膜後的鐵絲用黏合劑黏起來即完成了。在裝訂時，每一次加壓，則訂書針會一根根地剝離本體。

回收不需要的資料與文件時，常常會聽到「還要拔訂書針真的非常麻煩」這類的抱怨。然而，不拆除訂書針直接回收，其實並不會妨礙再生紙的製作。

製造再生紙時，是將舊的紙張溶在水裡，這時比重較重的金屬部分會沉到底部，包含訂書針的其他雜質在此時就會被排除。因此，有時會在訂書機盒子上看到「訂書針並不會對紙的再生過程造成妨礙」這樣的字眼。

普及了超過 70 年的訂書機，最近又掀起了革命，包括了無針訂書機、紙製訂書針、以及一次可以裝訂幾十張紙的訂書機陸陸續續開發出來。關於這些內容的詳細介紹，將在下一節說明。

## 平針裝訂的方法

早期的訂書機裝訂後，訂書針會成爲像眼鏡鏡架收起一般的形狀，針腳是彎曲有弧度的。平針裝訂方式正如其名，針腳會被壓平。

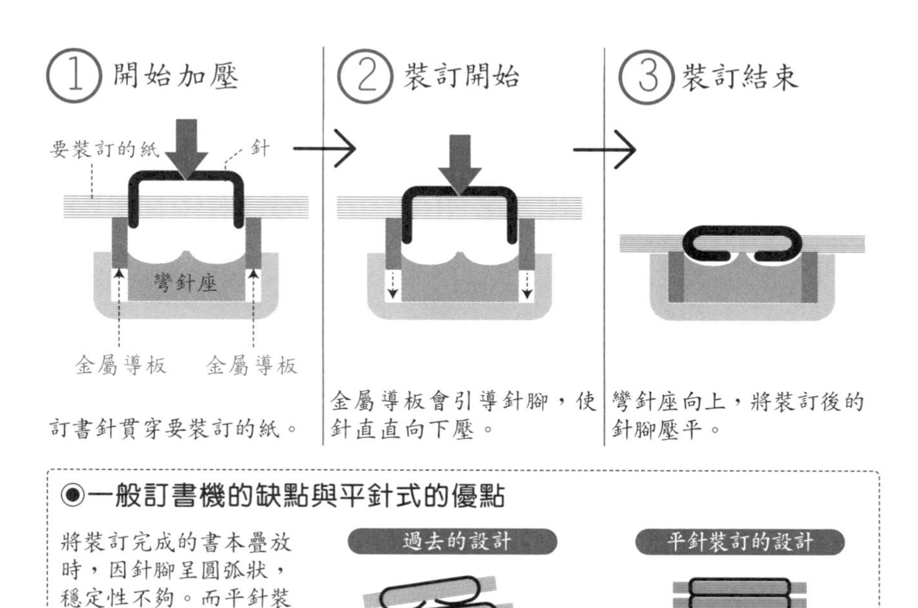


① 訂書針貫穿要裝訂的紙。

② 金屬導板會引導針腳，使針直直向下壓。

③ 彎針座向上，將裝訂後的針腳壓平。

### ◉一般訂書機的缺點與平針式的優點

將裝訂完成的書本疊放時，因針腳呈圓弧狀，穩定性不夠。而平針裝訂的書本在疊放時則不會有這樣的問題。

過去的設計

平針裝訂的設計

## 訂書針上也有許多小巧思

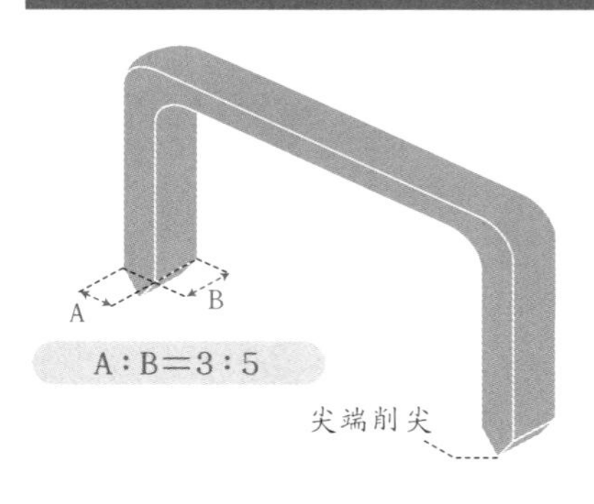


訂書針有著扁平狀較易壓彎、厚的針比較不好彎的性質。從針的剖面來看，縱橫的比例是3:5。另外，爲了防止裝訂損壞，針腳的尖端利用最佳的角度削尖，輕輕施力即可穿過紙張。

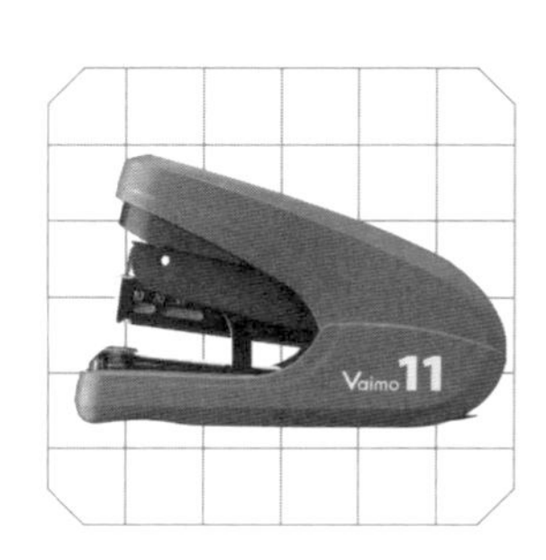


# 高機能訂書機

近幾年來，訂書機的研發再度引起一股熱潮。即使是手掌大小的文具，也是凝聚了許多的巧思。

訂書機從普及至今已經超過 60 年，與其說訂書機的發展已經成熟，不如說正在加速開發競爭。

舉例來說，能夠一次裝訂 40 張紙的小型訂書機已經開發出來了。在這之前，一次最多 20 張紙就已經到達訂書機所能裝訂的極限了，超過這個數量就必須使用訂書針較粗的大型訂書機。

爲了要讓一手掌握的小型訂書機能一次裝訂 40 張紙，投入了相當多的研究。比如，MAX 的 Vaimo 訂書機，將維持訂書針腳筆直的金屬導板內藏起來，有效地改變訂書針腳的長度，並且利用雙重槓桿原理，減輕裝訂時所需的力量。「槓桿原理」是利用改變支撐點的位置，將施加的力道放大，而雙重槓桿原理是同時使用了兩個槓桿原理，能夠倍數放大施加的力道。

無針訂書機，這也是最近幾年的暢銷商品。將打穿了的紙張巧妙地反折，就能達到紙張裝訂的目的。有趣的是，將紙反折的方式與縫紉機將車線反拉出穿線孔的引線方法一樣。

# 槓桿原理與訂書機

槓桿原理，即是利用改變支撐點的位置，將施加的力量倍增放大。一般的訂書機，加壓的力量與壓向訂書針的力道大小相等。

## ◉槓桿原理

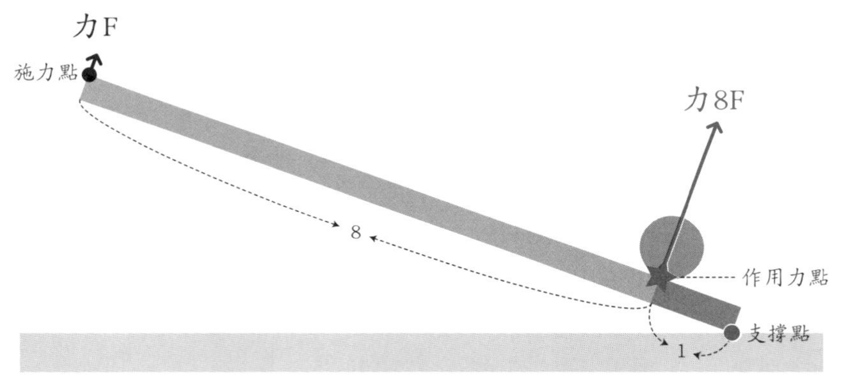


以上圖爲例說明，施力點到作用力點的距離爲支撐點到作用力點間距離的8倍，因此施加在施力點的力量會在作用力點上放大8倍，這即是槓桿原理。

## ◉一般的訂書機

相對於施加力F，加壓訂書針的力即爲F。也就是說力量是相等的。

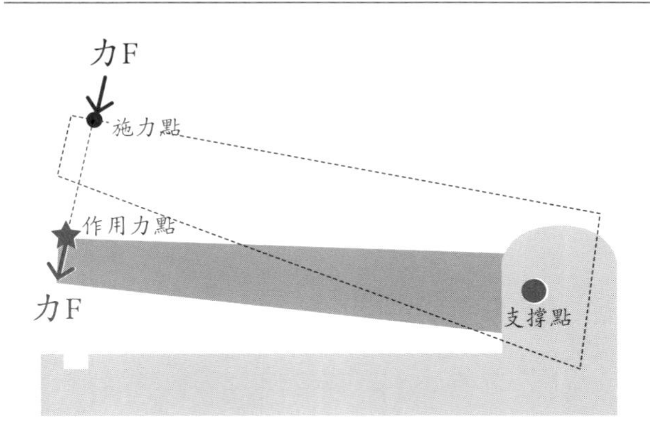

無針訂書機最大的優勢，除了不需要補充訂書針外，當要將裝訂好的文件放入碎紙機時，不需要先取下訂書針。拔下訂書針也是需要費一番工夫的，因此能夠減少這樣的作業，是非常加分的設計。

不過無針訂書機因爲會將紙張開洞，如果不希望破壞紙張的話，就不太適用。

紙製針訂書機的開發也是非常出眾。其前端有刀片帶著紙針一起貫穿紙張，當刀片回到原位時紙針會被折彎，這時只要黏上紙針前端的膠即完成裝訂。

與無針訂書機相同的是，當不再需要裝訂的文件時，可以直接放入碎紙機內，非常方便。不過，由於必須使用含有膠的特別紙針，因此多少有些必要的花費。

由這場訂書機的開發戰爭中，可以見到日本人對文具有著堅持、不停地改良加工的的執著。

## 雙重槓桿的高機能訂書機

MAX Vaimo訂書機即是利用雙重槓桿原理，減少裝訂時需要耗費的力氣。來看看它的構造。

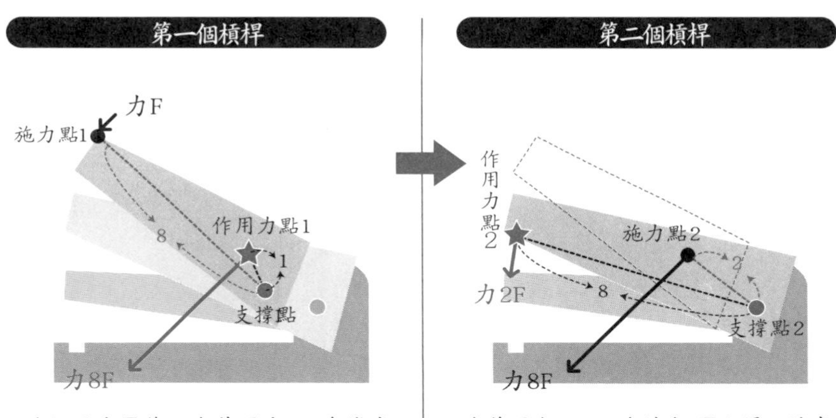


施加了力F後，在作用力點1會變成8F的力量。

在作用力點2，1/4的力2F加壓。這麼一來，所加壓的力會增加2倍後，才加壓到訂書針上。

## 無針訂書機的作用方式

無針訂書機，根據製造商或商品不同其構造也不一樣。下圖是類似縫紉機裝訂方式的訂書機（普樂士公司的「無針訂書機」）。

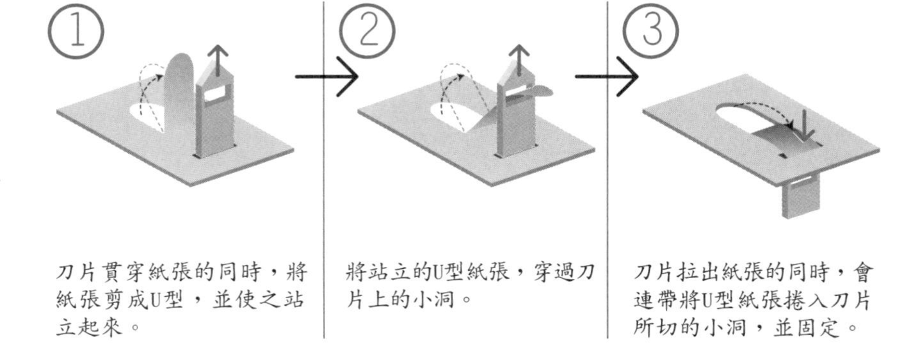


①刀片貫穿紙張的同時，將紙張剪成U型，並使之站立起來。

②將站立的U型紙張，穿過刀片上的小洞。

③刀片拉出紙張的同時，會連帶將U型紙張捲入刀片所切的小洞，並固定。

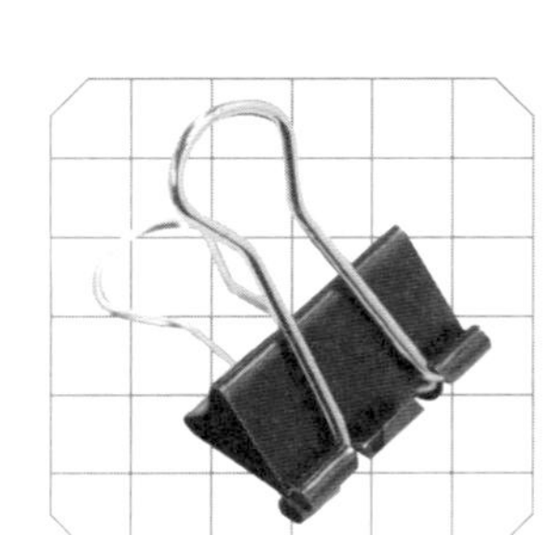

# 夾子

**夾子是為了避免文件散亂，用來將文件歸納集中的工具。現在來解開它的歷史之謎吧。**

夾子的發明可以追溯至十九世紀中葉的美國。當時的夾子只是很簡單地將鐵絲折彎，相同的夾子現今也用在夾襯衫上。在購買襯衫時，爲了防止襯衫的形走樣或是被壓到，會用U型的夾子將襯衫固定在一塊紙板上（襯衫夾）。在這之前，歐美國家是在紙張上打洞，再將紙本固定。

到十九世紀末，迴紋針出現了，直到現在都還被廣爲使用著。雖然說迴紋針僅僅只是旋轉鐵絲一圈半而已，卻在當時造成了大轟動。而且它的形狀極爲重要。

夾子夾住紙張的力量來自哪裡呢？夾子的主要材質有鐵製與塑膠製，不管哪一種都有著回復原來形狀的性質，而夾子即是利用這樣的性質將紙張固定住。這個回復原樣的性質是從哪裡來的力量呢？

放大至奈米的角度，這種外力的極限與原子間的作用力有關。原子與原子間是互相牽連的。當有外力介入，改變其結構時，原子會試圖回到原本的位置。

## 迴紋針的變遷

隨著時代的變遷，迴紋針同時也不斷地進化。最早的迴紋針構造非常的簡單。

初期的夾子

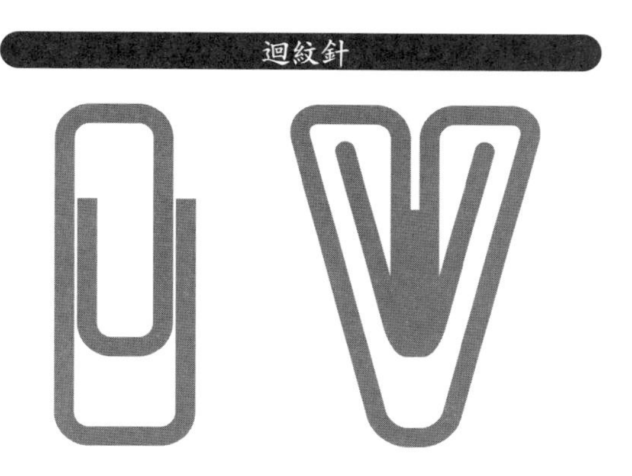


十九世紀發明的夾子，只是折彎鐵絲而已。

左邊是較受歡迎的迴紋針。迴紋針的英文名稱爲Gem clip，GEM是開發這個形狀的夾子的公司名稱。右邊的則是塑膠製迴紋針的變化形。

## 夾子可以將紙夾住固定的原理

以奈米觀點來看夾子將紙夾住固定的原理。組成物質的原子與分子一個一個互相拉扯，其中的反作用力就是夾子的力量來源。

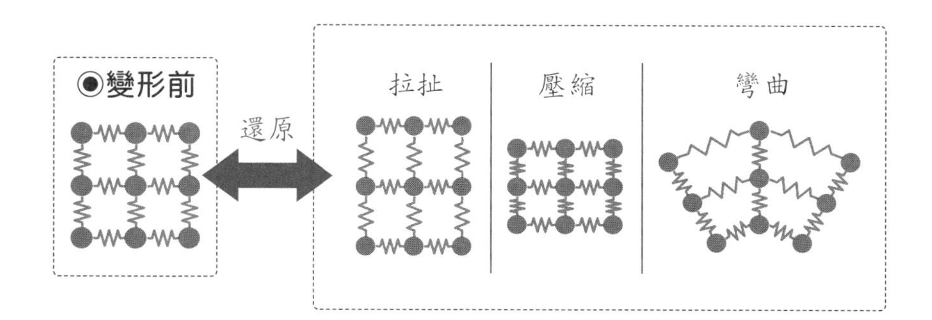

試著將原子想像成珠子，互相連接的力爲彈簧，這樣就簡單明瞭多了。當有外力介入使珠子偏離時，珠子會試圖回到原本的位置。而夾子之所以能夠將紙張夾住固定，也是遵從這個原子世界的法則。

然而，一旦紙張的數量太多，又或是想要將紙張更加牢固地固定住時，只用迴紋針是不夠的。這時就可以利用長尾夾。過去也常常使用一種夾子上有一個孔的「圓形紙夾」，但最近長尾夾較受歡迎。這個構造據說明治時期就已經出現了。現在，由於已經可以供給堅固且便宜的鋼材，才成就了長尾夾的普及。

使用長尾夾或圓形紙夾時，需要一定的力氣，從右頁圖來看即可馬上明白。因爲夾紙的力量與將夾子拉開所需要的力量是相等的。這是因爲沒有利用槓桿原理(第140頁)來減輕拉開夾子所需的力的緣故。

## 長尾夾與圓形紙夾

爲了更牢固地固定住紙張，或是紙張的數量太多迴紋針不足以固定時，長尾夾或圓形紙夾就很方便。

**長尾夾**

代替圓形紙夾成爲現在的主流。

**圓形紙夾**

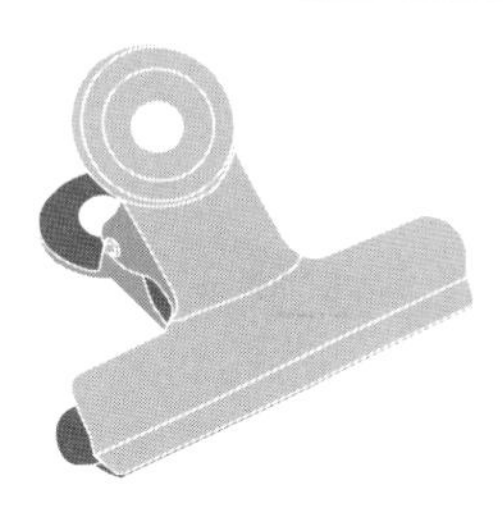

有洞的夾子，由於價格較貴而退流行。

## 使用長尾夾需要一定的力氣

使用長尾夾或圓形紙夾時，需要一定的力量。這是因爲這種夾子，沒有使用「槓桿原理」減輕所需要的力量負擔。

### ◉槓桿原理

力 $F_1$
力 $F_2$
x
y
施力點
作用力點
支撐點

槓桿原理的公式：
「力 F1×X ＝ 力 F2×Y」。
若X與Y的長度相同時，施加的力與作用的力也會相同。

### ◉長尾夾

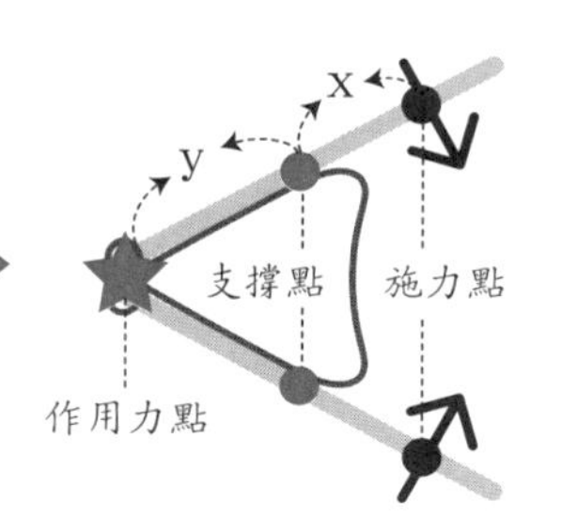


X與Y的長度相等，因此打開夾子所需要的力量等於夾住紙張的力量。所以紙張越多(厚)打開夾子就需要越多的力。

# 打洞機

整理文書資料時，能夠將文件資料打洞的工具即為打洞機。近年也開發出可以輕易在很厚的文件上打洞的打洞機。

在這個資訊科技發達的世代，已經很少有需要直接保存大量文件的狀況了，但這並不代表紙本文件保管就不重要了。紙本文件保管所需要的強力武器，即爲打洞機。可以一次將一疊厚紙本打洞。

打洞機的構造非常精密，並且要求堅固耐用。暫且不論需要用力向下加壓，單單打孔刀與下面的洞之間的縫隙即是比一張紙還要小。假設縫隙太大，則容易撕壞紙張；但縫隙太小的話，打洞成功的難度就更高。另外，若是無法使打孔刀直直落下在洞裡，也無法漂亮地打洞。

打洞機的刀尖呈鳥嘴狀，是突起的。打洞時，可以將加壓在手把上的力量，集中在刀與紙張的接觸點上。剪刀(第116頁)也有著相似的構造，當需要打洞的紙張數量較多時，這個構造的作用就特別明顯。

與其他文具相同，打洞機的技術改良也在持續進行著。例如，最近開始販售的小型打洞機，雖然體積小卻可以一次將20張左右的紙張輕鬆打洞。雙重槓桿原理(第140頁)再度成就這樣的便利性。

## 打洞機的刀刃形狀

打洞機的刀刃形狀與裁縫機或剪刀相同，是有著將裁切力量其中於一點的構造。

打洞機的刀刃

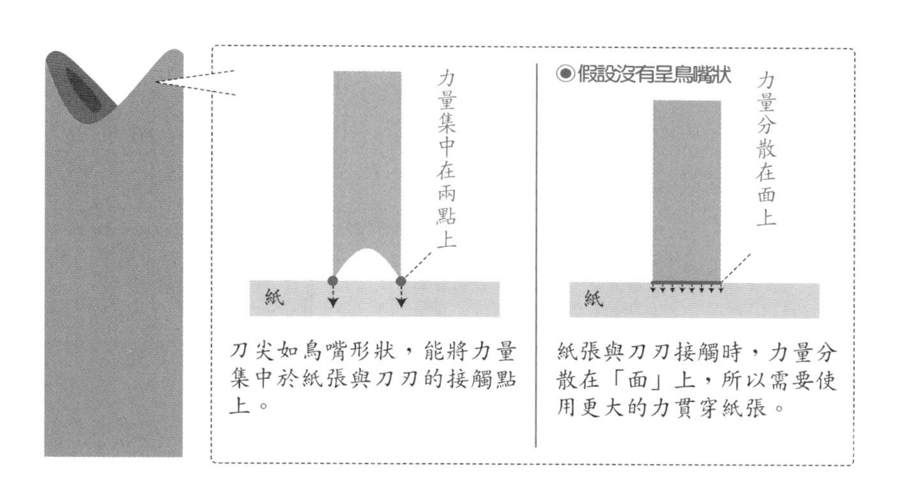


## 代表性的資料夾

◉小型活頁資料夾

◉大型活頁資料夾

打洞後的文件要歸檔時，需要資料夾。資料夾的種類有很多，左圖爲最具代表性的兩種資料夾。

另外，將紙張打洞的文具，還有自以前就有：「能刺穿很多張紙的錐子」。這是利用尖銳的前端戳穿紙張打洞的道具，打洞完後用紙捲做成的細繩將紙張裝訂成本。而這個錐子機械化後的工具，則是穿孔機。

一般來說，會將打洞後的紙張以活頁資料夾裝訂成本。講到「資料夾」，很多人都以爲是電腦內的資料夾，但其實是指一般紙本的資料夾，屬於文具的一種。日本資料夾分成用厚紙板做成的小型資料夾，以及更厚的厚紙板製成的大型資料夾。台灣則是以可以裝訂的洞孔數目分類。

用資料夾裝訂成本的文件，若是不整理分類，就失去了製作成檔案的意義，讓我在這裡介紹三種檔案整理的原則吧。

①站著放（資料夾不要橫躺疊放）
②出示內容（封面上務必註明標示）
③丟棄（定期整理、丟棄不要的文件）

以上原則看似簡單，但徹底執行起來卻有難度。

## 採用了雙重槓桿原理的打洞機

近年來，也出現了體積小但卻可以一次就將20張紙穿孔的打洞機，這也是巧妙利用了「雙重槓桿原理」的構造。

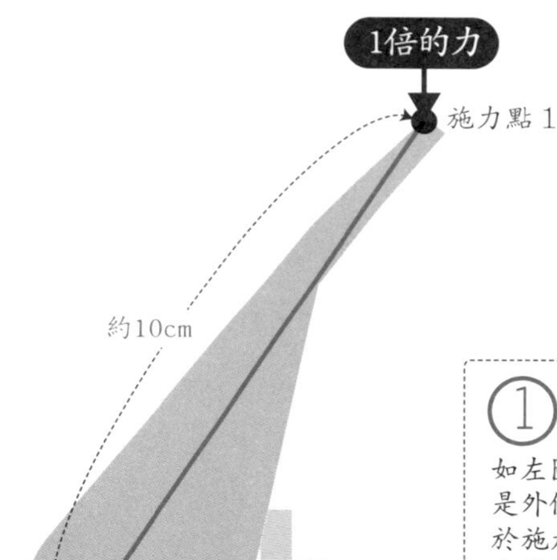


### ① 第一段槓桿

如左圖所示，很明顯地第一段的槓桿是外側的握桿。利用槓桿原理，相對於施加在施力點1的力，在作用力點會被放大成5倍。

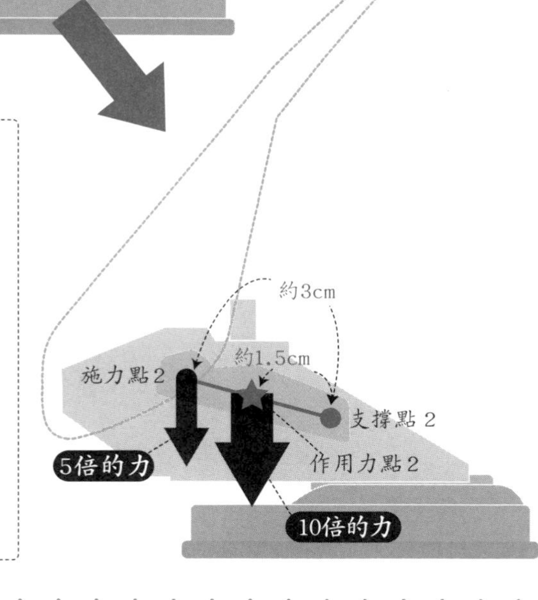


### ② 第二段槓桿

上圖的作用力點，在這裡變成施力點2。第二段的槓桿隱藏在握桿的內側。利用槓桿原理，這個槓桿將作用力放大2倍。換句話說，施加在施力點2的5倍力量，在作用力點2被放大為10倍的力量。如此一來，一開始施力點1的力量最終被放大10倍。

Column

## 數位化時代的人氣裁切機

近幾年，市面上出現了能將100張以上的紙張一次裁切的「裁切機」，而且擁有很高的人氣。由於能將書本裝訂的部分一口氣裁切掉，將整本書解體還原成一張張紙的狀態，更便於掃描儲存於電腦。因此，「個人用」裁切機的買家日益增加。

將書本解體後，即可簡單使用掃描機將資料掃入電腦裡，轉換爲數位資料檔的內容，可以存入智慧型手機、平板電腦，以及筆記型電腦中；可以隨時攜帶著好幾百本以上的書，日本人稱之爲「自炊」。

將紙本書數位化的行爲，在日本著作權相關法令上爲「複製」行爲。因此，原則上沒有著作權所有者的許可則實屬違法，但只限於「私人用途」的話，則可以被承認爲合法。要將書籍數位化，則需要裁切機以及掃描機，因此也出現了幫忙將紙張裁切後掃描存檔的業者。代理業者有可能會觸犯「著作權」，因此現階段判斷爲違法業者。

第四章

# 計量器具、便利小物的驚人技術

# 算盤

算盤最早源於中國，日本現今所使用的是傳入後改良的算盤。為什麼這個一四珠算盤會這麼出色？

在這個電子計算機普及的時代，利用電腦處理計算也是理所當然，但仍有不少算盤的愛好者。也可以利用對算盤計算過程的印象，快速地心算出正確答案，這可以比按計算機還更快地算出解答。

在手算阿拉伯數字未普及之前，算盤是漢字文化圈裡不可或缺的道具。算盤，依不同時代、不同地區，有著不一樣的外型。曾經被稱爲一四珠算盤的樣式，認爲是最爲合理而普及。

現在的數字進位以十進位法來表示，是利用從 0 到 9 的數字算法。在這裡要特別注意的是，上面提到的數字中並沒有 10。算盤上欄的一顆珠子代表 5，下面的珠子是代表 1 到 4 的數字。如此一來，就可以表示十進位的所有數字，而且沒有多餘的珠子，也是這個一四珠算盤最爲出色的原因。

順帶一提，算盤能夠理解 0 的概念。假設要表達的數字爲 20，那麼右邊第一排的珠子就都不移動。換句話說，能夠自然理解 0 等於「沒有」的意思。就連歷史上對數學最有研究的希臘人都無法解釋零的概念，算盤卻可以直接地表現出來（0 的概念是在西元六世紀的印度出現的）。

## 各式各樣的算盤

算盤依照歷史、地區有著各式各樣的樣式。來看看其中幾樣吧！

**一四珠算盤**

爲日本現今的標準算盤

**一五珠算盤**

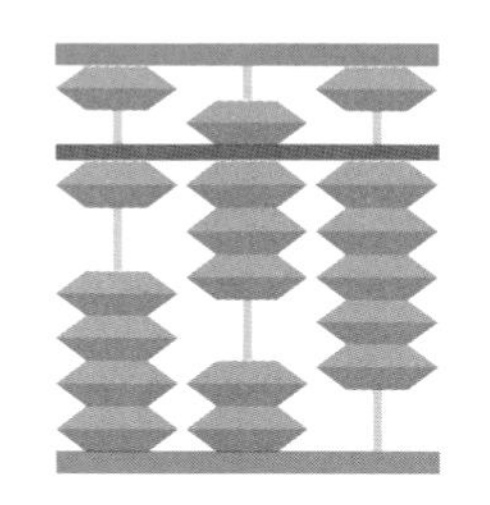

又稱「商用算盤」，流行於日本昭和初期前。

**二五珠算盤**

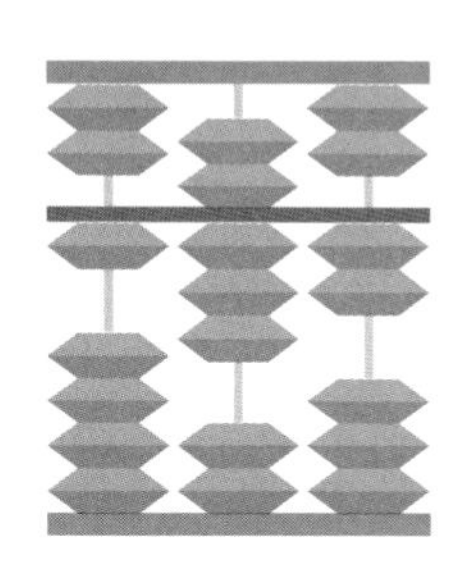

流行於中國的算盤

## 十進位法中一四珠算盤最為合理

標示1到10的數字，並且沒有多餘的珠子的一四珠算盤。下圖是用算盤表示264。

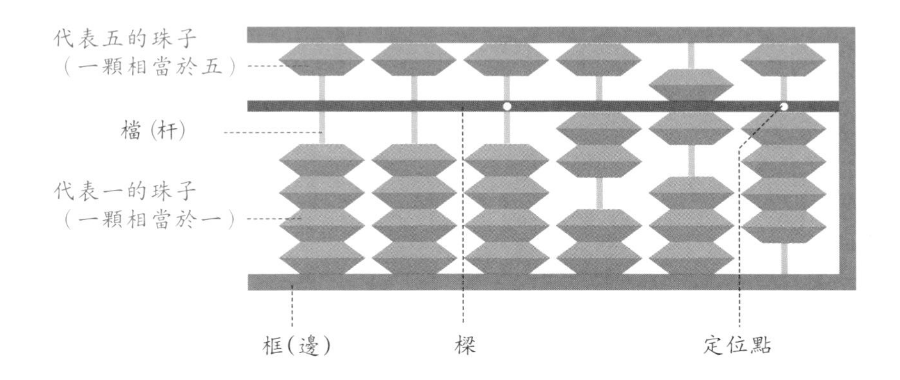

本篇一開始也有提到，在手算阿拉伯數字還未發明出來之前，計算就必須要使用道具。

除了算盤以外有名的計算工具還有「算籌」，這是在框框內利用類似火柴棒般大小的竹籤來計算的道具，就連難度高的計算也能做到。

現在可說是電腦科技時代。如同大家所知道的，電腦是利用電流的 ON 跟 OFF 來表示數字。如果人類可以進入電腦的電流世界，可以看到怎樣的算盤呢？

以十進位數算盤的珠子試著想像一下，算盤的珠子會變成只有一個吧。這個珠子將會頻繁地上下移動，表現 ON 和 OFF，可想而知會相當忙碌。

補充說明：關於一四珠算盤的歷史眾說紛紜，有人認爲最早自宋代傳入日本後沿用至今，也有學者認爲最早（時間可能爲江户時代或室町時代）傳入日本的爲一五珠算盤，而後日本改良成一四珠算盤。事實上，最早的四珠論應可追溯至羅馬時期。

## 算籌的計算方式

籌棍豎著擺一支爲1，橫著擺是爲5。使用算籌時，必須要有紙張、布或是木頭等鋪在底下做爲算籌盤，以利位置明確。算盤與算籌的計算方法十分相似，下圖是利用算籌計算24×7的算式圖示。

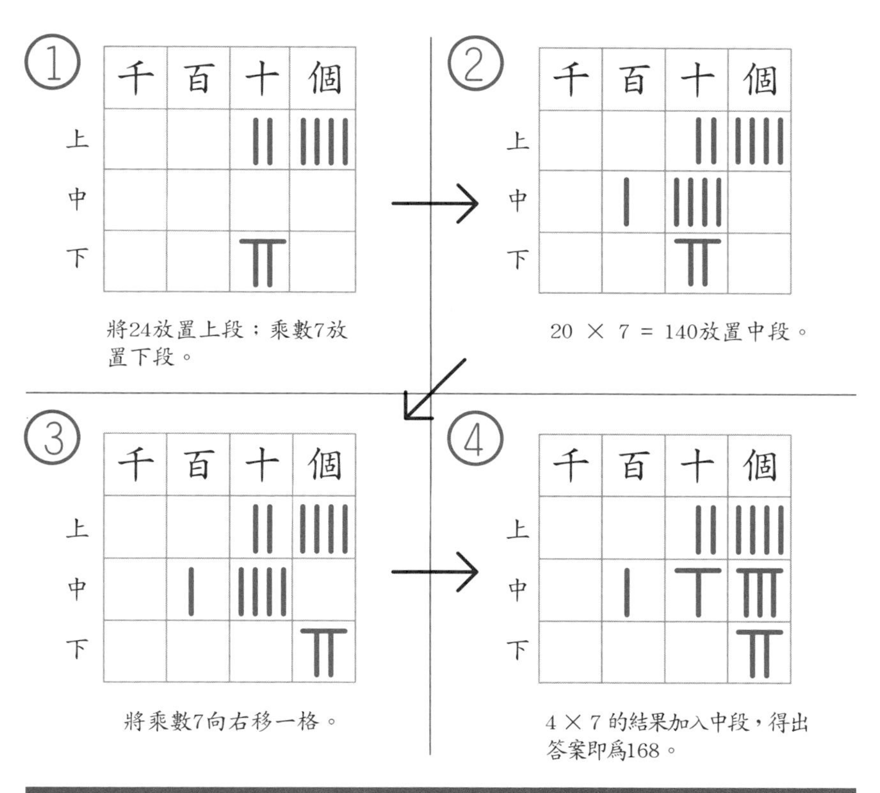


## 假設人類的計算只有二進位

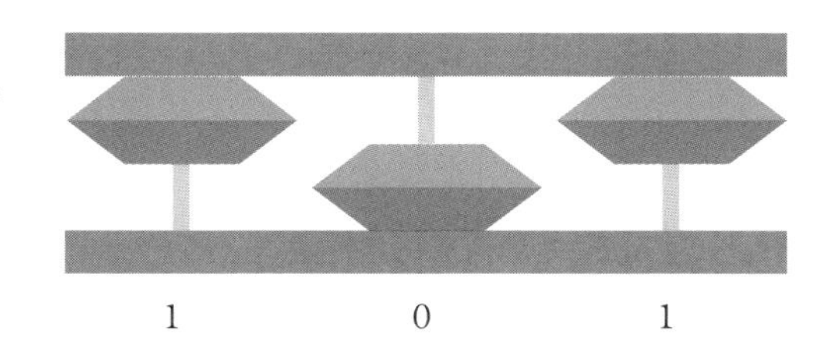


假設人類的運算方式跟電腦一樣只有兩進位，算盤就會如左圖一樣，珠子只有一顆。這個珠子的佈局就如同十進位算盤的5。

# 電子計算機

**一直穩坐計算工具主位的算盤，隨著科技的進步將主位讓給了電子計算機。其發展成為日本電子技術業的一大開端。**

現今，電子計算機是隨處可見的平價商品，但在1970年代價格非常昂貴。當時，日本的社會新鮮人月平均收入不到5萬日圓（以匯率0.24計算約新台幣1萬2千元，而日本社會新鮮人現在的月平均收入約爲20萬日圓），但電子計算機的價格卻超過數十萬日圓。而且體積龐大、笨重，也無法放入口袋隨身攜帶。

之後，電子計算機急速進化，不但價格便宜且體積輕巧。當二十世紀後半電子工業快速發展，電子計算機也經歷了從眞空管到電晶體（一種固體半導體器件）、以至於LSI（大型積體電路）等等，與電子技術的革命進化史一同進化。

算盤是利用珠子的移動來計算，原理明確、易懂，那麼電子計算機是利用怎樣的方式計算呢？這個秘密在二進位。

一般日常生活所用的數字爲十進位。例如234，可以2×10×10＋3×10＋4表示，10爲基本的表示數字。如同十進位數一般，二進位數即是以2爲進位的數字。比如二進位數的數字101，就是用1×2×2＋0×2＋1表示。計算後的答案即爲十進位數的5。

## 電子計算機的內部構造

電子計算機的核心是LSI，其利用ON和OFF的原理來計算。因此，我們所使用的十進位數字，在計算機內會更改爲二進位再進行計算。

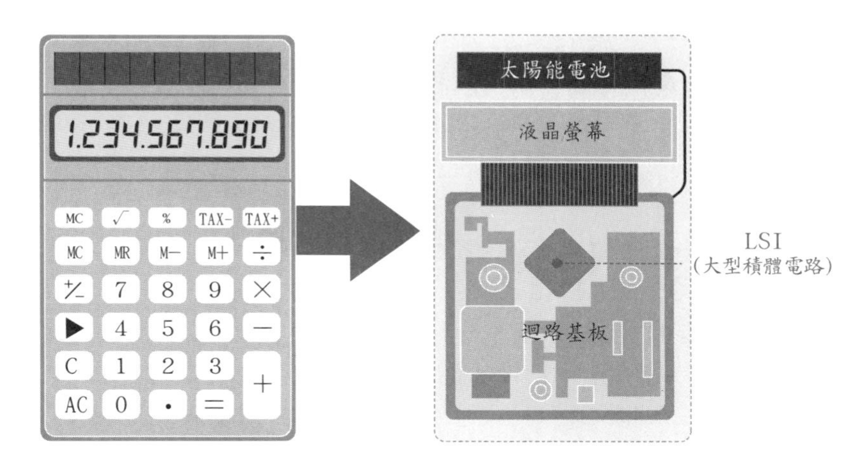


## 電子計算機的計算方式

電子計算機的計算方式，直接用「10+5」來看較容易懂。替換成二進位的四格來看，10爲「1010」，5爲「0101」。

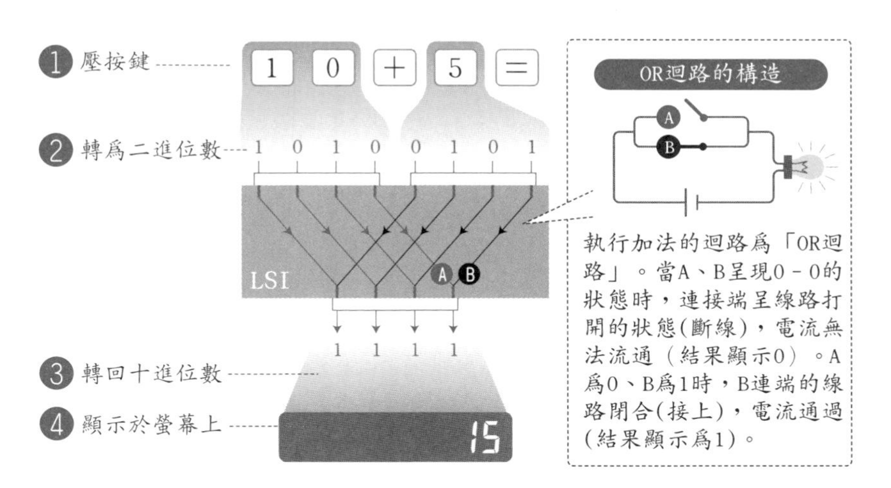

那麼，爲什麼用二進位數做爲基本呢？這是因爲二進位可用 0 與 1 來表示數字。而 0 與 1 可以用電流的 ON 與 OFF 表示。試著以電流信號表現二進位數的 101： ON ．OFF．ON

只要能用電流表示，那麼之後的計算交給電子迴路即可。以電子的速度，可以高速計算。這即是電子計算機（一般電腦）的秘密。

電子計算機中相當於人類大腦的部分是微處理器，內有計算迴路，能夠立即輸出答案。1971 年，世界第一個微處理器由 Intel 公司開發並販售，一開始是以日本製造商下訂的電子計算機用晶片爲原型，這在當時是很有名的故事。

電子計算機的技術，發展成爲支撐現代電子工程的技術。計算機構造上使用的液晶或太陽能電池，爲液晶螢幕電視與太陽能發電的先驅。

## 用7根棒子組成的數字表示方式

數字的標示方式還有一種是利用「七段顯示器」。藉由7根棒子能將0到9這10個數字標示出來，可以大幅削減零件的開發開銷。

## 電子計算機與電話的數字配置

電子計算機的按鍵，與電話的按鍵配置大不相同。電子計算機的數字鍵配置，是將計算時常用到的0與1放在離手較近的地方，自下方開始0、1、2、3……依序排列。相對於計算機，電話的數字按鍵排列方式則是與舊款撥號盤式的電話位置類似，將0與1分開配置。

電子計算機

MC √ % TAX− TAX+
MC MR M− M+ ÷
+/− 7 8 9 ×
▶ 4 5 6 −
C 1 2 3 +
AC 0 • =

將使用率最高的0與1放在離手最近的位置，更便利於使用。

以撥號盤式電話爲基礎，將1的按鍵放在最上面，最後才是0的按鍵。

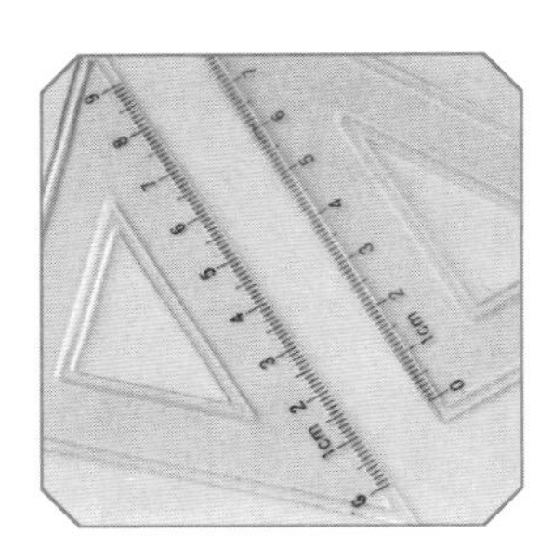

# 三角尺

雖然只是兩個三角形的板子，卻有各種組合的可能性，是件可以感受到數學的懷舊感文具。

三角尺，是小學數學課必備的文具，長大後就很少用了。但是在文具店看到時，還是會不禁想起小時候使用三角尺的回憶。

在說明三角尺之前，先來瞭解一下尺的知識吧，日文中與「直尺」（定規）相似的單字還有尺（物差し），現在幾乎當作同義詞使用，但其實這兩者在意思上還是有很大的差別。

日文的直尺（定規）是指用來畫線的工具，而尺（物差し）則是指丈量長度的工具。三角尺屬於直尺（定規），並非爲丈量長度的工具。（中文的尺，涵括兩者意思）

三角尺在明治中期（約十九世紀末）變成現在的形狀。當時，利用兩片三角尺的不同組合方式，可以畫出水平線、垂直線、斜線等，並持續沿用至今。

「可以使用兩枚三角尺，畫出平行或垂直的兩條線的作圖練習」，這樣的技術在日本文部科學省編製的數學學習指導要領當中，列於解說部分。

## 日文中的「定規(直尺)」與「物差し(尺)」

日文中的「定規(直尺)」與「物差し(尺)」被視爲同一物品，但實際上原本的作用卻是不同的。

定規（直尺）

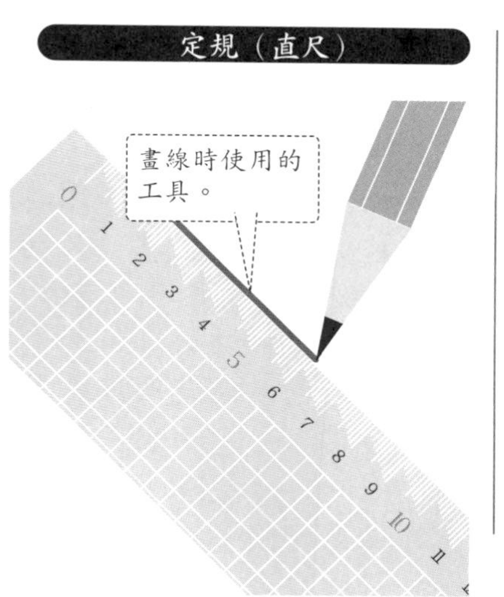


物差し（尺）

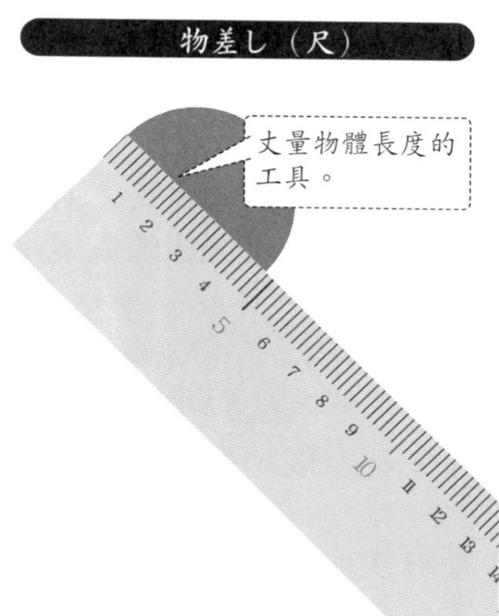


## 從正三角形與正方形中得出的三角尺

將正三角形與正方形等角對切一半，得到的就是兩個三角尺。

正三角形

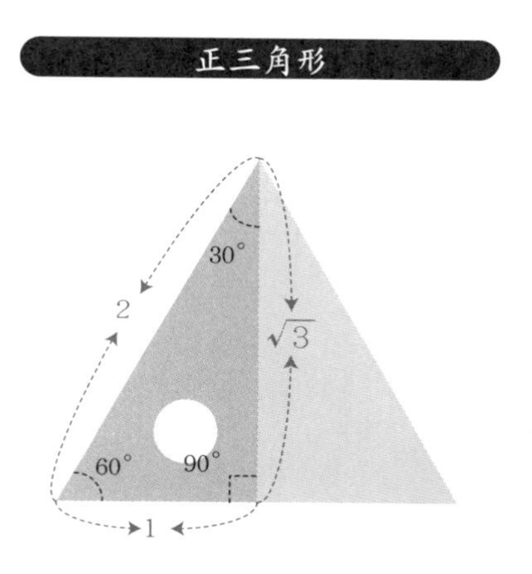


正方形

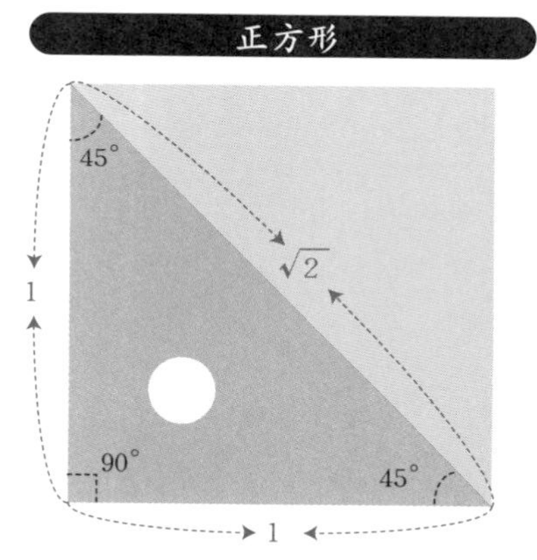

如果只要畫水平線、垂直線、斜線，那麼不管哪個直角三角形都可以做到，但還是現在普遍使用的三角尺形狀最爲漂亮。三角尺的形狀，是將正方形與正三角形對切成一半而得到的形狀。將兩個一樣大小的三角尺放在一起，就可以確認這個事實。

由於是將正方形與正三角形對切一半而得到的形狀，因此三角尺三邊的比例非常完美。將這個比例與畢氏定理（又稱商高定理）一起看，可以實際感受到數學中屬於無理數的 $\sqrt{2}$、$\sqrt{3}$ 等數字爲怎樣的數值（$\sqrt{2}$ 與 $\sqrt{3}$ 的平方爲2和3）。另外，三個角度的比與三個邊的比互相對應，也是明顯易見的（三角函數）。

將兩片三角尺以不同方向組合，可以感受到多樣化學習，非常有趣。除了前面提到的直角或平行線以外，許多有名、特殊的角度也可以利用三角尺畫出來。

順帶一提，通常三角尺中央有個洞，這是爲了便利地使用三角尺所做的考量。因爲空氣可以從洞口流出，使用完畢可以輕鬆拿起來，不會黏在紙張上。

## 三角尺可以組成的角度

將兩片三角尺以不同方向組合，可以得到各式各樣的角度。

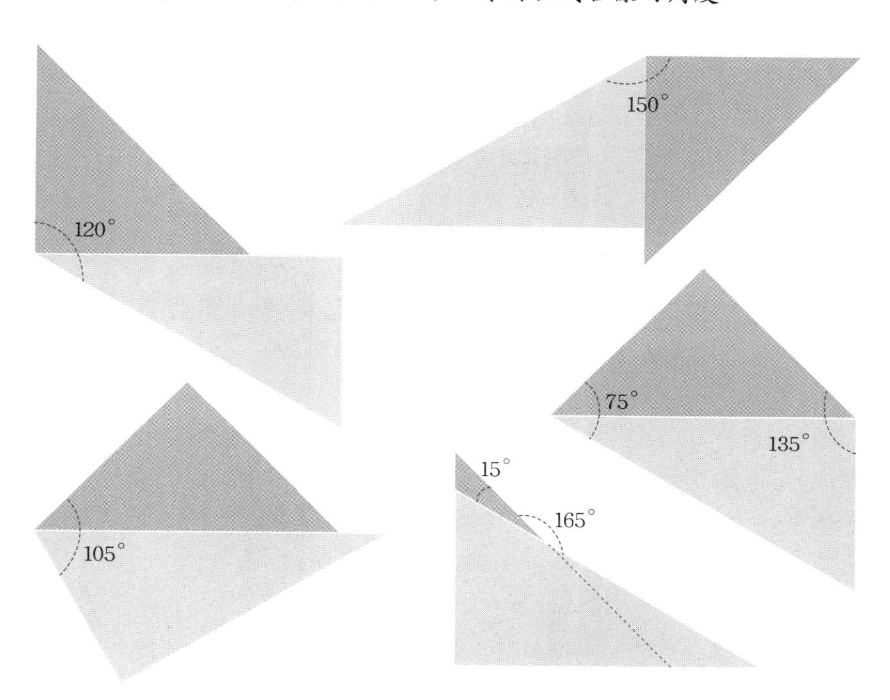


## 三角尺中央的洞有何功用？

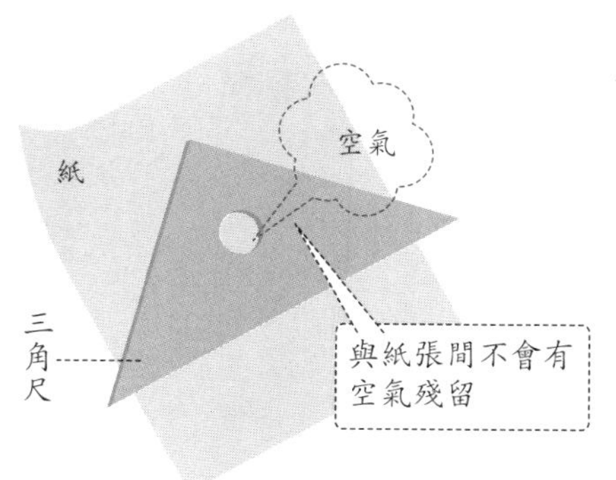


大部分的三角尺中央都有個洞。托這個洞的福，三角尺放在紙張上時，空氣比較容易由此排出。當使用完畢時，可以輕鬆拿起三角尺。此外，三角尺能夠與紙張完全緊密貼合，會更容易畫線與測量。

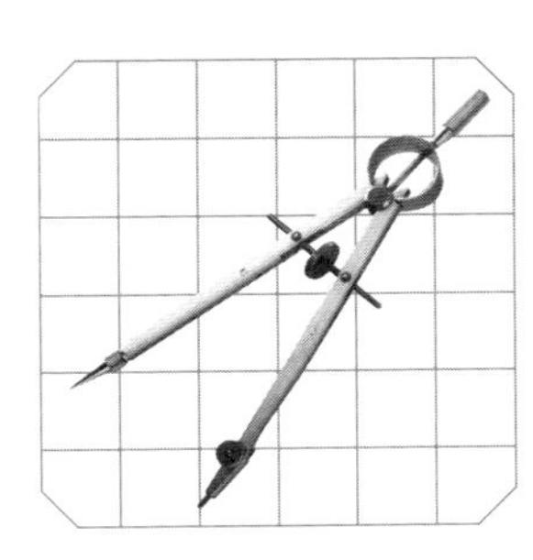

# 圓規

**圓規只是單純用來畫圓的工具？其實它還有許多不同的應用，不愧是古希臘人愛用的文具用品。**

畫圓時所需要的工具即是圓規，是小學生鉛筆盒內必備的文具。據考證，古希臘時代的學校就已經使用圓規做爲教學用途。

圓的定義爲「在同一平面上，與一定點相同距離的所有點所連成的圖形」。圓規即是憑藉這樣的定義將圓畫出來。若更進一步將圓規與尺結合，就可以畫出某個角度的平分線、或是垂直角的平分線等等，做出更加多元的圖。

距今超過二千年前的古希臘時代，圓並不只是單純的圓，而是代表著更崇高意義的形狀。當時甚至有些學者認爲圓與直線所組合出的形狀可以解釋整個宇宙，也提出了許多相關的難題。

將那些問題統合成右頁所標的「希臘的三大難題」，是僅使用尺與圓規在有限的次數內畫圖。

①平均劃分某個角度成三等分
②畫出某立方體體積兩倍大的立方體
③畫出與某圓形相同面積的正方形

## 憑藉圓的定義的圓規

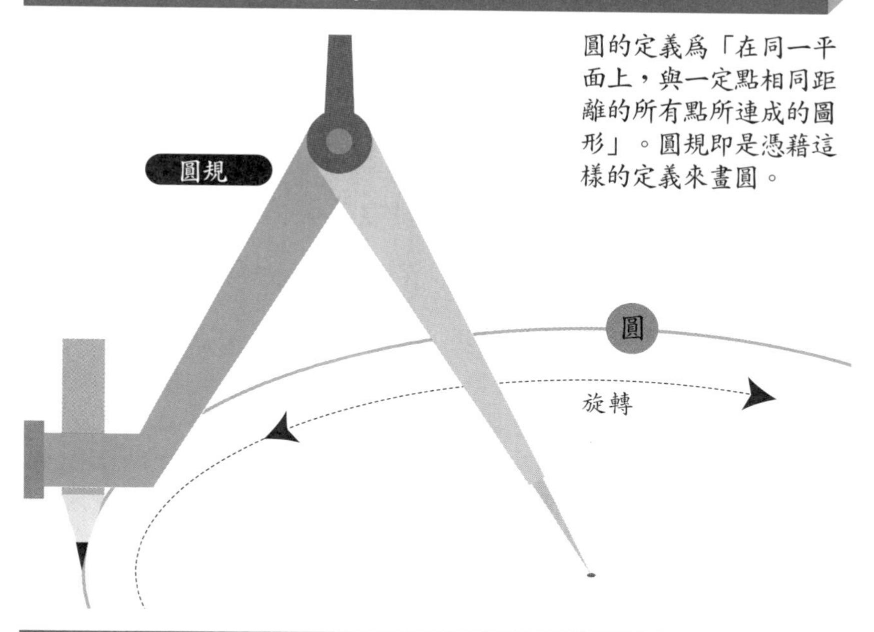


圓的定義爲「在同一平面上，與一定點相同距離的所有點所連成的圖形」。圓規即是憑藉這樣的定義來畫圓。

## 「希臘的三大難題」是什麼？

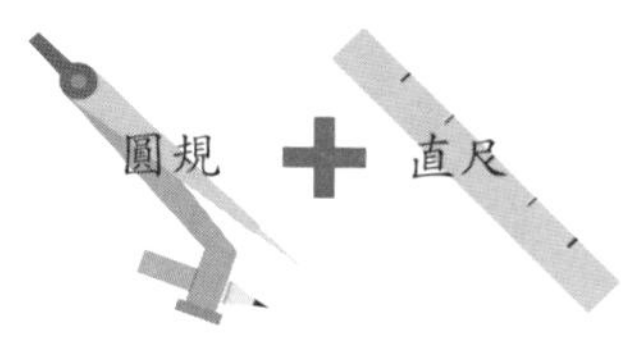


距今約2000多年前的希臘時代，圓並非單純的圓，而是代表更崇高意義的形狀。當時提出了這樣的難題：使用尺與圓規在有限次數內畫出以下三個問題的圖。

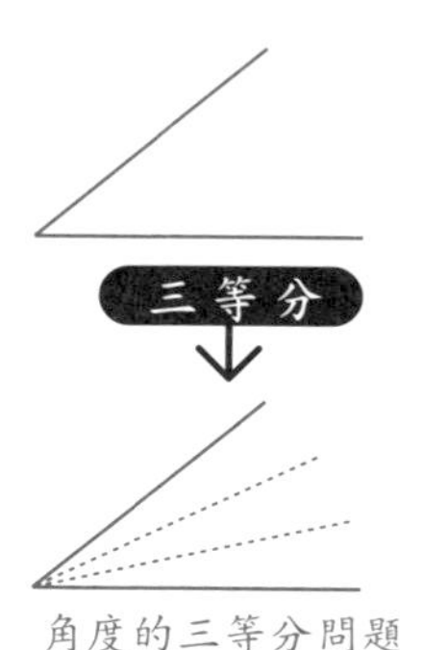


角度的三等分問題

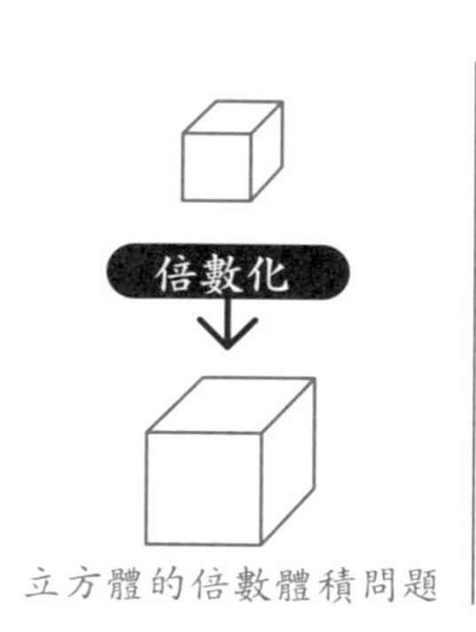


立方體的倍數體積問題

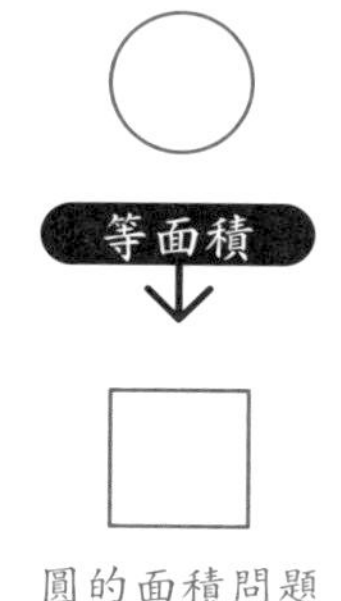


圓的面積問題

依照這些順序問題分別爲：角度的三等分問題、立方體的倍數體積問題、圓的面積問題。

經過長時間努力研究這些問題，但是最終還是留下無解的結論。然而，在努力解決的過程中，卻產生了許多不同的發想，對數學的發展有很大的貢獻。

不用希臘人説，我們也知道與圓相關的世界很美。例如，擺線（cycloid）、次擺線（trochoid）、以及星形線（astroid）等等美妙的曲線，這些都與圓有著密切關係。而讓我們實際體驗到曲線之美的文具，則是萬花尺，做爲完美表現出圓的奧妙的工具，再適合不過了。百圓商店也有販售，隨時可以購買，非常推薦。

Compass 爲圓規的英文，另外還有指南針的意思。指南針與圓規相差甚遠，但兩者卻共用同一個字的理由在於其語源出處。中世紀拉丁語中 Compass 的意思爲「用步伐測量……」，其中由「步伐」聯想到文具中圓規的意思，而「測量」則引申爲指南針。

## 用圓規與直尺作圖

使用圓規與直尺，即可畫出許多的圖。如下圖，按照數字的順序使用圓規與直尺，可以畫出角的平分線，以某直線爲底邊的正三角形，以及直線的垂直平分線。

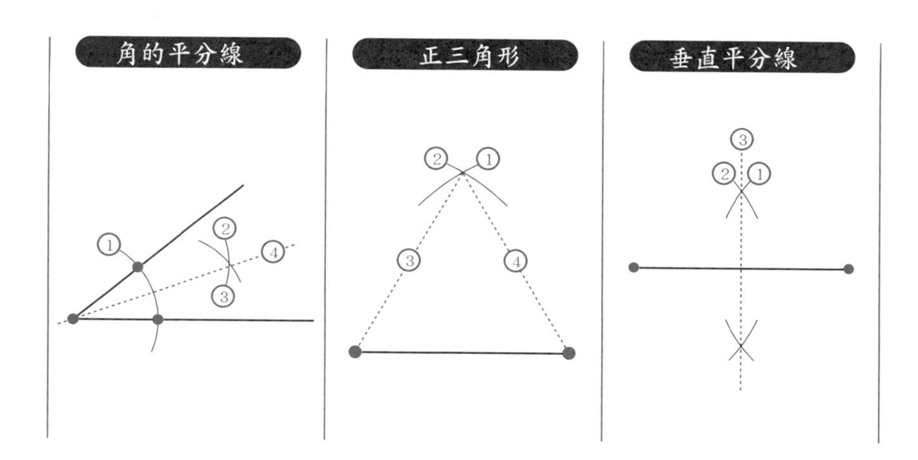


## 堅持「好寫」的進化型圓規

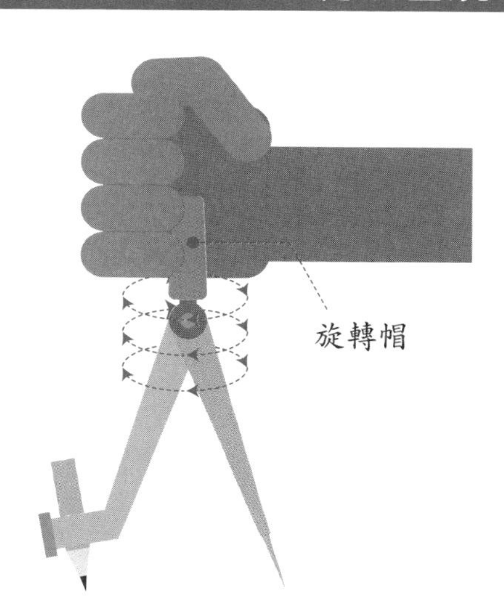


圓規的構造很單純，近年來也開發販售了追求好畫度的圓規商品。由Sonic公司販售的「旋轉帽圓規」即爲其中代表。抓著圓規的頭部，將重心從圓規腳的中心向旁邊移動，因爲裝有配合著旋轉傾斜的「旋轉帽」，因此可以隨時保持垂直於紙張。握法如左圖，小朋友也可以輕鬆畫好圓。

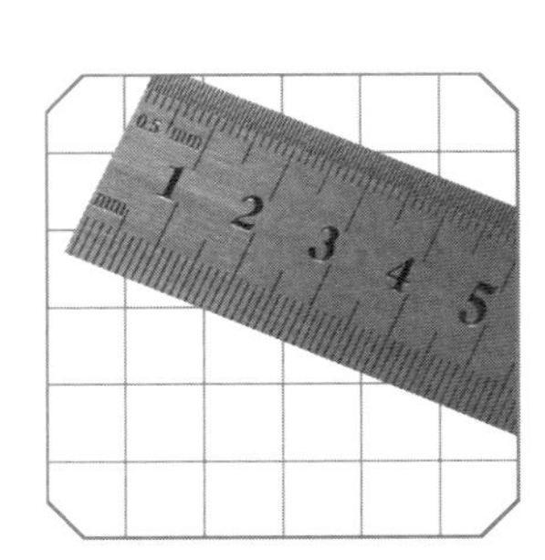


# 直尺

「直尺」是丈量長度的道具。現在理所當然地使用公尺為長度表現方式，但實際上公尺又是什麼？

直至昭和時期中期（二十世紀中葉），日本都是使用竹製的尺。不使用木製而使用竹製的原因，是由於竹子較不會因溫度與濕度的變化而造成形狀的改變。直到現在也有許多竹製尺的愛用者，主要是愛上竹子特有的質感與手感。

不管是古樸風的竹製尺或是一般的塑膠尺，在刻度表現都是以公尺爲單位。現在大家也理所當然地使用公尺爲長度單位，但事實上是在 1959 年以後才開始統一的。

在這之前，不是以「尺[註]」爲單位的尺並不能在市場上販售的。那麼，爲什麼以公尺爲長度單位會普及呢？這是因爲公尺爲國際單位，所有的商品都以此爲基準製造的，才能國際通用。

那麼，公尺又代表什麼呢？一般常見的定義是以地球爲基準，也就是將赤道至北極之間子午線（經線）的長度定義爲 1 萬公里（1000 萬公尺）。總之，地球一圈總長度即爲 4 萬公里。

## 過去公尺的定義與地球實際的形狀

過去1公尺的定義，是以地球爲基準，但這是以地球一圈長度爲4萬公里的「完美球體」前提下的定義。

### ◉以前公尺的定義

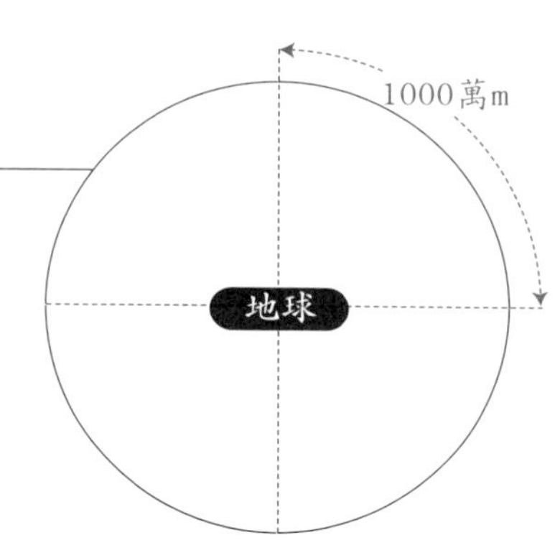


1792年以前的定義爲「通過巴黎與北極點，與赤道相交的子午線（經線）的1000萬分之一長是爲1公尺」。這是假設地球是完美球體的結論。

### ◉地球實際的形狀

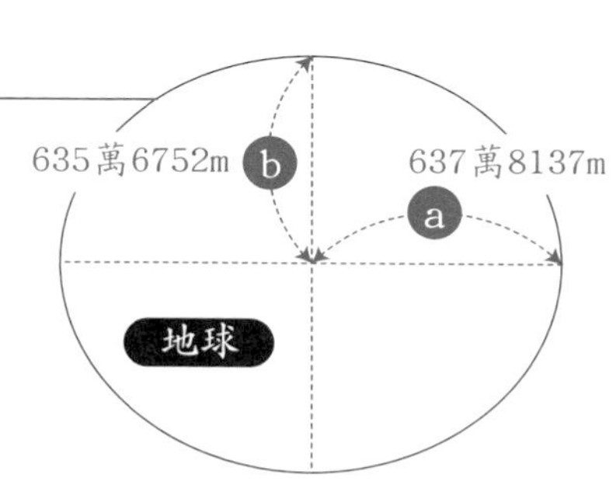


地球並非「完美的球體」。
如右圖所示：
赤道半徑(a)爲637萬8137公尺
北極的半徑(b)爲635萬6752公尺

## 直至20世紀前半所使用的公尺原型

利用從地球而得出的1公尺爲基準，做成的1公尺原型。20世紀前半葉以前在日本廣爲使用。

公尺原型

一開始主張這個定義的是法國。法國大革命後的十八世紀末，以測量地球的長度爲基準，制定當時1公尺的長度定義。約經過了100年之後，製造出以此爲標準的公尺原型。

然而隨著測量技術的發達，發現地球並非完全的圓球體。話說回來，地表原本就凹凸不平，要精密確實地執行測量工作根本不可能。但現今的科技對定位技術更爲要求，於是便開始追求更合理的1公尺定義。

現在對1公尺的定義是以光在眞空中，一秒可以前進的距離(如右圖)爲1公尺的基礎。

現在，日本測量單位以公尺爲主，美國則是與英呎共同使用。因此市面上也有販售將公尺換爲英呎的長尺。

爲了方便丈量，各業界間有時會使用特殊的長尺。例如，設計相關產業所使用在製圖上的比例尺。在同一面的兩側，有著不同的縮尺率，總共可以測量六種尺寸。

註：這裡指的尺是指東亞古時慣用的長度單位，約10寸。

## 1公尺現在的定義

現在，1公尺的定義爲光在眞空中2億9979萬2458分之1秒內前進的距離。這是在1983年確定的。

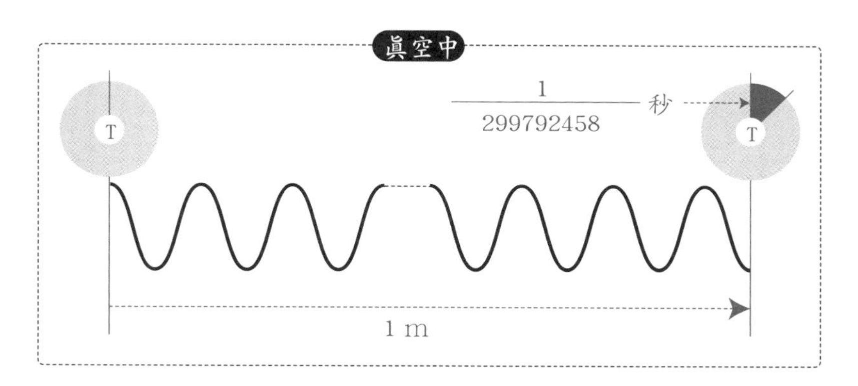


## 不可以販售英吋標記的直尺？

在日本，禁止販售、或以販售爲目的陳列非法定測量單位刻度標記的測量器(計量法第九條第一項)。換句話說，刻度標記非法定測量單位的英呎的直尺，在日本是禁止販售的。

可以販售

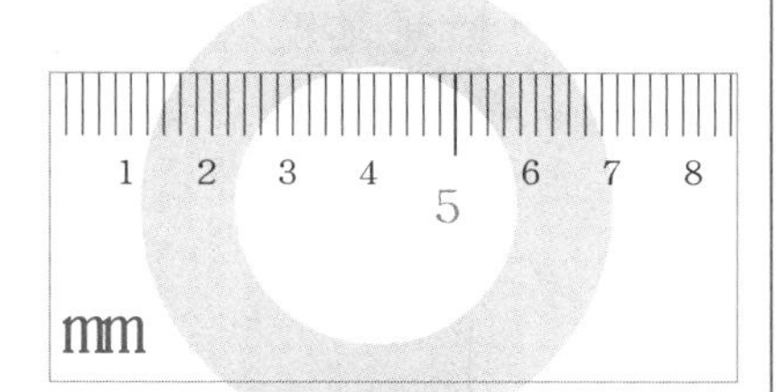


刻度以及標記使用法定測量單位(mm)。

不可販售

刻度以及標記爲非法定測量單位(inch)。公釐與英吋同時標記也不可以。

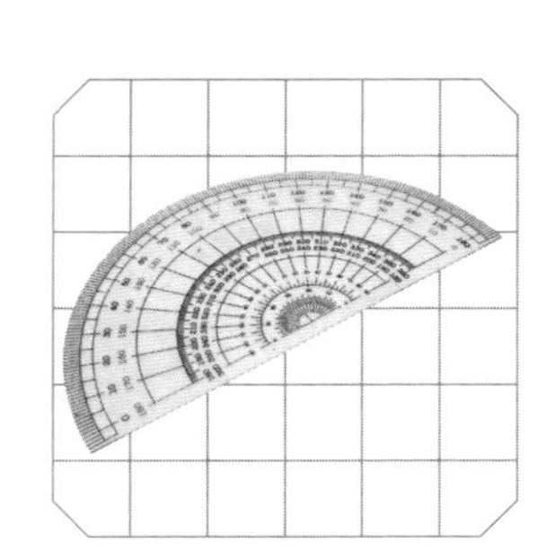

# 量角器

將一圓分成 360 等分，其中 1 等分的單位為 1 度。但話說回來，為什麼是 360 等分呢？

1 公尺等於 100 公分，1 公斤等於 1000 公克。那麼，應該將一圈分成 100 等分，其中一等分爲 1 度才對。但爲什麼我們現在所使用的卻是不上不下的 360 等分呢？這有兩個理由。

第一個理由與一年有 365 天有關。早期的人認爲同一個星座的運行應該需要 365 天繞完一圈。因此，將星座一天移動的角度設定爲基本角度。然而，一圈 365 度的數字卻有點不乾脆，因爲直角就變成 91.25 度，於是便將一圈的角度設定爲 360 度。

另一個重要的理由，也與「數字的乾脆度」有關係。應用上，常常要將角度平分成幾等分，例如直角即是 1/4 圈的角度，一圈是 360 度的話，直角就是 90 度，簡單明瞭。從這樣的觀點來看，一圈設爲 360 度，不論是 4 等分、8 等分、10 等分，都可以平分，使用上會較方便，而且如果需要標成方位顯示時也非常清楚。

## 地球一天的公轉角度約為1度

地球一天約公轉1度。量角器上「一圈360度」的角度測定，據說與一年365天有極大的關係。

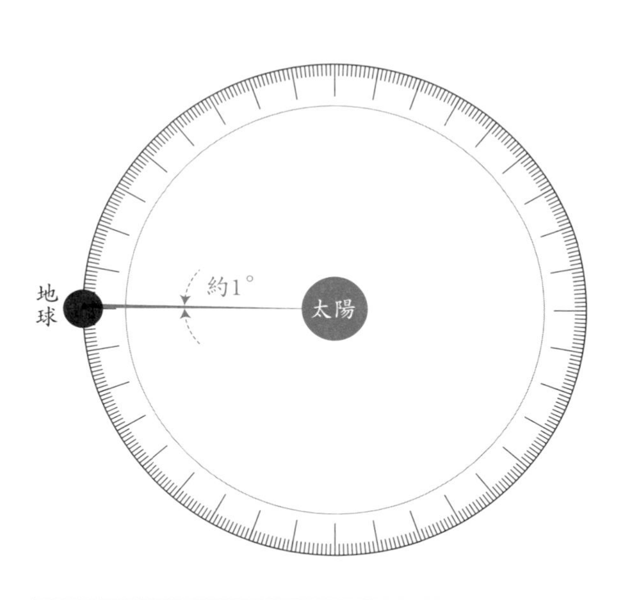


## 「弧度」是什麼？

角度的測量方式中，一圈360度並非唯一的方法。用一圓的弧長表示弧度，是現代數學的常識。以這個測量方法，例如360度爲2$\pi$，45度爲1/4$\pi$。

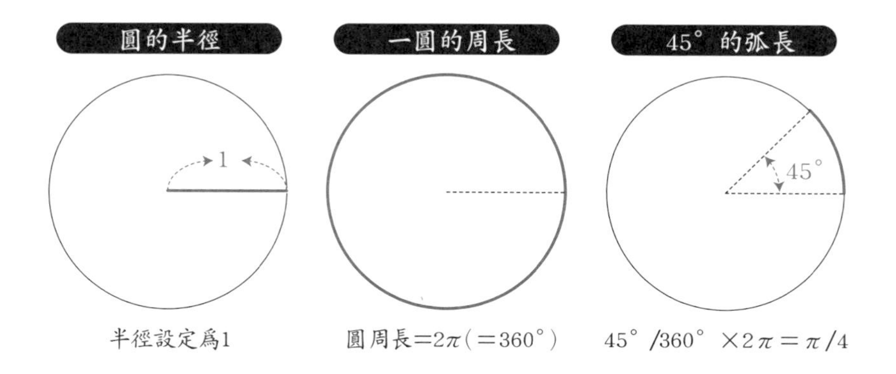

這麼一想，似乎也沒有必要將角度弄成360度。實際在數學上是利用半徑爲1的圓的弧長測量角度，此爲弧度（弳度）測量法。這個弧度測量法將一圈360度的弧長設爲$2\pi$（$\pi$爲圓周率）。

關於角度，先來看看日本對於角度的看法。據說，日本有很長的一段時間並沒有角度這樣的概念，而是以「勾配」（斜率）來測量。45度角是「右邊長度爲一，且向上的長度也爲一」的表現方式。總之，角度與斜度是一樣的。因此利用勾配這樣的斜度概念代替角度，並不會感到不方便。

角度中最重要的爲直角（90度）。世界各地不同的文明皆有關於如何得到直角的方法。有名的例子如：將繩子依照3、4、5這樣的長度打結做成三角形的方法，其中最大的角度爲90度。這是畢氏定理（商高定理）的基礎。

## 日本江戶川時代沒有角度概念而使用「勾配」

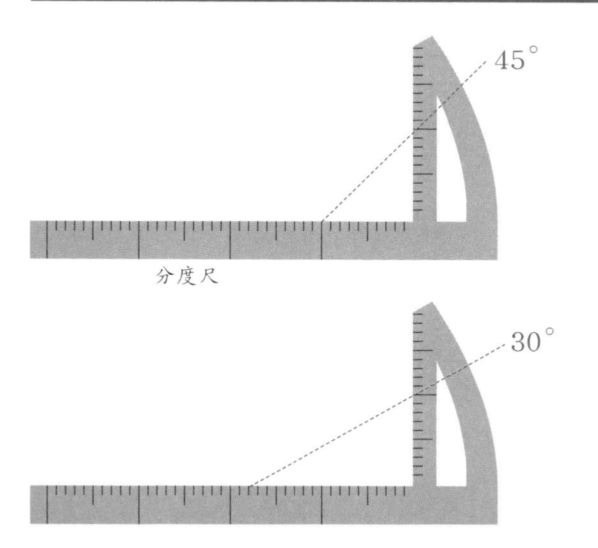


江户時代的日本並沒有角度的概念，而是使用勾配，也就是物體的斜度。如左圖，設有測量勾配的分度尺，也就是測量現在的正切(tan)。左圖分別爲45度與30度的測量。

## 使用繩子測量直角！？

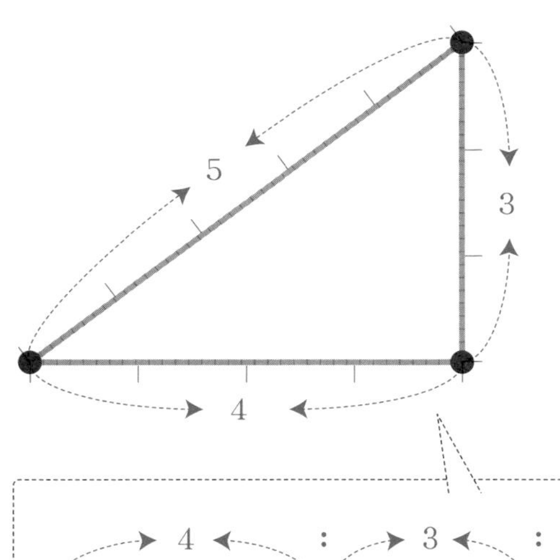


測量直角爲建築上最爲重要的一環節。於是，有種利用畢氏定律將繩子打結做成三角形的方法，在許多文明中都有使用。如左圖，依據 $3^2+4^2=5^2$ 的畢氏定理的算式成立。

# 印章與印泥

日本最早的印章，是西元 57 年中國東漢贈與的「漢委奴國王」印。那時，蓋章用的印泥，又是怎麼製成的？

首先，先來確認一下大家是否瞭解印章與印鑑是不同的。印章，是由堅固的物體做成；而印鑑，則是指蓋章後留下的圖形痕跡，也就是印痕。

回到印章的部分，根據考古研究大約發明於 5000 年前的美索不達米亞古文明時期。如果再將時代再拉近一點，約 3000 年前的古埃及遺跡中，也發現了數個印章。

再推近，中世紀的歐洲，印章爲諸侯貴族等當時的權力者們的象徵，使用於封印及認證後的印。另一方面，在東方的中國，印章也是王權的象徵，東漢光武帝贈與日本的金印「漢委奴國王」是日本古代國王權威的保證。

印章蓋到紙張或布上製成印鑑，則需要印泥。那麼，印泥是怎麼製造的？

早期，在印泥還沒有出現以前，使用泥土來蓋印章，因此稱爲印泥。金印「漢委奴國王」的印章，估計也是用泥土。直至 1000 年前，中國宋朝才開始使用現在常見的紅色印泥，在藏書、書畫或文告上開始用紅色印泥蓋章。

## 日本最古老的印章與印鑑

西元57年，中國東漢光武帝贈與日本的印章，即是「漢委奴國王」的金印，爲日本現存最古老的印章。

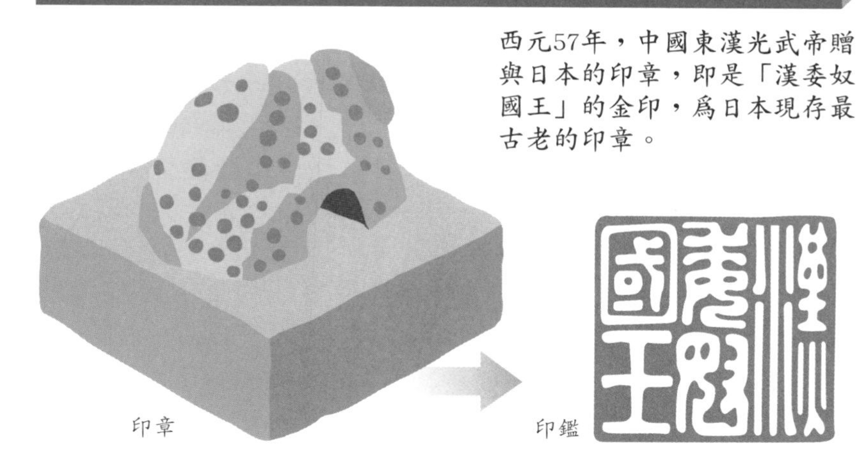


## 印泥的製作方法

印泥原本是由水銀製造出來的。將名爲辰砂（朱砂）的石頭中的硫化汞與松香、蠟、蓖麻油等原料混合攪拌提煉，製成印泥。

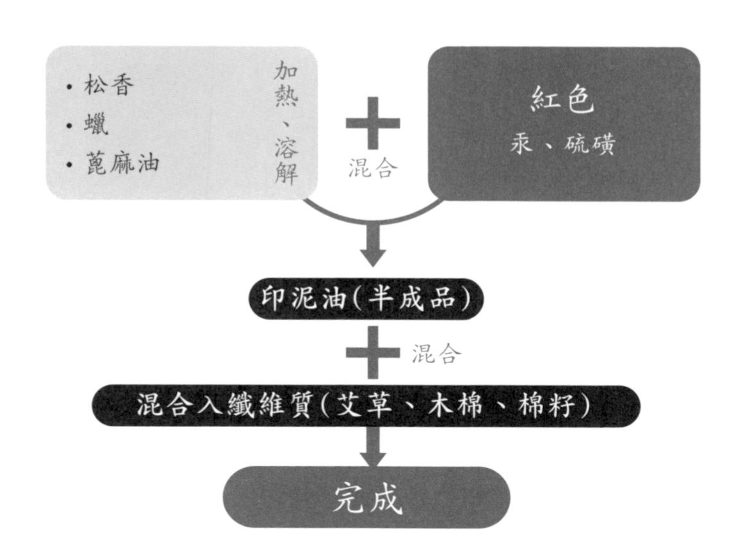

印泥的基本組成物質是水銀。在印泥的製作過程中，首先將紅色製造出來。紅色的部分，日本自古以來稱之爲丹，是由水銀與硫磺的化合物（硫化汞）組成，天然物質可以由朱砂中提煉出來，現在是直接將水銀與硫磺合成製造。

接著將這個紅色的部分與松香、蠟、蓖麻油混合攪拌提煉後即成爲紅色印泥。這個印泥印出的印鑑能夠留下獨特的光澤感，而且能長時間不變色。

印泥放置太久，長時間未使用的話就會凝固，如果是非合成的印泥則可以用金屬攪拌棒再攪拌混合即可復活。

日本現在留有的印鑑有許多種不同的字體，最具代表性的有篆書、隸書、以及古印體。「漢委奴國王」印章的書體則是篆書。

## 姓名印章的構造

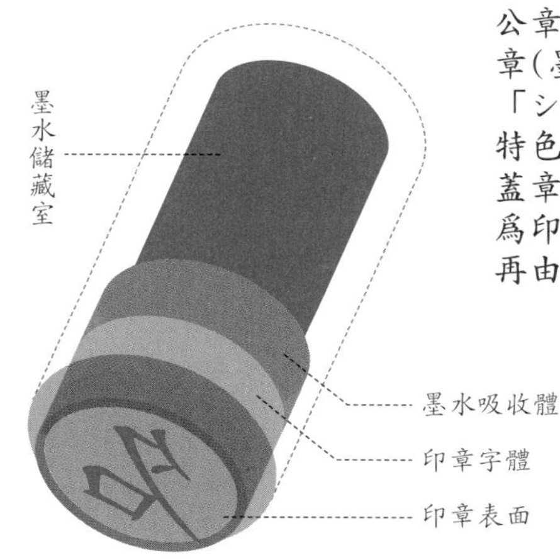


公章、認證印章等使用的姓名印章(墨水式)，開發的公司稱之爲「シャチハタ(shachihata)」。特色是不需要使用印泥即可直接蓋章，且可以蓋很多次。這是因爲印章内有個儲存墨水的空間，再由海綿吸收墨水。

## 印鑑也來到電子化的時代

近年來，利用電腦文件聯絡的比例增加，印鑑也跟上電子化時代的腳步。由各公司所開發的「電子印鑑」，可以減少紙張的開銷，並且節省聯絡時處理文件複雜程序所花費的時間。

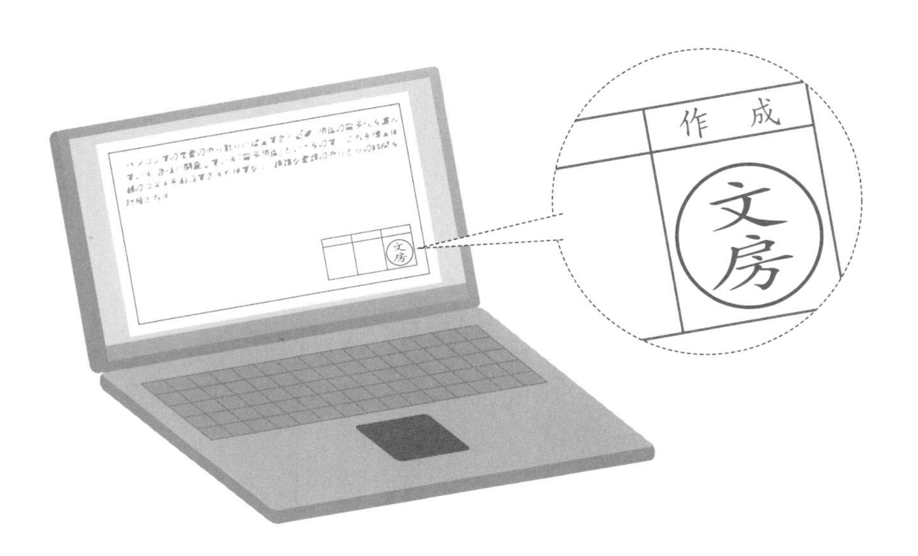

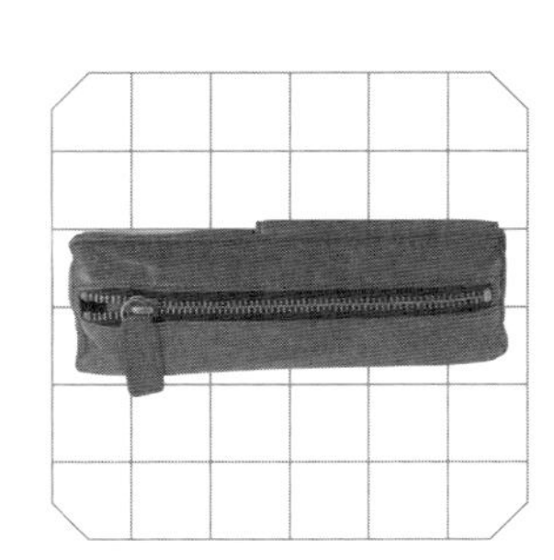

# 筆盒

這幾年，不論布製或皮製的筆盒（袋）都深受歡迎。可以隨身攜帶而且不容易壞，還能收納許多文具，非常方便。

過去，將收納文具用品的用具稱爲「鉛筆盒」，當時多爲堅硬的盒子。但現在的鉛筆盒，由於需要容納各式各樣的文具，形狀能彈性變化更便於使用。於是，近幾年來較受歡迎的反而是性質柔軟的布製或皮製的鉛筆袋。

這樣柔軟的筆袋外型最主要的零件是拉鍊。與衣服上使用的是相同的概念，在這裡重新研究看看。

我們一般稱呼的「拉鍊」，英文名稱爲「slide fastener」，有著「滑動式扣件」的意思。拉頭上下滑動，左右的拉鍊齒即會閉合或打開。

拉鍊是在 1891 年由美國人發明，據說一開始的發想是嫌綁鞋帶很麻煩。而在日本，最初是在 1927 年，由位於廣島縣尾道市的某公司所開發，稱爲「チャック印」。

當時這個製品評價良好，自此之後「チャック」就成爲日本拉鍊的代名詞。順帶一提，チャック (chakku) 是從日文的荷包「巾 (kinchaku）」的唸法而來，因此在國外無法通用。

## 拉鍊的構造

開關筆袋的小助手--拉鍊，這是怎麼樣的構造呢？

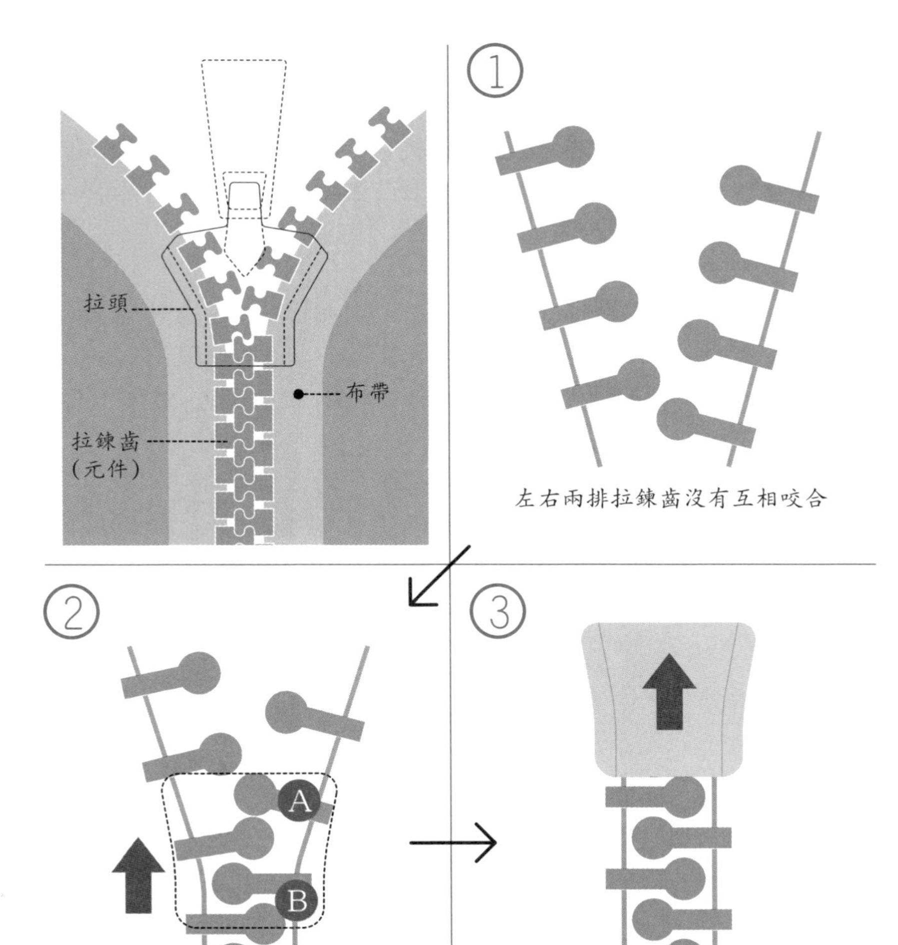


左右兩排拉鍊齒沒有互相咬合

拉頭A處將左右兩排拉鍊齒同步拉近；拉頭B處將兩排齒互相咬合。

拉頭向上拉，兩排齒咬合關閉。

拉鍊爲直線型的開合工具，近年來，又更發展出平面式的開合工具，也就是尼龍搭扣（魔鬼氈），在日本普遍稱之爲「魔術貼」（magic tape）。

魔鬼氈的發明，是屬於現在備受矚目的生物模仿技術（仿生學）的領域。1948 年，帶著愛犬出去狩獵的某個瑞士人，發現自己衣服或狗身上沾黏了有很多野生牛蒡果實，很難取下。

於是用顯微鏡試著研究，發現這些果實上有著無數個鉤狀結構，這個鉤狀結構牢牢地纏在衣服與狗毛上的環狀結構。以此爲啓發，發明了環狀結構與鉤狀結構組合的魔鬼氈。

另外，「魔鬼氈」爲 KURARAY 公司的註冊商標。1964 年東海道新幹線開始營運，其座椅與頭枕的套子即是使用魔鬼氈固定並快速更換。並由此傳至日本全國各地，一躍成爲大眾注目的發明。

## 尼龍搭扣（魔鬼氈）

下圖尼龍搭扣，又名「魔鬼氈」的放大圖。細小的環狀與鉤狀結構遍布整個面，兩片一組使用。

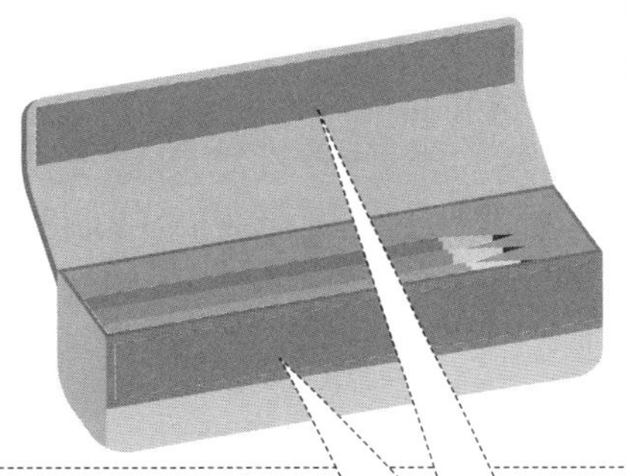

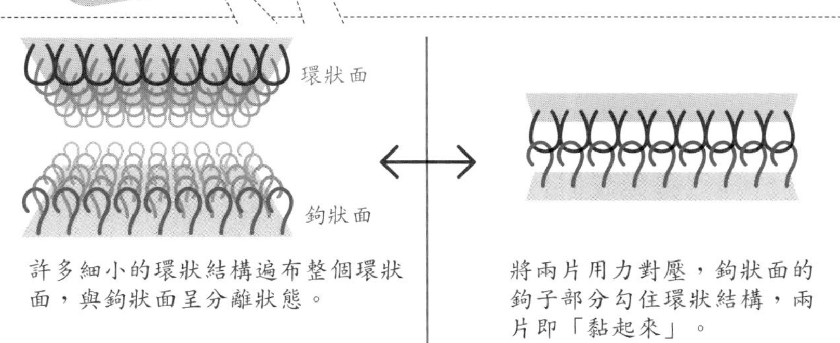


許多細小的環狀結構遍布整個環狀面，與鉤狀面呈分離狀態。

將兩片用力對壓，鉤狀面的鉤子部分勾住環狀結構，兩片即「黏起來」。

## 長期暢銷的「ARM筆盒」為何堅固？

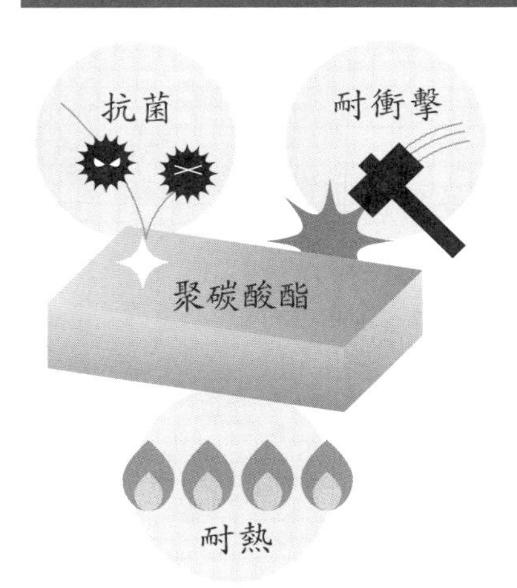


打著「大象也採不壞」標語的「ARM筆盒」，這是1967年由SUN-STAR文具公司開發販售的商品。在它出現之前，鉛筆盒普遍以塑膠、賽璐珞製成，但不是容易摔壞就是容易燒壞。於是不斷開發改良的結果，即是使用聚碳酸酯。聚碳酸酯也使用於紅綠燈的製作，具有耐衝擊性及耐熱性，直至今天都是一件非常受歡迎的商品。

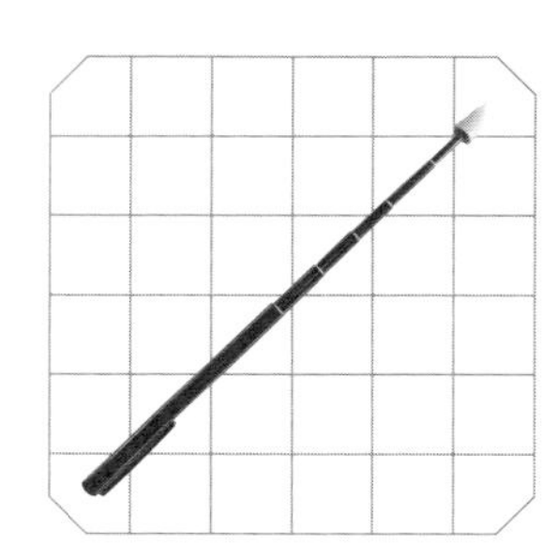

# 簡報棒與雷射筆

**提案或是報告時，簡報棒或雷射筆是不可或缺的工具。好好利用的話，可以提高聽眾的評價。**

現在流行西方的商務風格，提案即是其中一種做法。能夠流暢的提案、說明簡報已經成爲現代人必備的能力之一。而簡報時必要的工具，即是簡報棒。手拿簡報棒指著白板上的圖表一邊說明講解的畫面，在電視劇中也常常出現。

關於簡報棒的構造，或許沒有說明的必要。向外拉可以伸長，往內壓就會縮短，與釣竿、攜帶型收音機的天線構造相同。這個伸縮構造即與望遠鏡的伸縮構造相同，英文爲Telescoping（或是cylinder）。

以伸縮構造聞名的其實還有——桁架臂構造，這是將三角形組合而成的桁架，摺疊傘、折疊式娃娃車即是利用桁架臂構造。

近年來，發表企劃時大多會使用投影機將資料投射到白牆或布幕上的報告方式。在這種狀況下，簡報棒由於長度不夠，就無法確實地指示出正在說明的部分，因此後來就有了雷射筆的出現。利用雷射的紅色光線，在布幕上指出正在說明的對象物。

## 簡報棒伸縮的機關

在說明簡報（提案）時必備的簡報棒，其伸縮構造與攜帶型收音機的天線或釣竿的構造相同，圖爲兩段式簡報棒。

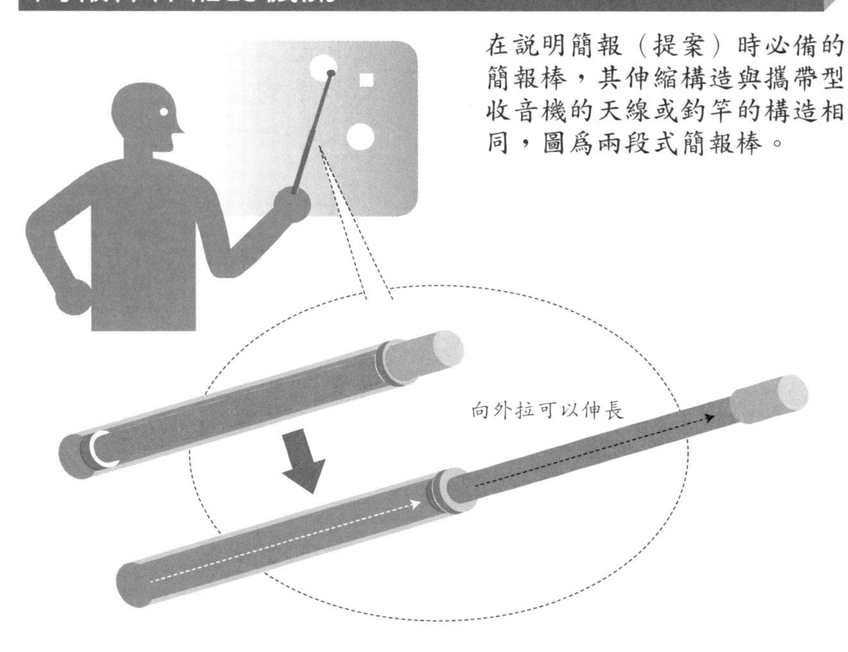


## 機械式的伸縮構造

機械的伸縮構造，以望遠鏡伸縮構造（圓筒伸縮構造）與桁架臂構造最爲代表性。一般簡報棒使用的伸縮構造爲前者。

望遠鏡伸縮構造
（圓筒伸縮構造）

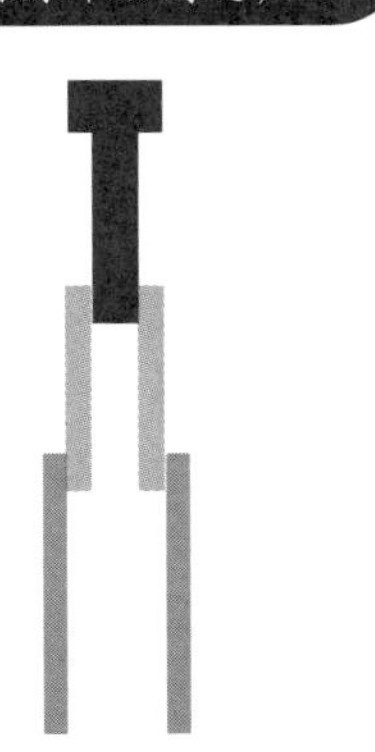

桁架臂構造

雷射光有著一般光沒有的特性，就是光線不會擴散，而是集中以直線方向前進。一般的光，比如手電筒的光，會以面的方式擴散出去，兩者差異非常大。直線前進的雷射光用來做簡報說明最適合不過。

雷射光呈現直線前進，其秘密隱藏在它的組成過程之中。一般光是將由原子一個一個任意放射出的光聚集而成。相對來說，雷射光則是利用了受激輻射的原理，讓原子躍遷[註]所放出的光（相干性）的波長能夠維持整齊、一致的前進。由於這個特性，雷射筆的光線不會散開，反而會集中朝著同一個方向前進。

在過去爲了製造出雷射光需要能量很大的裝置。現在只要一個小小的雷射頭即可發射出雷射光。雷射頭，同時也廣泛的使用在 CD、DVD、BD[註]等視聽用品上。

註：指原子從原本的能級跳到另一個能級。有可能是吸收能量，躍遷到更高的能級；或者釋放能量，躍遷到較低的能級。
註：藍光光碟片 (Blu-ray Disc)

# 雷射光的構成

雷射筆的雷射光，有著直線前進的特性。

## ◉ 一般的單色光

一般的單色光（同一波長的光），光線分散沒有統一性，原子與分子隨意發光。

## ◉ 雷射光

雷射光的波長漂亮、整齊一致（相干性），原子、分子同調發光。

# 雷射筆的構造

雷射筆利用的雷射晶片，也存在於CD、DVD等雷射讀取的設備構造內。

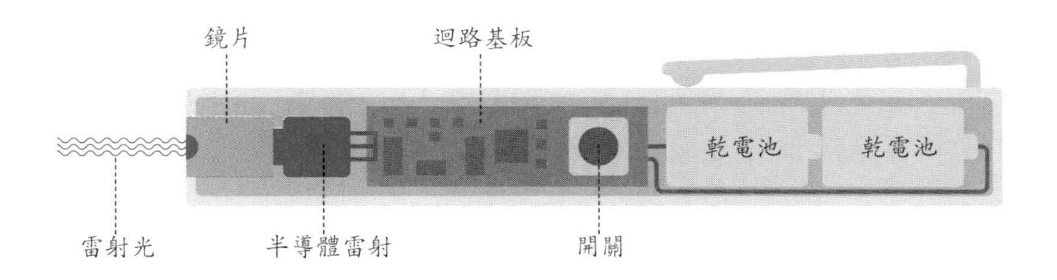

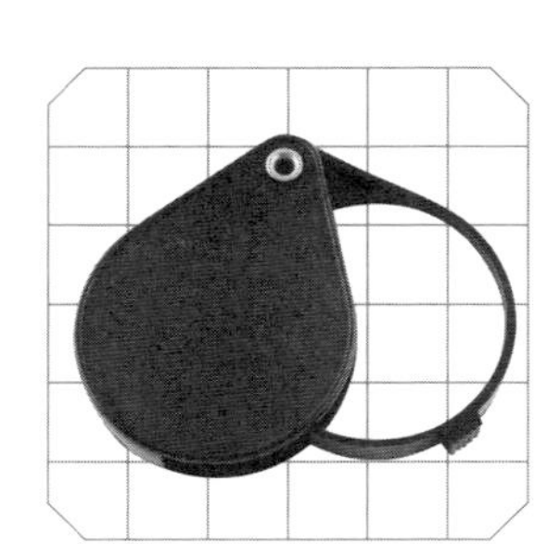

# 放大鏡與透鏡

在極速高齡化的日本，說起老化的特徵，即看不清眼前東西的「老花眼」。而老花眼的救星則是放大鏡。

過了 40 歲後，有些人會發現自己患有老花眼，字太小就看不清楚，或明明是離自己很近的物品卻看不太清楚。

解決老花眼的對策，最方便的即是放大鏡，又稱透鏡，即凸透鏡。與小學的自然科學課教的一樣，凸透鏡是利用光的折射將物品放大。

但是，隨身攜帶玻璃製的凸透鏡很不方便，既重，且不具流行性。於是，到文具店看看，就會發現許多易於使用、輕薄的放大鏡。多數已由玻璃改爲塑膠製成，並且設計也跟得上流行。

其中一種平面式的放大鏡，是名爲菲涅爾透鏡（Fresnel lens）的鏡片。將一般的鏡片切割成好幾層的同心圓片，再將鏡片壓縮成薄片並黏回原本的位置。如此一來鏡片的厚度不會過厚，會很輕巧，便於攜帶。

菲涅爾是活躍於十九世紀初期的法國科學家，以研究光學聞名，而菲涅爾鏡片就是他的發明。

## 凸透鏡與凹透鏡

鏡片有兩種，中央較厚周圍較薄的凸透鏡，與中央較薄周圍較厚的凹透鏡。凸透鏡可以放大近的物體，遠方的物體則會顛倒。透過凹透鏡看物體時，不論遠方還是近的物體，都會縮小。

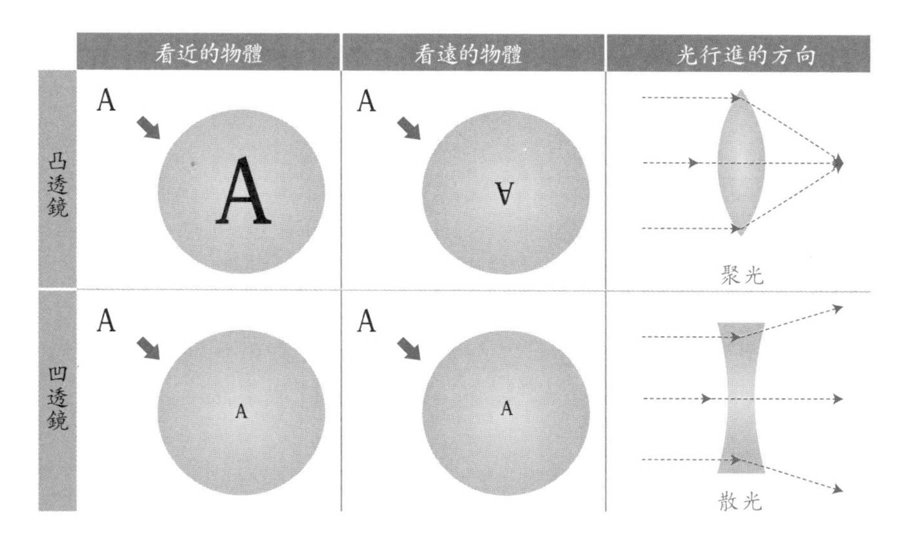


## 凸透鏡放大物體的秘密

從A點出發的光，經由凸透鏡折射後至視網膜的A”。換言之，放大的A’是光的錯覺。

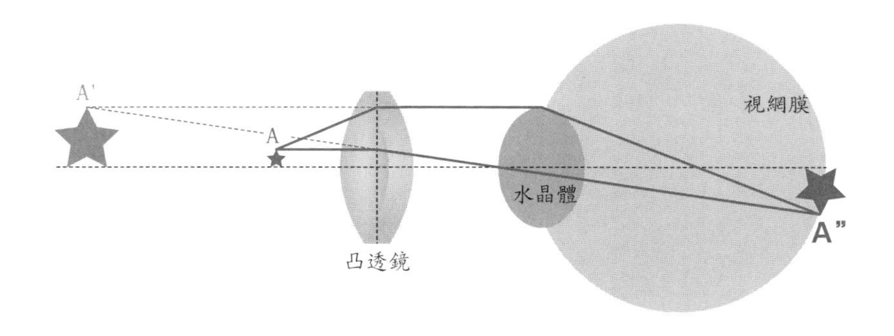

菲涅爾鏡片最初是爲了歐洲早期使用的玻璃燭台散光而發明的，目的是使光線能夠照射到很遠的地方，這時必須要有光束，而燈台的體積小，如果使用傳統的鏡片會很笨重。解決這個問題的就是菲涅爾鏡片。

菲涅爾鏡片應用在很多地方：比如，公車後方的窗户就是菲涅爾鏡片，方便司機確認後方狀況而獲得好評。

另外，遠近兩用式隱形眼鏡鏡片也是利用了菲涅爾鏡片的概念。將凹透鏡與凸透鏡的同心圓紋路交互排列，讓隱形眼鏡鏡片可以遠近兩用。

在現代有種「放大鏡」與以往的放大方式不同。就是用智慧型手機拍照後，在螢幕上直接放大的這個方法，是當手邊沒有放大鏡時的替代方案。

## 菲涅爾鏡片的構造

在文具店販售的放大鏡，使用的是輕薄的「菲涅爾鏡片」。這個鏡片爲什麼可以放大物體呢？

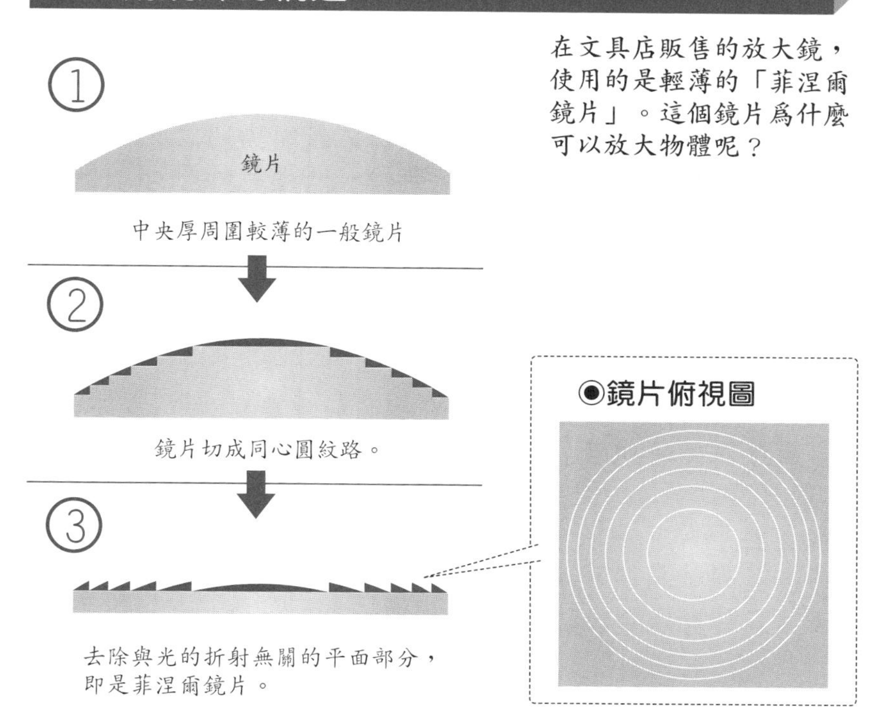


## 菲涅爾鏡片的應用

日本公車後車窗是用方便確認後方狀況的「菲涅爾廣角鏡片」，雖然只有薄薄一層，卻有著讓視線更寬廣的作用。

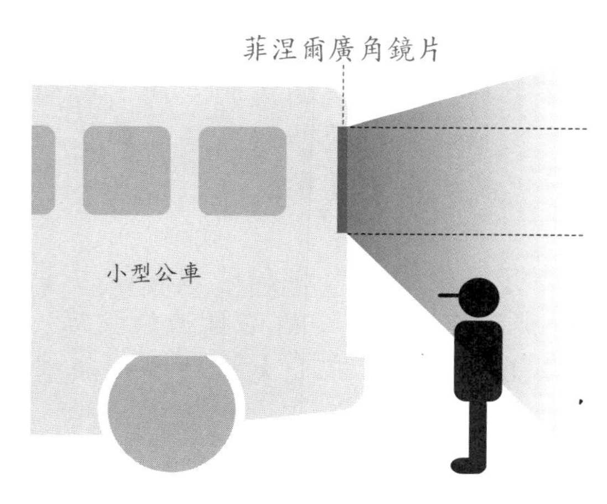

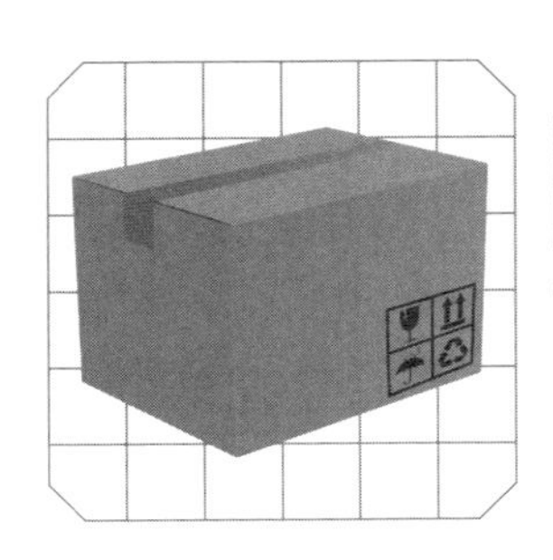

# 紙箱

**說起文件保管時，會發現紙箱是不可或缺的要角。究竟，紙箱為什麼可以做到輕薄卻堅固呢？**

「會計資料必須保留 5 年」

就像上述所說，公司或是政府機關的重要文件，都有明文規定應該保管的期限，所以必須保留一段時間。

將這些平常不是很需要，但緊急狀況發生時卻必須要有的文件，放到紙箱歸類收藏是最佳選擇。紙箱雖然輕薄但是很堅固。爲什麼紙箱會這麼的牢固呢？

紙箱其實是由兩張瓦楞紙板像三明治那樣，夾著中間的芯紙（波形的瓦楞紙），這個構造稱爲三明治構造，就是紙箱輕且堅固的原因。

仔細看看紙箱的橫切面，會發現中芯所構成的空間，由向上以及向下的兩個等邊三角形構成。紙箱能兼具堅固與輕巧的秘密就在此，因爲中空所以能減輕整體重量。

另外，等腰三角形的構造有著能夠分散施加於頂部的力量的作用，類似於這種構造即稱爲桁架構造。桁架構造的強度，實際也印證在東京京門大橋上。（東京京門大橋的橋樑類型爲桁架橋）。

## 紙箱的構造

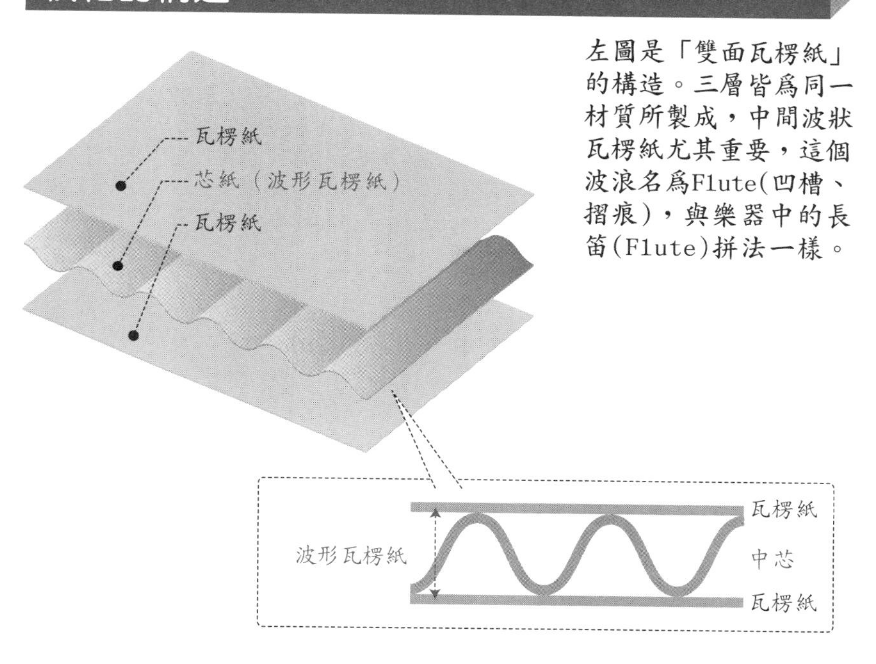


左圖是「雙面瓦楞紙」的構造。三層皆爲同一材質所製成，中間波狀瓦楞紙尤其重要，這個波浪名爲Flute(凹槽、摺痕)，與樂器中的長笛(Flute)拼法一樣。

## 桁架構造

以三角形爲基準的桁架構造。利用桁架構造的橋爲桁架橋，東京京門大橋即是使用這種架構原理的例子。在三角形的頂端施力，其力量會分散至左右，因此以三角形爲基礎的桁架可說是非常牢固且安定的構造。

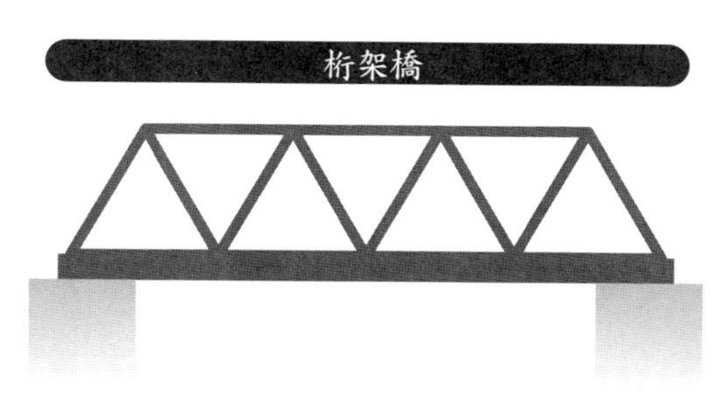


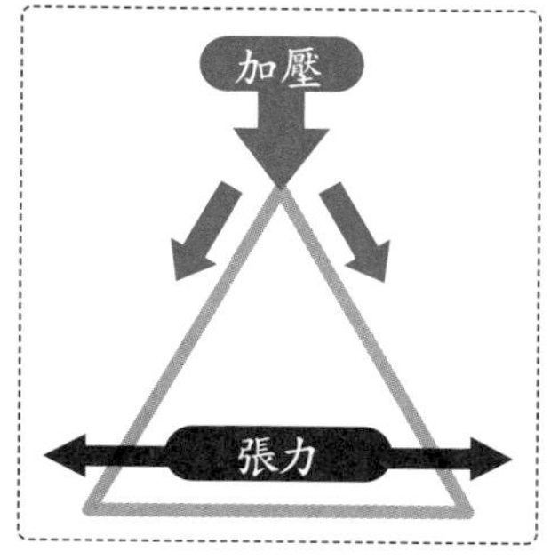

來看看紙箱的製作方法。首先準備內外層用的瓦楞紙以及中心用的瓦楞紙。將中心用的瓦楞紙上波狀折痕塗上膠後，黏上內外層用的瓦楞紙即可。

紙箱爲資源回收的優等生，做爲其材料的瓦楞紙原料是接近 100%的瓦楞廢紙。

紙箱的日文念法爲「段ボール（danbo-ru）」。英文爲 corrugated cardboard（有波形的厚紙），將中芯的波形瓦楞紙直接表達出來。

但爲了更簡單明確地呈現，當時的頂尖製造商 RENGO 公司的創辦人將紙箱翻譯爲「段ボール（danbo-ru）」，即是「段ボール」這個詞的由來，這是發生在明治時期的事。另外，英文的 board 的發音，在日本人的耳裡會聽成「bo-ru」。

據説紙箱一開始並非定位爲「保管用的箱子」，而是在十九世紀時所發明，用來放在黑色禮帽中吸汗的同時還可以維持帽子形狀不被壓壞的瓦楞紙，原來一開始時是被使用在人的頭頂上。

## 瓦楞紙箱的製作方法

來看看一般的雙面瓦楞紙的製造方法，實際上是將三片瓦楞紙依照順序貼合。

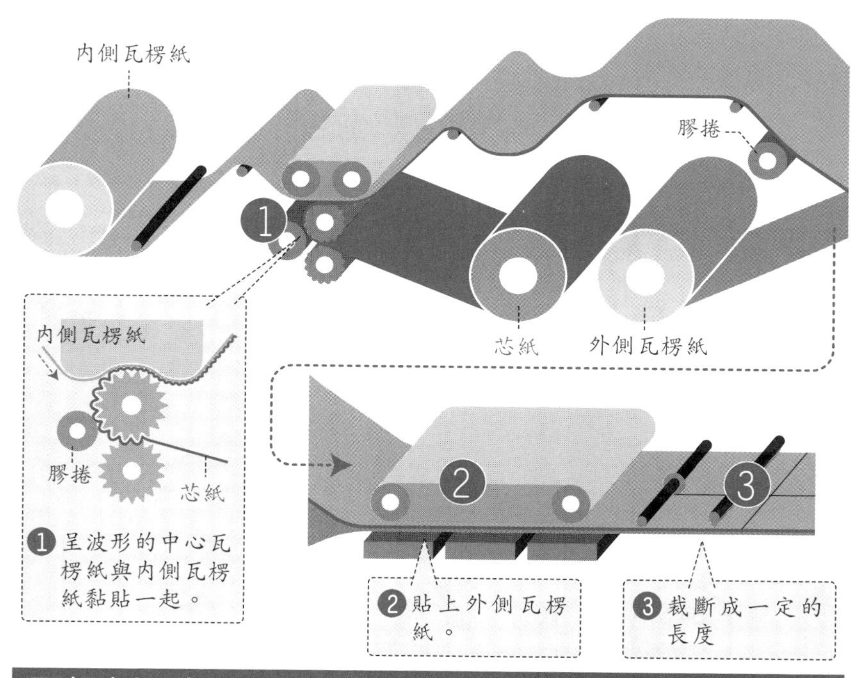


## 瓦楞紙最初是給禮帽用的！？

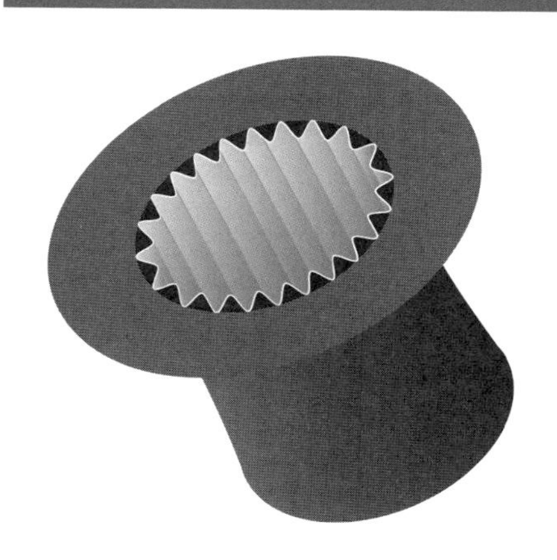

在過去，貴族的衣服有皺摺。以這個爲啓發，做出了折成波狀的厚紙，放入黑色禮帽內側用以吸汗，這是瓦楞紙最初的功用。

Column

## 日本的環保標章

文具會直接與肌膚接觸，因此必須注意不會傷害人體才行。另外，小朋友也常會使用文具用品，因此必須提高環保標準。於是，文具上開始出現一些環保標章，以示這個文具符合標準。下列即爲日本環保標章的代表例子。

| 環保標章 | 綠色標章 | 砍伐材標章 |
| --- | --- | --- |
| （公財）日本環境協會 | グリーンマーク<br>（公財）廢紙再利用促進中心 | 日本全國森林組合連合會 |
| JORA生質標章 | 紙製容器包裝 | 紙盒標章 |
| 60<br>バイオマス<br>（一社）日本有機資源協會 | 紙<br>紙製容器包裝回收推進協議會 | 紙パック<br>洗って開いて<br>リサイクル<br>飲料用紙容器回收協議會 |
| 綠色印刷標章 | 環境保護印刷認證制度 | 非木材綠色標章 |
| ★ ★ ★<br>GREEN PRINTING JFPI<br>（一社）日本印刷產業聯合會 | GOLD+<br>環境保護印刷<br>環進保護印刷推進協進會 | 非木材グリーン協会<br>非木材綠色協會 |

第五章

# 紀錄用具的驚人技術

# 黑板

名為黑板，但現在多為墨綠色，目的是為了保護眼睛。那麼，為什麼可以用粉筆在黑板上面寫字呢？

黑板在明治初期(約十九世紀中葉)傳進日本，它的名稱是直接由英文「black board」翻譯而來。實際上，當時的黑板確實是黑色的。直至昭和中期(二十世紀中葉），改良黑板表面的塗料後，成爲現在對眼睛較好的綠色。

使用粉筆即可以在黑板上寫字的秘密在其表面的構造。放大黑板的表面會發現其實它是凹凸不平的堅硬結構組成。在黑板上書寫時，由白色粉末加水凝固而成的粉筆，因摩擦脫落的粉末會附著在黑板的凹槽部分形成文字。

托這個構造的福，在黑板上寫下的粉筆字可以用黑板擦擦去。這與橡皮擦擦掉紙張上鉛筆字的原理相似。

如此一來，用粉筆在黑板上寫字時，會感覺到些微的阻力感，這是將塊狀的粉筆變成粉末的摩擦力造成。摩擦力究竟是什麼呢？摩擦有分爲接觸表面貼合的摩擦（靜摩擦）及物體相互運動所產生的摩擦（滑動摩擦）兩種。粉筆與黑板的關係，是同時有這兩種摩擦的運作。粉筆與黑板的接觸點，粉筆與黑板貼合（靜摩擦），在黑板表面的凸起部分剝離（滑動摩擦），因此可以寫字。

## 粉筆在黑板上寫字的原理

黑板表面的塗料並非完全平滑，反而是凹凸不平的；因爲凹凸不平的結構，從粉筆上剝落下來的粉末才能附著在黑板上顯現文字。

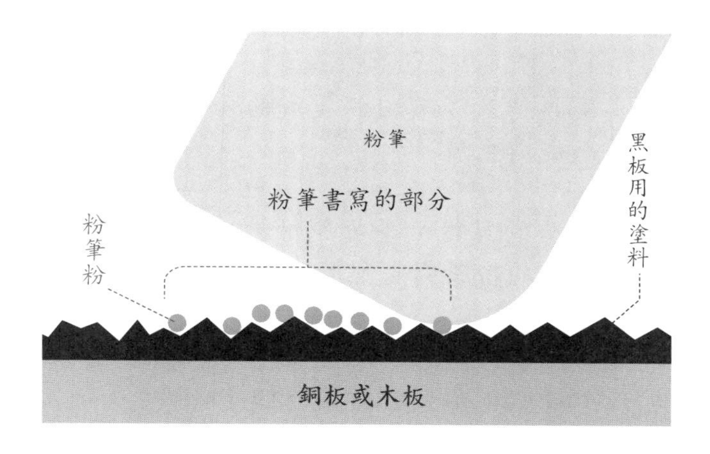


## 摩擦的原因

若以微觀觀點放大看，黑板表面的塗裝與粉筆的接觸點，有著凝著部分與挖起變形的部分。這即是靜摩擦力(附著)與滑動摩擦(變形)的原因。

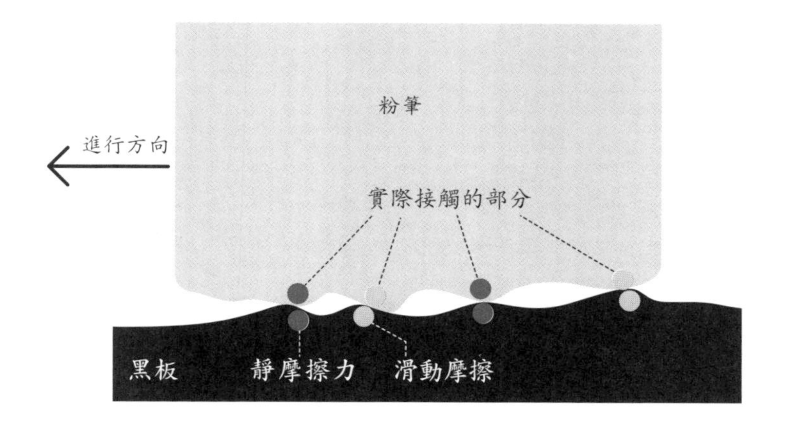

再來研究一下粉筆吧。粉筆在過去的日本也稱爲白墨，分爲石膏製成的軟粉筆，與碳酸鈣製成的硬粉筆兩種。最早從法國輸入日本的是石膏製的粉筆。

其後，自美國再傳入了碳酸鈣製成的粉筆，對盛產石灰石的日本來說反而成爲主流。

另外，利用丟棄的貝殼、蛋殼等材料，也可以當作粉筆的原料，碳酸鈣製成的粉筆對自然較無害。

題外話，愛媛縣、宮崎縣、鹿兒島等三個地區將板擦稱作「ra-furu」。「ra-furu」來自於荷蘭語的「rafel」，是「擦去」的意思。爲什麼這三個地區仍保有這文明開化以前的語言[註]，到現在仍舊是謎。

註：荷蘭是在江户時期唯一與日本有交流的國家，「rafel」即是在當時傳入日本的。而後經歷鎖國政策，和明治維新時學習美國等工業化國家等因素，使得之前傳入的荷蘭語用法幾乎都消失了。明治維新時提倡富國強兵、脱亞入歐等政策，在社會上倡導「文明開化」，大力推廣西方教育。本文指的文明開化以前，即是指明治維新以前。

## 粉筆的製作方法

粉筆可分成石膏製成的軟粉筆，與碳酸鈣製成的硬粉筆兩種。

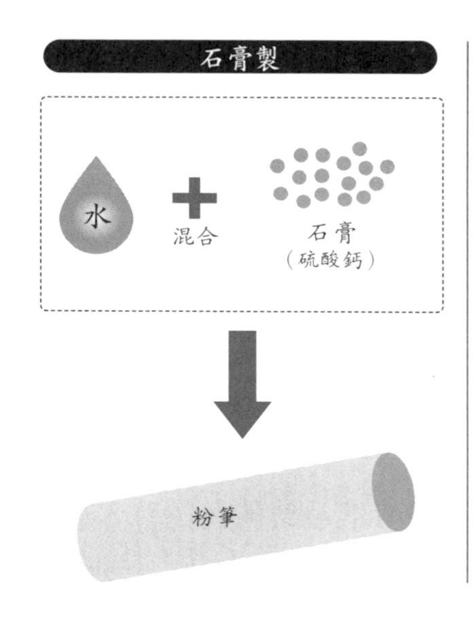


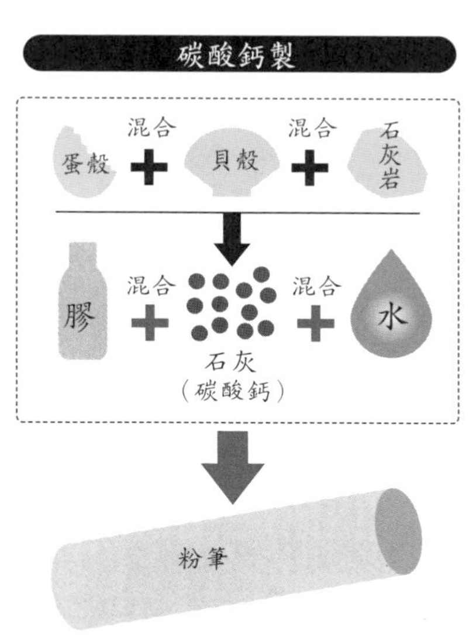


## 板擦清潔機的構造

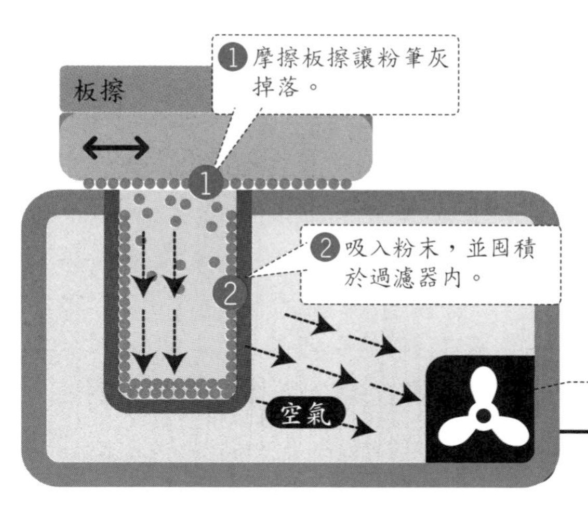


負責除去板擦上附著的粉筆灰的工具就是板擦清潔機。將板擦前後移動，可以吸入粉筆灰並且積蓄在過濾器內。

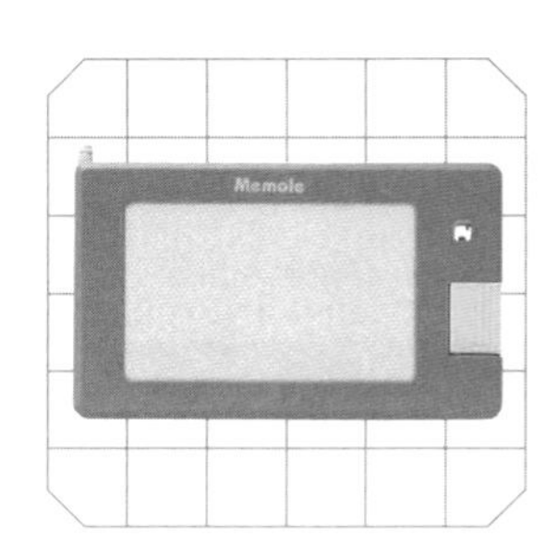


# 磁性畫板

**磁性畫板，又稱作記事板，方便簡單記事。同時，做為「磁性塗鴉板」的教育玩具也很有名。**

磁性畫板是利用了磁力來寫字畫畫的文具。

輕輕寫就可以，不需要擔心墨水或是紙張的消耗浪費，經濟又實惠。做爲小朋友隨手塗鴉的畫板也非常實用，不限次數，可重複寫上再擦掉，非常方便。

磁性畫板的構造非常簡單，板子的下面鋪滿寬度約3公釐的小槽，小槽中注入白色的液體與黑色的磁石片（磁粉）。使用筆尖裝有磁鐵的筆（磁鐵筆）在上面描繪，小槽中的磁石片就會吸附到表面，因此出現黑色的文字。

想要消除文字時，將筆尖對著板子的背面即可，小槽中的磁石片受磁鐵吸引而向下移動，文字就會消失，白色的液體上升到表面，還原白色底色。

最近還出現一種可以寫出黑紅兩色的磁性畫板。小槽中有著細小的磁石片，由於磁石片分N極與S極，將其兩極分別塗成紅色與黑色。當使用筆尖裝有N極的黑色專用筆寫字時，則黑色磁石片（S極）會顯現在表面，呈現黑色字；而使用筆尖裝有S極的紅色專用筆書寫時，反面的紅色（N極）部分向上，寫出紅字。

## 磁性畫板的構造

板子的下面鋪滿厚度約3公釐的小槽，之中有黑色的磁石片(磁粉)，利用磁鐵筆將磁石片吸至表面。小槽中裝滿白色的液體，成爲基礎底，並且維持磁石片不向下掉。

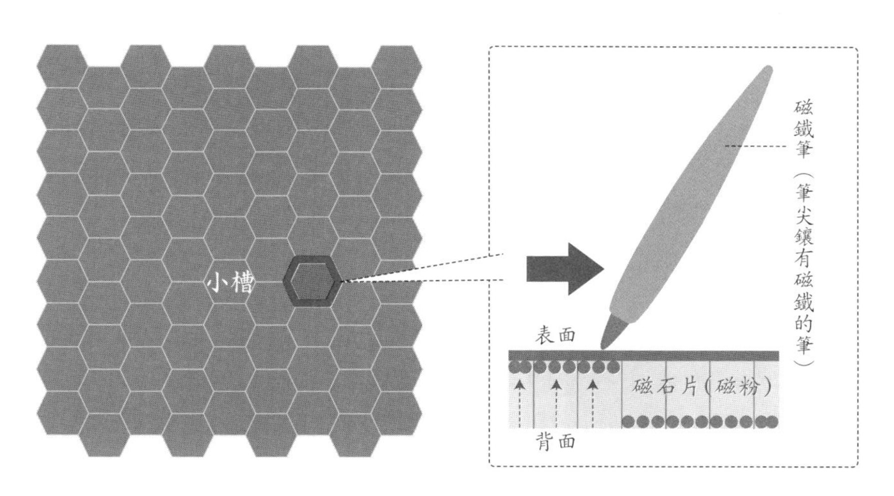


## 黑紅兩色的磁性畫板的構造

小槽中的磁石片N極爲紅色，S極爲黑色。黑字用的筆尖有著N極的磁鐵，紅筆用的筆尖則是S極的磁鐵，於是可以寫出不同顏色。

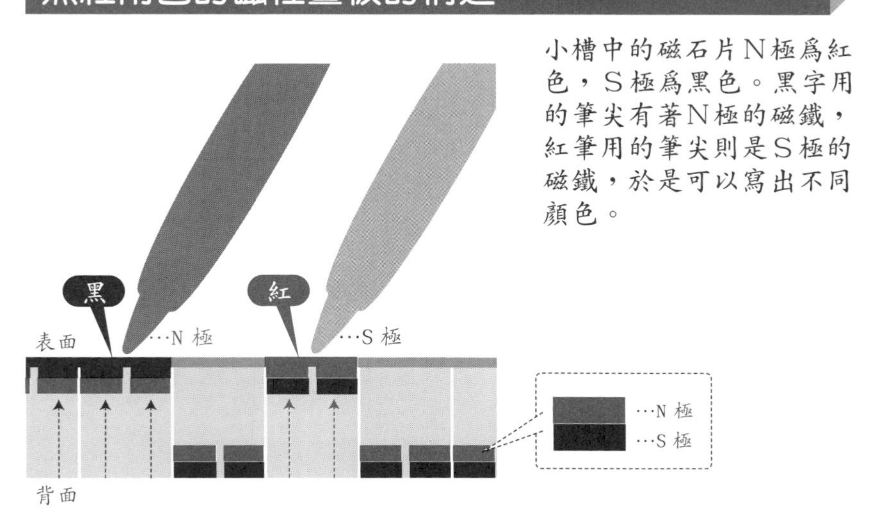

利用「磁氣」轉換爲「電氣」的概念，還可以瞭解電子紙的構造。電子紙是利用於閱讀電子書籍的閱讀器，螢幕表面的像素是由裝滿透明液體的膠囊組合而成的畫素，膠囊中封入帶著負電的白色粒子與帶著正電的黑色粒子。依照電磁訊號而改變，將這兩個顏色的粒子正反移動，進而顯示爲文字或圖像。

在「可以重複書寫」的意義上，還有像是毛筆水寫紙這個概念的習字用練習紙或繪畫玩具。

簡單介紹一下，水寫紙是利用表層材料含水時會改變光的穿透性，而讓底層的顏色浮出，形成字或是畫。與在玻璃上用水寫字，從另外一邊即可看到所寫的字的概念相似。原本玻璃的光呈隨意反射，因爲水而平整，光因此穿過玻璃。

## 將磁氣轉換為電氣，即為電子紙

使用在許多電子書的閱讀瀏覽器上。電子紙鋪有無數個膠囊，其中利用了許多電氣的力量，將被封在膠囊內黑色或白色的帶電粒子上下移動，就可以顯示文字或圖畫。

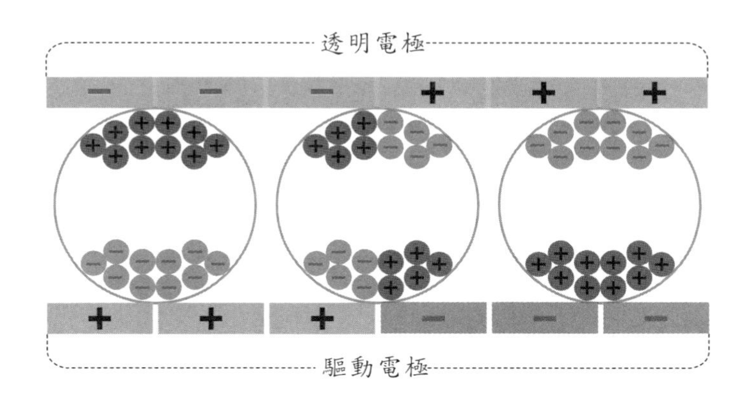


## 水寫紙可以重複書寫的原理

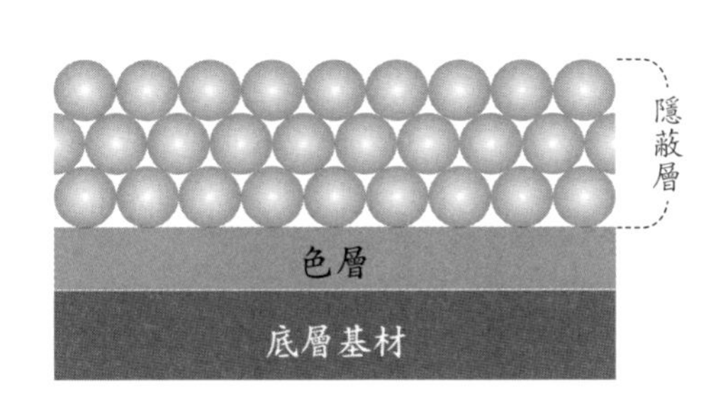


使用含水的筆書寫，位於表面的隱蔽層的光線折射率產生變化，顯現出底層的顏色。

用筆沾水

沾水的筆所寫字的部分會出現顏色

乾掉後文字即消失

# 白板

**白板有著和黑板一樣的功用，卻不需要擔心會吸入粉筆灰，是非常便利的工具。同時來看看白板筆的構造吧！**

辦公會議室的必需品就是白板。當場將意見整理後，會議記錄的同時也可以確認內容。另外，也有家庭使用的留言小白板，或是做爲待辦事項的備忘錄使用。

最令人感到不可思議的是，寫在白板上的字可以輕鬆用布或是海綿擦掉，這個秘密隱藏在白板筆中。這種筆所使用的墨水，除了普通墨水的基本成分：溶劑、顏料、樹脂以外，還混入剝離劑。

當溶劑揮發之後(如右頁圖)，墨水中的樹脂與顏料結合成爲墨水皮膜，即形成文字。最後留下的剝離劑會滲入墨水皮膜與白板間，讓皮膜呈現浮起的狀態；而寫在白板上的字能夠輕易用布或海綿類的物品擦去的原因，是墨水的皮膜由於剝離劑作用容易剝離的關係。

白板筆有個使用上的注意事項，在不使用的時候必須將筆呈水平狀態擺放收納。不這麼做的話，筆內的顏料與溶劑會因爲比重的不同而分離，會造成寫出的文字線條時淡時濃。

## 白板筆中有剝離劑混合在其中

白板筆墨水，除了溶劑（主要成分爲酒精）、顏料、樹脂以外，還混合了剝離劑。寫下的文字可以簡單擦掉的秘密就在這個剝離劑中。

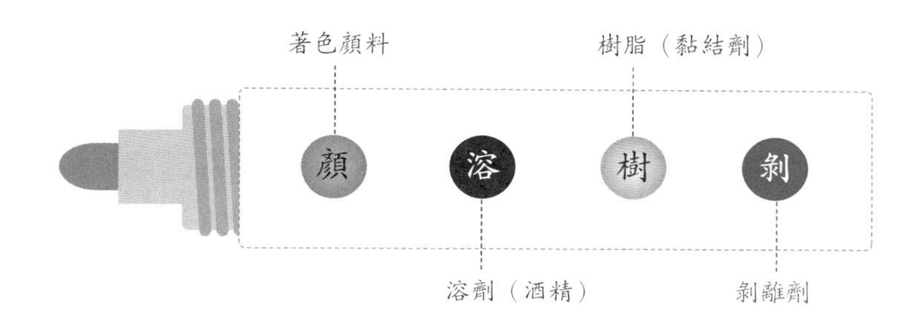


## 白板筆可以擦掉的原因

白板筆寫下的字，可以用布或海綿擦掉，這是因爲有剝離劑使得成爲皮膜的字「浮」起來的緣故。

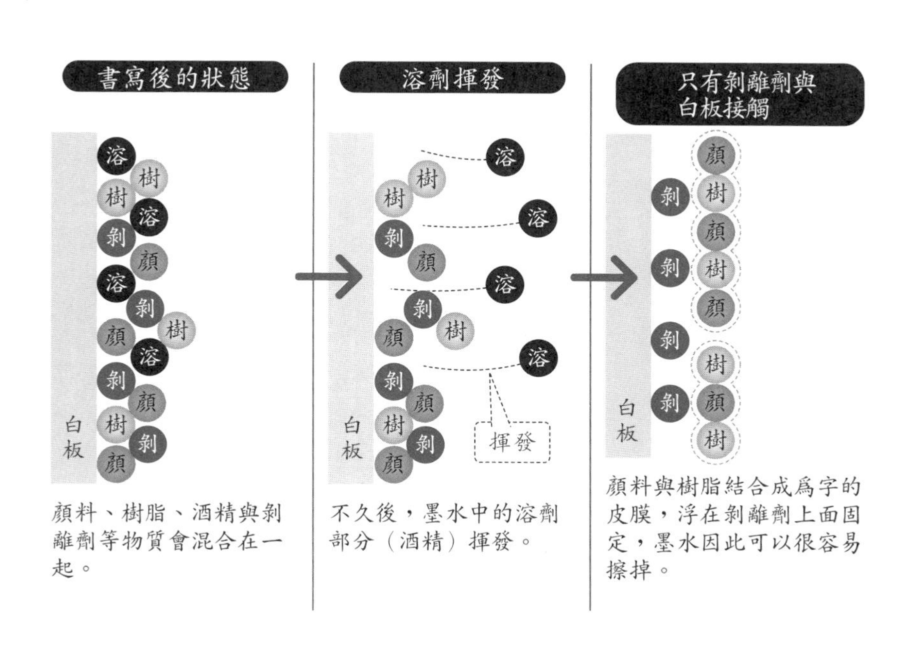


顏料、樹脂、酒精與剝離劑等物質會混合在一起。

不久後，墨水中的溶劑部分（酒精）揮發。

顏料與樹脂結合成爲字的皮膜，浮在剝離劑上面固定，墨水因此可以很容易擦掉。

白板有許多不同的種類，在辦公室最常使用的多爲在金屬表面塗上塗料的白板，也有重量較輕的鋁製白板；如果想要能夠使用磁鐵吸附資料的則有鋼製白板等。

近年來，白板也走向 IT 化，像是在四個角設有特別的記號，當用智慧型手機拍下照片時，只會拍下白板框內的文字的 APP，好處是可以馬上整理成會議紀錄並保存下來，非常方便。而且上傳到雲端之後，可以立即與相關人員共享。

另外，隨科技進步還出現電子黑板。這是由一個大型的觸控式螢幕做成，如同黑板一樣可以在上面寫字，並且可以馬上將寫下的內容列印出來。

## 白板筆要平放收納

白板筆要平放收納。若筆尖朝下的話，筆尖可能會堵塞；而筆尖向上的話，墨水則會變淡。

### ◉ 水平擺放

顏料、樹脂、溶劑，以及剝離劑可以平均混合

### ◉ 垂直擺放

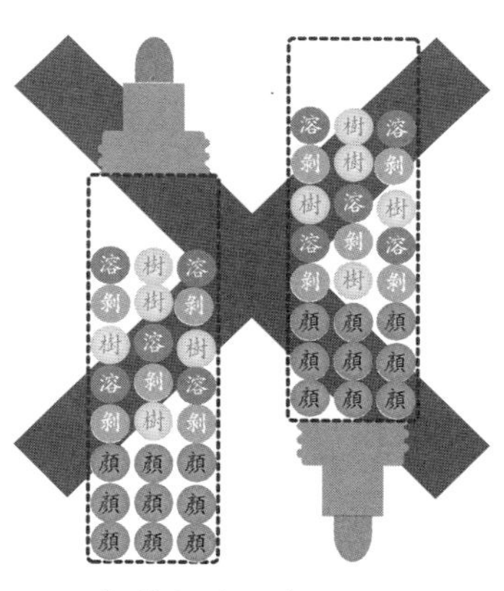

顏料較重，會下沉。

## 白板的構造

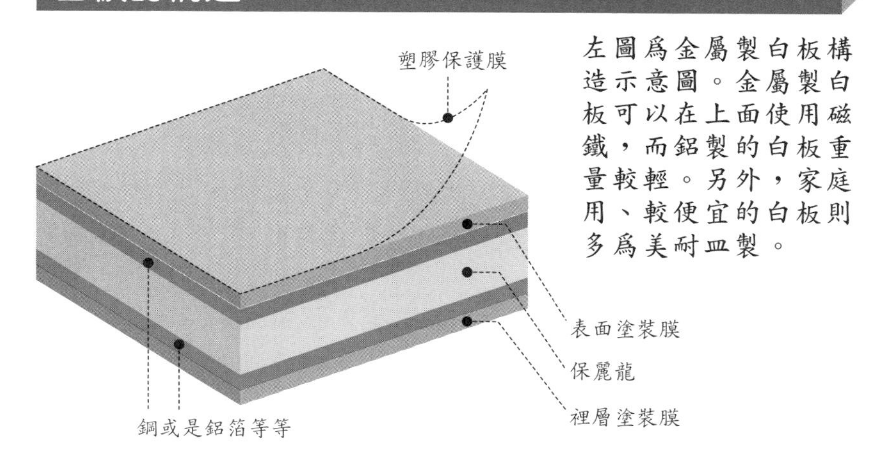


左圖爲金屬製白板構造示意圖。金屬製白板可以在上面使用磁鐵，而鋁製的白板重量較輕。另外，家庭用、較便宜的白板則多爲美耐皿製。

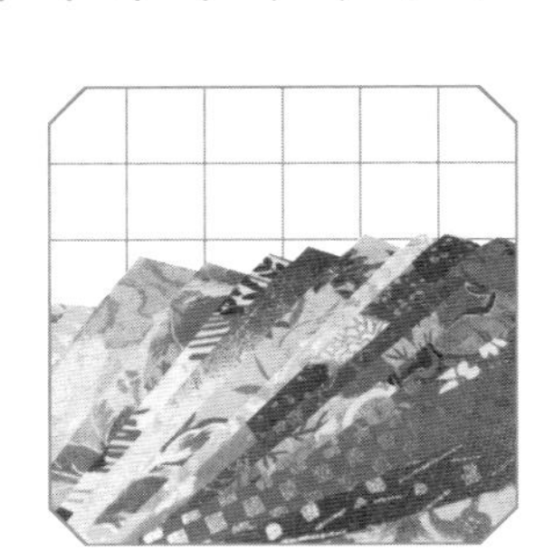

# 和紙

近幾年，和紙因「特別的紙」而聞名，使得這種原本使用在畢業證書或創作摺紙上的傳統紙再度受到關注。

在明治時期之前，只要提起日本紙指的就是和紙。自使用紙漿製成的現代紙輸入日本以後，和紙的製造量銳減，但和紙的人氣卻從未斷過。和紙獨特的風格，即是吸引日本人的最大原因。

例如，千代紙是裝飾有紋路與花紋的和紙，常使用於日本傳統的摺紙、紙人偶的衣服或是工藝品的裝飾上。近年來，也開始流行用和紙製作畢業證書。

紙張的製作方法是在距今 1400 年前的飛鳥時代傳入日本的，將當時的製作法改良後，即產生現在的和紙。和紙與現在大量流通的紙 ( 洋紙 ) 有什麼不同？其實兩者都是從植物中取出纖維質的部分加工製成。唯一的差別在於抄紙取出纖維質的方式。

和紙的製作，首先是熬煮植物原料取出纖維，並拍打使其散開，再用網子撈起 ( 稱爲：抄 )，之後再乾燥。

現在紙的做法，則是將木材直接放入機器絞碎，加入藥劑熬煮後，再取出植物纖維。和紙屬於物理性的做法，而現代紙則是化學性的做法。

## 和紙與洋紙的纖維

現在大量流通的紙，與日本自古以來使用的和紙，有什麼不同？

和紙

使用樹木中皮部分的纖維，與一般紙相比，纖維長、表面較不平整。

洋紙

使用木幹部分的纖維，與和紙相比，纖維較短、表面較平滑。

## 植物纖維的結合

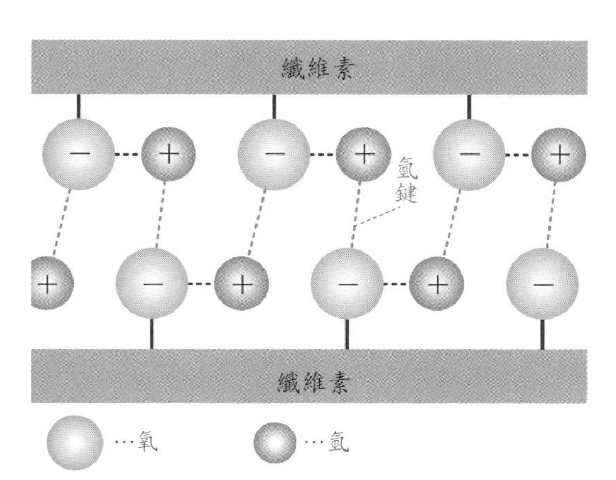


植物纖維的組成爲纖維素，纖維素是會因爲自然的力量(氫鍵)而變弱，雖然變弱卻還是會互相連結。紙張之所以能夠摺或撕破，原因就在這裡。另外，紙張不能接觸到水的原因，是由於水會破壞纖維素的連結。

所以從製作方法即可瞭解和紙的纖維較長，較堅固且不太會變質，就保存性來看非常優秀。而一般紙是使用較細緻的纖維大量生產，品質穩定一致，容易加工。

話說回來，紙張爲什麼可以摺又可以撕呢？原因在於原料的植物纖維間的連接，這是利用原本纖維既有的黏接力（氫鍵）互相連結。但這種連結力並不強，因此紙張可以摺或撕破。如果是力量很強的結合力，則有可能像玻璃一樣一折即碎（爲了補強這個弱點，在製紙時會加入膠）。

將紙浸在水中，紙會變軟然後分解，這樣的性質也是由於上述結合力的特性。當紙的結合力弱時，黏接力會被水破壞分解，纖維質因而分散。

## 在家也可以製作和紙

大部分的和紙是由植物「楮」中取出的纖維所製造而成的。楮是種難以取得的植物，因此就使用牛奶紙盒代替吧！(表面的透明膜要撕掉)不需要加入膠糊也可以做成和紙，但加入少許的膠會比較堅固。和紙製造過程中的這個步驟名爲「黏糊糊」，日文爲「トロロ（tororo）」。

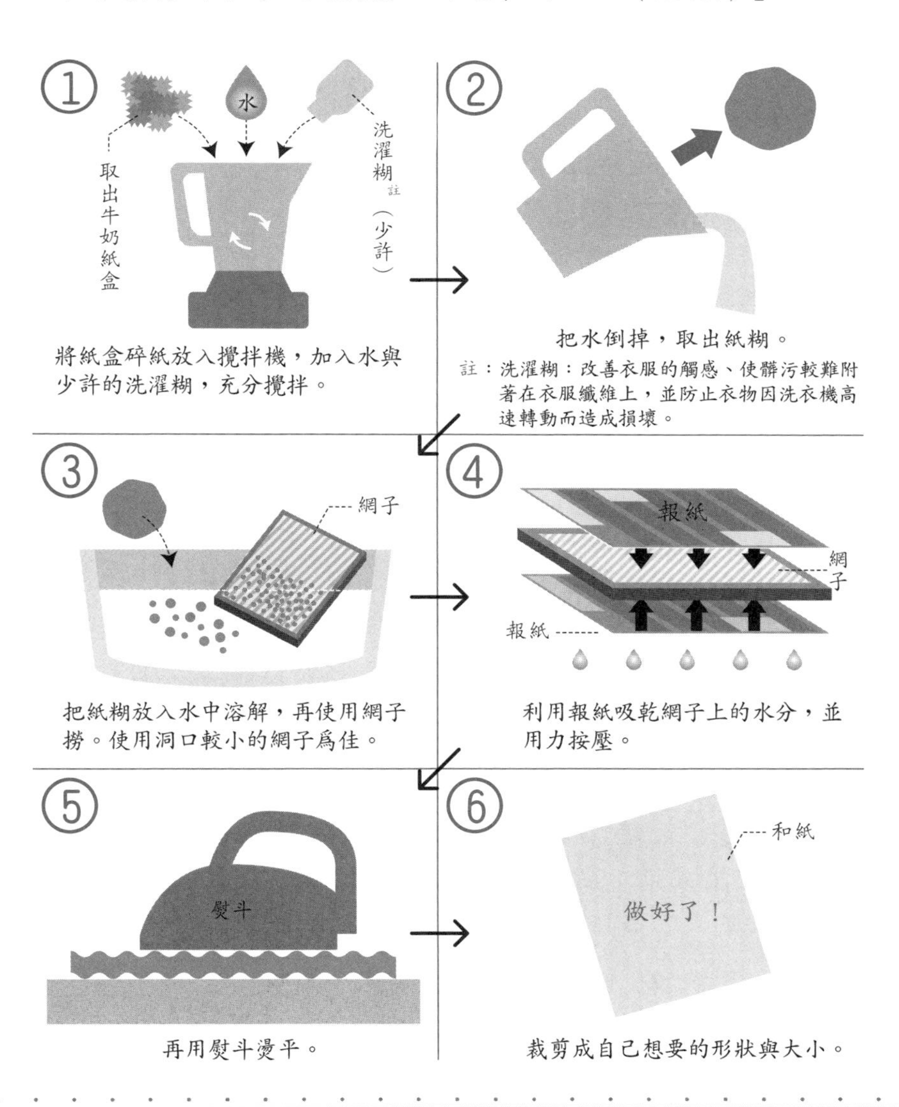

# 草紙

**過去，學校寄發的文件大多使用「草紙」。草紙又是怎樣的紙呢？**

近年來，學校寄給家長的通知書所使用的紙，已改爲較好的紙張，但過去很長一段時間是使用草紙。這裡指的草紙，實際上是一種比較粗糙的日本和紙，日本人稱爲「わら半紙(warabanshi)」。半紙並不含稻草，而且它的正式的名稱其實是「更紙」。

想要瞭解草紙，就必須要瞭解一般紙的製作方法。現代的製紙方法必須先從樹木中取出植物纖維，也就是木漿。這個木材的木漿依照提煉方式分爲化學製漿（又稱爲硫酸鹽製漿）與機械製漿兩種方法。

化學製漿法是利用樹木的化學反應製作，纖維較細且強韌度高。機械製漿法，則是將木材利用機械磨碎而製成，比起化學製漿法製成的纖維較粗且強度較低。

紙張等級的區分，可以依照這兩種木漿的比例，分爲上等紙、中等紙、下等紙。上等紙含有100%的化學製木漿，中等紙含有70%以上的化學製木漿，下等紙則是不到70%的化學製木漿。下等紙，即是前面所提到的更紙、半紙，也就是草紙。

## 化學製漿的方法

將木材切成細小片狀，加入化學藥劑後，再去除木質素與不需要的物質，並漂白化學製木漿即可完成。

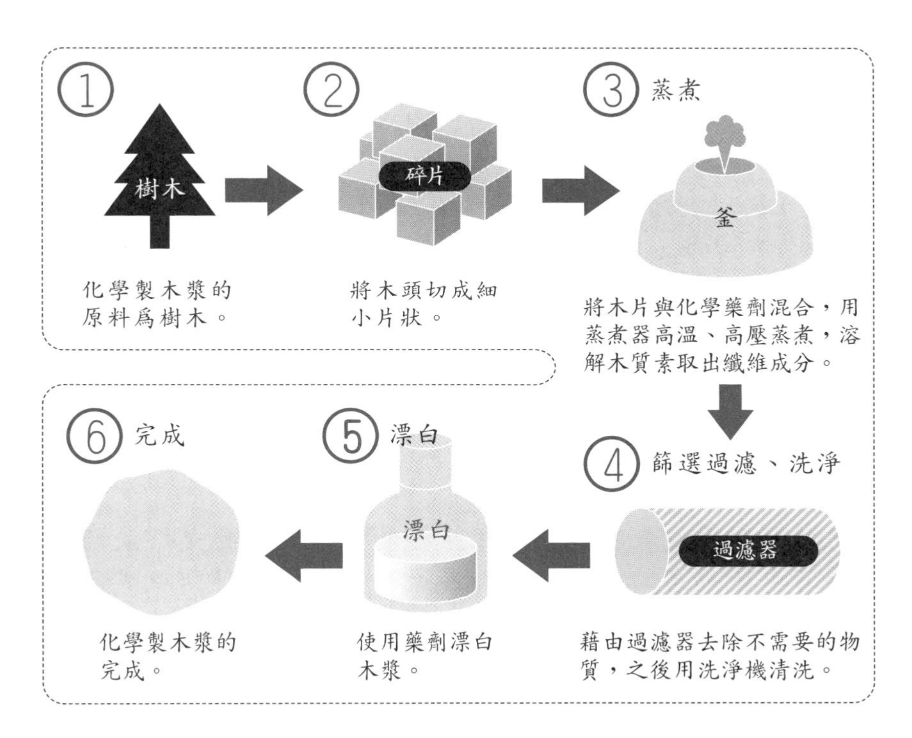


## 上等紙、中等紙、下等紙的分別

依照化學製木漿的含量比例，可分爲三種紙質。

| | 化學木漿的比例 | 主要用途 |
|---|---|---|
| ◉上等紙 | 100% | 書本、課本、商業印刷、一般印刷等等 |
| ◉中等紙 | 70% 以上 | 書本、課本、文庫本、雜誌等等 |
| ◉下等紙 | 70% 未滿 | 雜誌本、電話簿等等 |

化學製木漿是如何製造出來的？樹木中的纖維與木質素連結一起，因此利用硫酸鹽等藥劑以及高溫，運用化學的方式溶解出木質素，再取出纖維，這即是化學製木漿。

説一個與草紙有關的小知識，以前的草紙（半紙，即稻草的意思）是眞的含有稻草的成分。如同前面和紙的製法 ( 第 212 頁 ) 提到，只要是含有纖維質的材料，都可以製成紙張。由於明治 30 年 ( 西元 1897 年 ) 以前的紙張原料還是稻草或是碎布，因此「半紙（草紙）」這個詞彙流傳至今。

近年來，由於環保意識抬頭，大量砍伐樹木製作紙張這件事受到了批判。不少人提倡紙張再利用，於是再生紙 ( 第 232 頁 ) 出現了。

另外，利用成長較快的 1 年生植物製作紙張也是解決的方法，其中最著名的代表植物即爲大麻槿，從播種到收成只需 5 個月，每種植 100 平方公尺大約可以收成 10 公斤的纖維。

## 木質的構造

樹木木質的構造，如下圖所示。植物纖維主成分的纖維素，以束狀的微纖維存在於其中。對良好的木漿來說，木質素與(一部分的)半纖維等是屬於不需要的物質，因此利用蒸煮工程去除。

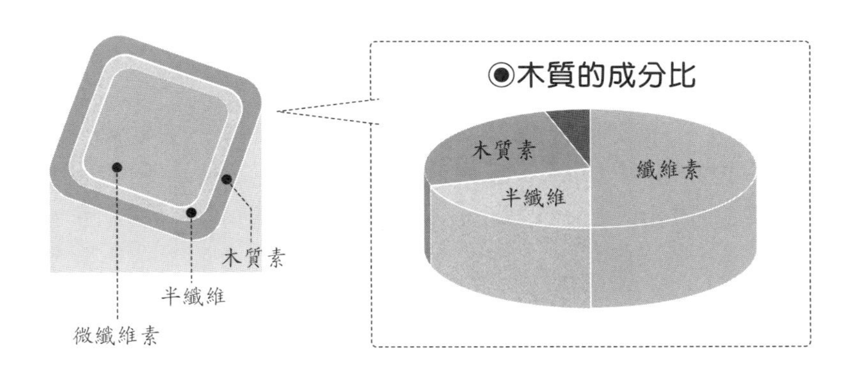


## 非木材紙的代表：「大麻槿製紙」

大麻槿是能夠成爲木漿的植物中，成長最爲快速，單位面積的纖維收穫量也最多。一粒種子大約可以製作出10張明信片。

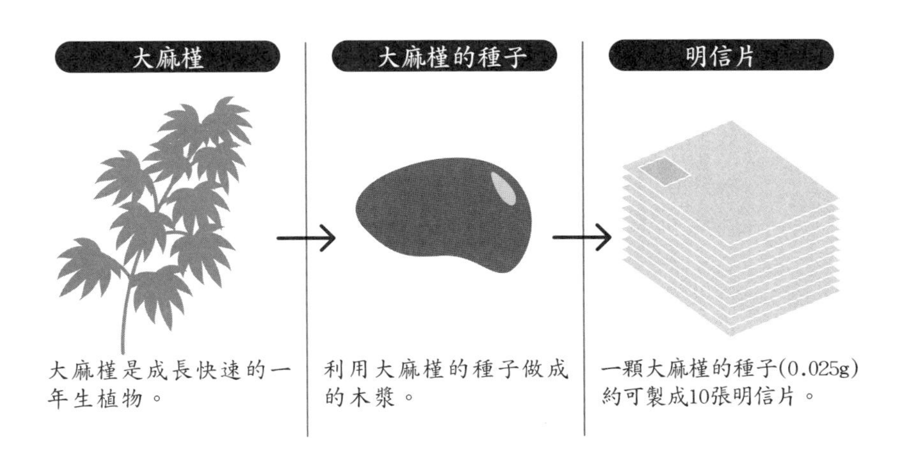

# 影印用紙

筆記本的紙與影印用紙，在觸感上有些微的差異。但是，這二種紙張只有觸感上的差別嗎？

影印機、印表機，以及傳眞機都是現在辦公室的必需品。因此，影印用紙變得不可或缺。影印用紙又稱爲 PPC 用紙，PPC 即爲 Plain Paper Copier（影印機用普通紙）的縮寫。

讓我們來爲研究影印用紙做點準備，先來看看最初的抄紙法。紙張是由樹木取得纖維再加工爲木漿後 (第 216 頁)，將其溶在水裡，然後利用鐵網撈起，經過脱水與乾燥的過程後，用圓型滾筒將其壓平，這即是抄紙的主要過程。

書籍與筆記本紙有著不同的性質，紙的性質又是由什麼決定？一般來説，抄紙過程會依照製作不同紙張的需求，加入許多不同的藥劑。這些藥劑會決定紙張的性質。

例如，防止墨水滲開的澱粉溶液，能夠填滿紙張纖維之間的空隙，讓紙張顏色較白且不易透光。另外，還有改善表面平滑性的塗佈填料、增加紙張強韌度的紙張增強劑，以及染在紙張上的顏料或染料。

影印用紙也添加了特殊的化學藥劑。影印用紙有著一般書本與筆記本沒有的嚴苛條件限制，因爲在影印或列印的過程中，紙張會遇到高壓、高溫，以及高電壓等情況。

# 紙的製造過程（抄紙）

使用在筆記本上的紙張，從纖維質開始會經過怎樣的製造過程呢？

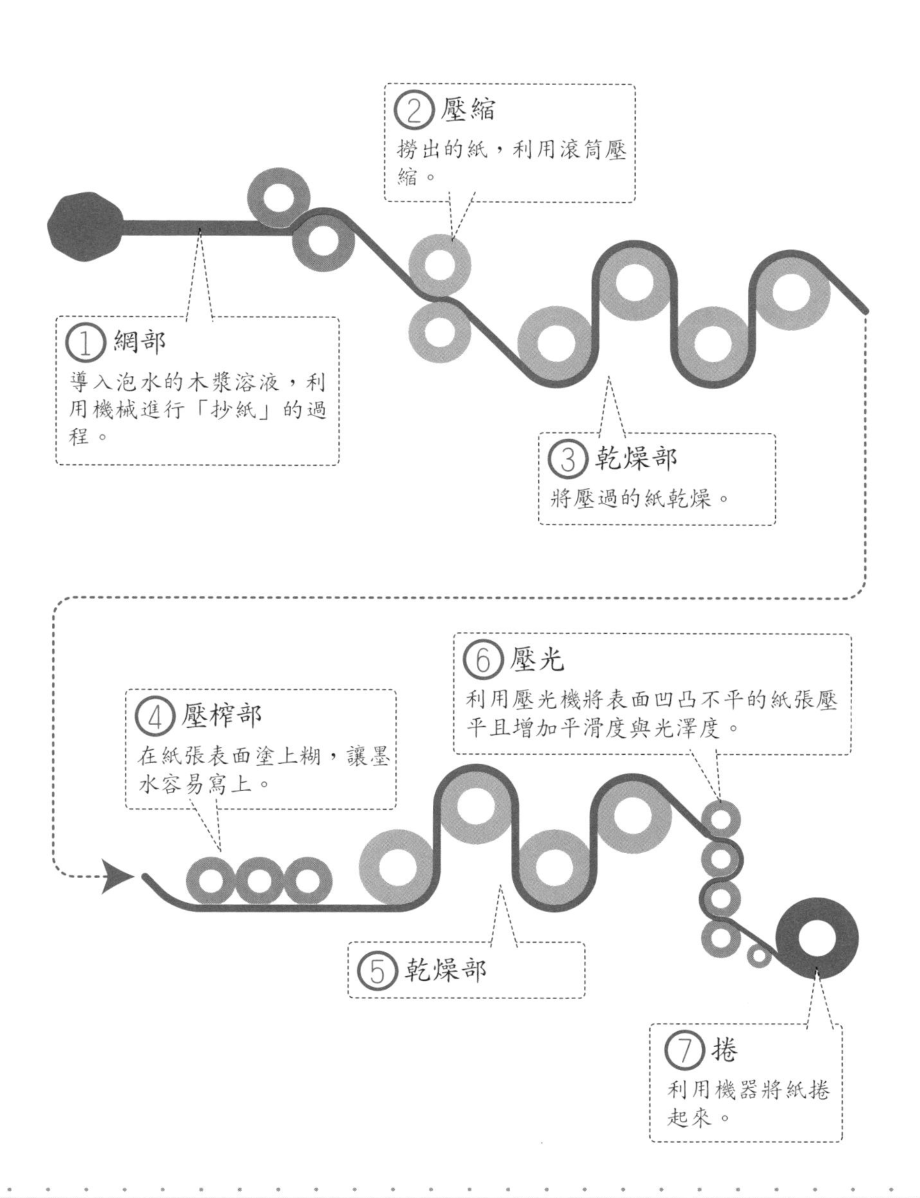

如果沒有任何的對策，紙張容易因爲輸送過程中延展、捲曲，或是靜電等情況而堵住，造成所謂的卡紙。

因此，影印用紙在製造過程中添加了許多化學添加劑，這讓影印用紙與一般紙的性質不同，多虧了這些添加劑，使得影印用紙在通過影印機中的高壓、高溫以及機械的擠壓與拉扯也不會變形。

話說回來，影印用紙好像特別白，這是因爲增加了螢光增白劑這樣的染料。螢光增白劑處理過的紙張看起來比起其他相同色度的紙更白。特別是內含較高比例再生紙的時候，用來消除暗沉顏色的效果更爲顯著。

然而，依照食品衛生管理法，在食品或是直接接觸食品的物品添加這種物質是被法律所禁止的，這是螢光增白劑唯一不太令人滿意的一點。

## 抄紙的過程與機械化的網部

網部，將加水調淡100倍的木漿倒入金屬網，把以往人工的「抄紙」步驟改用機械施行。過程與人工抄紙基本相同。

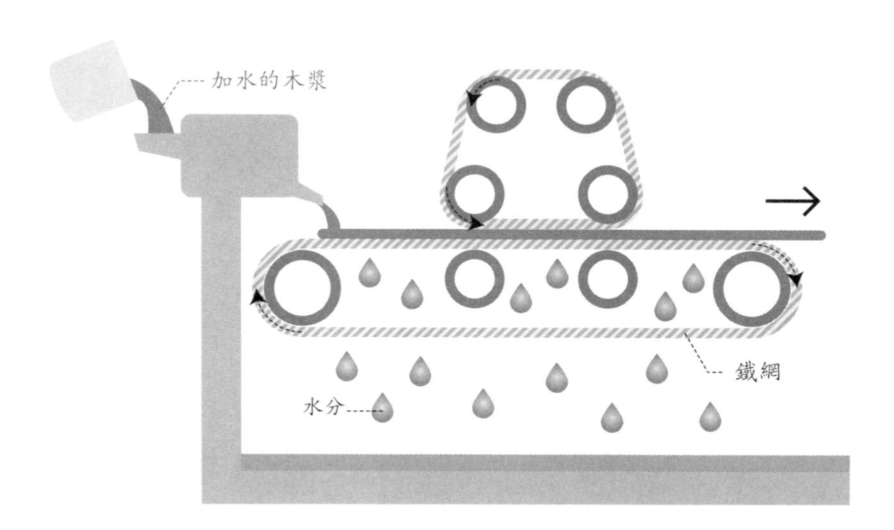


## 填充於纖維間的「塗佈填料」

塗佈填料能填充纖維間的空隙，白色且不透光，並且能夠提高表面的平滑度。其內含著碳酸鈣與氧化鈦。

◉ 紙的剖面

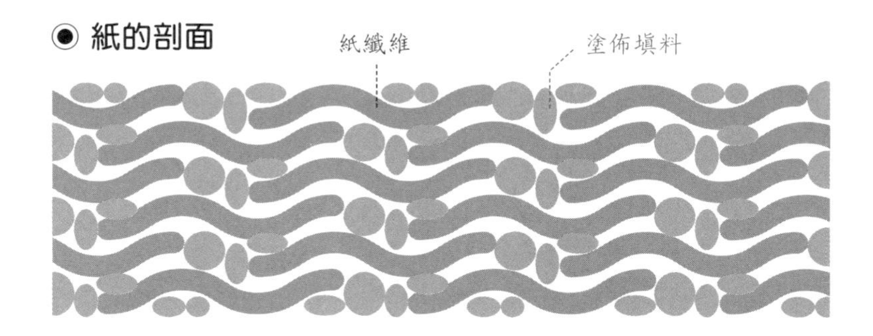

# 列印用紙

## 文具店的列印用紙種類非常多，其中的差別為何？

日本的賀年卡是明信片大小，因此市面上有販售賀年卡用的列印用紙，或是列印用的相片紙。另外，在文具店或是3C量販店找影印機或印表機用紙時，有分霧面紙、相片紙，以及超薄型用紙等種類。這些又是怎樣的紙呢？

想要瞭解列印用紙的種類，就必須先知道什麼是塗佈紙。在造紙過程中，從木漿經過抄紙後的紙張表面是凹凸不平的。爲了讓紙張表面平滑而塗上塗料，這即是塗佈紙，一般又稱爲銅版紙。

另外，塗料還可以吸收印刷時的墨水，使彩色列印時內容更爲光彩亮麗。順帶一提，沒有塗上塗料的紙張原紙稱爲非塗佈紙。影印紙或是筆記本用的紙都屬於非塗佈紙。

塗佈紙的製作，是在抄紙過程中添加塗佈塗料的步驟。在紙張塗上塗料的機器稱爲「塗佈機」，利用塗佈機在表面塗上塗料的紙張，又分爲無光澤的雪面銅版紙，以及有光澤感的特級銅版紙。比特級銅版紙光澤度還要高的是光澤紙，會在紙張表面進行增加光澤度的加工。

## 塗佈紙(銅版紙)的製造過程

在抄紙工序後的紙張表面塗上塗料加工，再使其乾燥。加入這個過程所製作出的紙爲銅版紙。

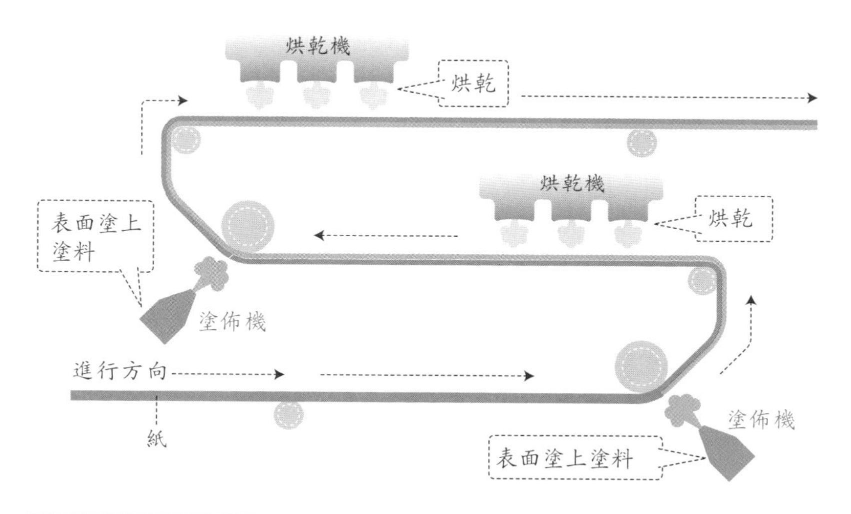


## 塗佈紙(銅版紙)與非塗佈紙

在紙張凹凸不平的表面塗上塗料的紙張稱爲「塗佈紙(銅版紙)」。反之，沒有塗上塗料的爲「非塗佈紙」。

**塗佈紙（銅版紙）**

銅版紙的紙張表面塗有矽土等白色顏料，表面較平滑，墨水被紙張吸收的量較少，因此顏色良好，適用於彩色印刷。

**非塗佈紙**

非銅版紙的表面較粗糙，墨水被紙張吸收的量較多，因此比起銅版紙顏色較差。

讓我們瞭解一下常見的印刷用紙：極薄紙(聖經紙)爲高品質的一般紙張而非塗佈紙，可用於文字印刷，能夠漂亮地顯現出文字，但卻不適用列印照片或圖片等。

雪面銅版紙，是有經過霧光處理加工的塗佈紙，日本賀年卡專用的明信片多以這種紙爲主。相片印刷用紙則是使用光澤紙（相片紙），相片賀年卡用紙使用的就是這種紙。

印表機、列印機列印品質的好壞，都是由紙張來決定。想要將數位相機的照片漂亮地印出來，則需要使用專門的光澤紙（相片紙）。這種光澤紙有加工專用的光澤塗佈，其中又分爲施加高分子系塗佈的光澤紙，與施加了多孔性微粒子系塗佈的光澤紙。其中高分子系塗佈可以想像成明膠，多孔性微粒子系塗佈可以想像成矽土。

目前市場上皆以高分子系塗佈的商品爲主，但估計未來會以墨水的附著良好、顯色鮮艷，並且具快乾性的多孔性微粒子系的用紙爲主流！

## 特級銅版紙與雪面銅版紙

塗佈紙分為有光澤感的特級銅版紙，以及無光澤感的雪面銅版紙，以下來看看它們的差異性。

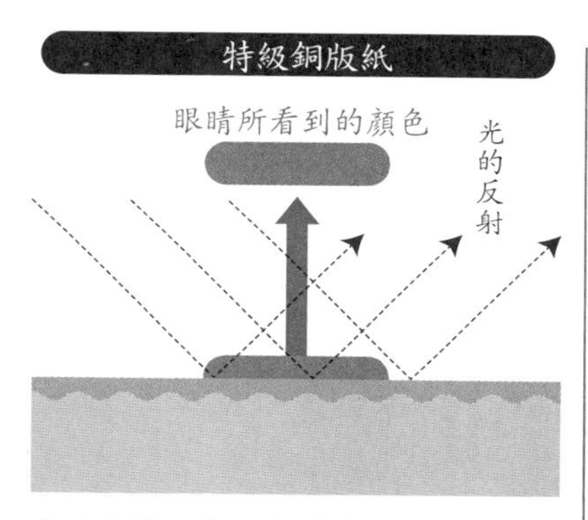


表面光滑，由於光的反射可以展現顏色的鮮豔度與光澤。

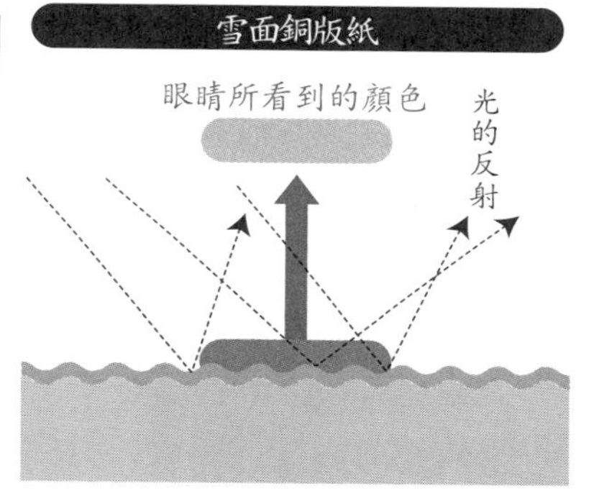


表面有利用光線的亂反射抑制光澤度的加工。

## 高分子系塗佈與多孔性微粒子系塗佈

列印機專用的光澤紙，有分為施加高分子系塗佈的光澤紙，與施加了多孔性微粒子系塗佈的光澤紙。

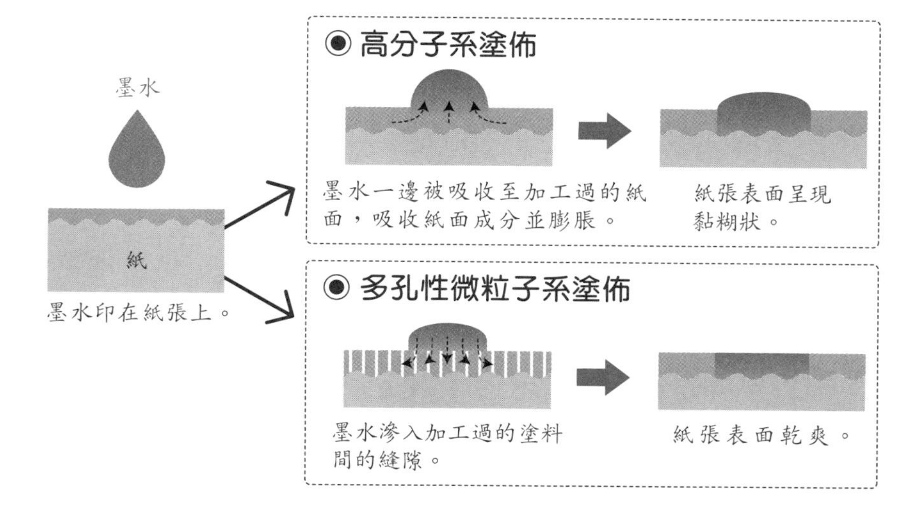

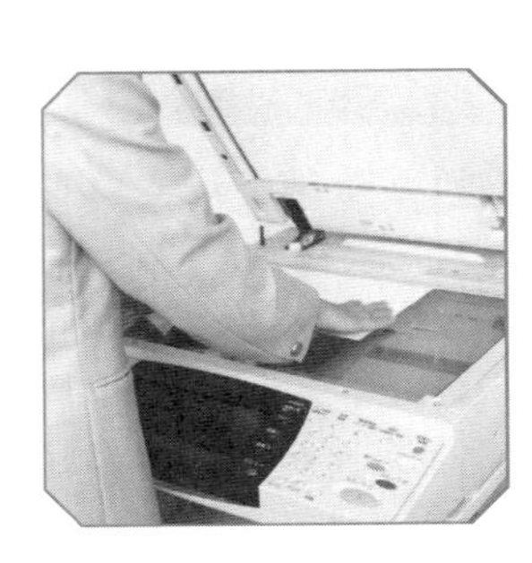

# A4 影印紙

**近年來，紙張的標準尺寸設定為 A4。公務機關使用的文件也多為 A4 大小，這個尺寸是從哪來的？**

在國外，A4 爲最一般的尺寸，日本現在漸漸也以 A4 爲基準尺寸。A4 事實上爲紙張的尺寸，決定標準尺寸非常重要，如果沒有這個基準，那麼影印機的設計就無法完成，也無法做文件的整理。

A4 的 A 最初是德國規定的紙張規格，現在已經成爲國際標準規格。設定 841×1189 公釐的長方形爲 A0，將長邊縱向對裁所得到的尺寸即爲 A1，再將 A1 長邊裁切一半爲 A2，以此類推得出 A3、A4 等其他尺寸。有發現嗎？ A0 尺寸的紙張面積與 1 平方公尺的面積相同。

筆記本的尺寸一般爲 B5 大小。B 爲日本的紙張尺寸規格，最大爲 1030×1456 公釐的 B0，將長邊對裁的一半爲 B1，依此類推得出 B2、B3 等尺寸。B0 的面積爲 1.5 平方公尺，是 A0 的 1.5 倍大。

那麼，爲什麼 A0 的大小設定爲 841×1189 公釐呢？這是有合理解釋的。請注意長寬比例，將長方形的長除以寬可得到 1.414，換句話說即爲$\sqrt{2}$。A1 與 A0 的形狀相同，面積恰好爲 A0 的一半，依此類推 A2、A3 等其他尺寸結果也是如此。

# 紙張的尺寸有兩種規格

市面上販售的紙張有分A系列與B系列兩種大小規格。不論哪一種，長寬比皆爲1:√2，將大尺寸的紙張對裁會得到尺寸較小的紙張。

## ◉ A系列

由十九世紀末德國物理學者Walter Porstmann提出並制定的規格，是現在國際公認的標準紙張規格。

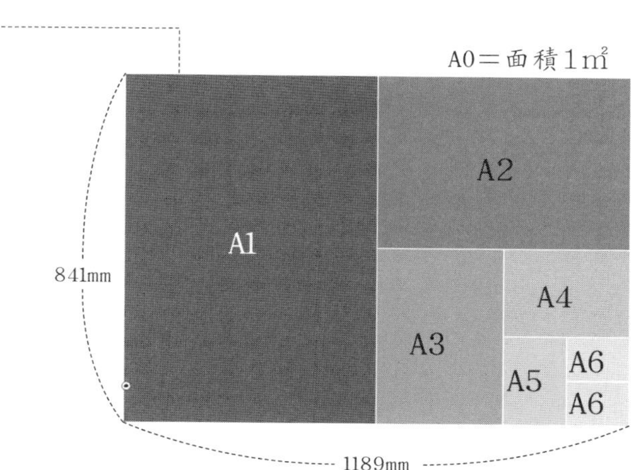


## ◉ B系列

日本傳統的規格，從江户時代做爲公家用紙的美濃和紙標準而來。

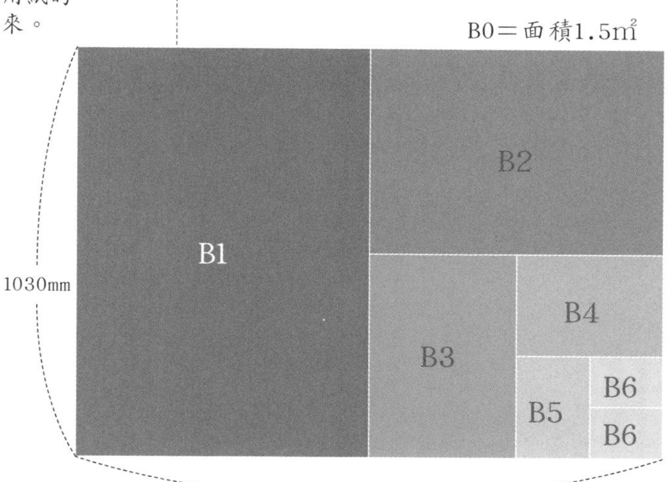

如此一來的好處是，A3 的文件可以簡單影印縮小爲 A5，A4 的文件可以放大影印成 A3 大小。如果長寬比不是 1:$\sqrt{2}$ 的話，即無法實現我們現在所用的影印機，這即是 A0 大小的最大秘密。

這個長寬比 1:$\sqrt{2}$ 爲白銀比例。對人類來說會產生美感的比例有許多個，白銀比例即是其中之一。

另外一個以美感聞名的尺寸比例被稱爲黃金比例，比例爲 1:1.6（1:1.618……），信用卡、明信片、名片等都呈黃金比例。

## 因為相似所以可以簡單縮放影印

A系列與B系列，不論哪種系列的長寬比皆爲1:$\sqrt{2}$。因此以A4爲100%時，即可如下圖所顯示比例簡單縮放。

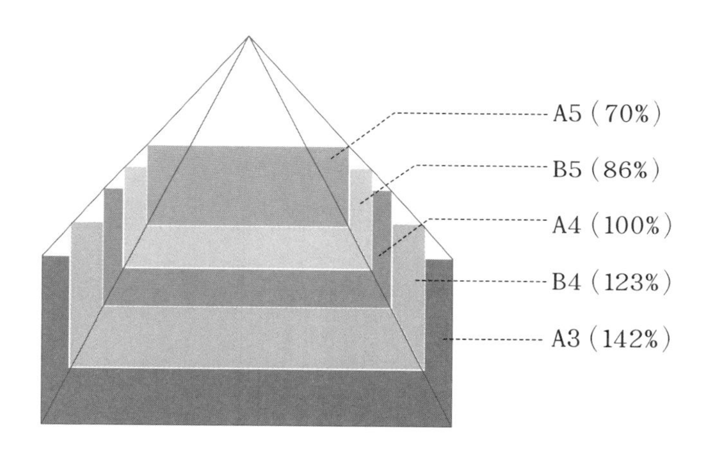


## 白銀比例與黃金比例

「有美感的紙張形狀」是有秘密的，如「白銀比例」、「黃金比例」等，長寬比是固定的。

### ◉ 白銀比例

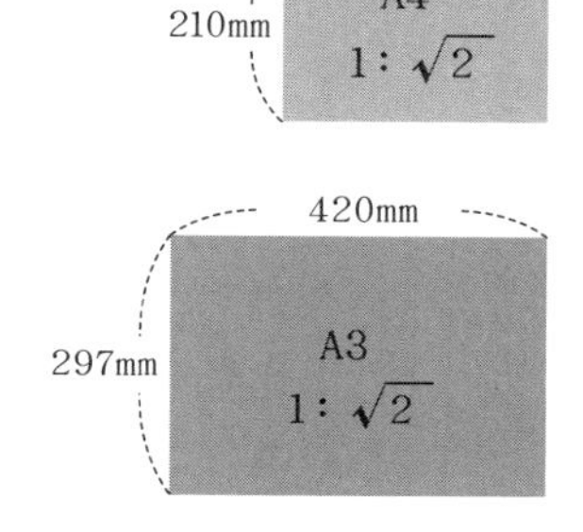


A系列與B系列的長寬比皆爲1:$\sqrt{2}$。假如把A3對折可得到A4大小。

### ◉ 黃金比例

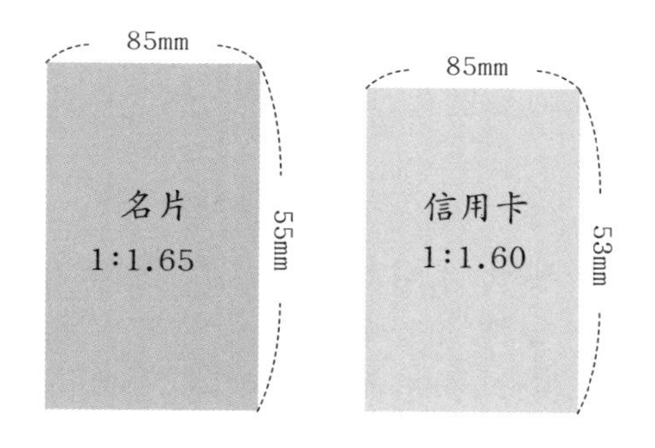


名片、信用卡、金融卡等大小，長寬比大部分爲1:1.6，這個比例即爲黃金比例。

# 再生紙

在這個環保意識抬頭的社會，企業或是公家機關都推崇再生紙的利用。再生紙是怎樣的紙呢？

在日本有這麼一句話：「紙張的消耗爲文化的溫度計」。

這句話所隱含的意義，指的是只要觀察一個國家的紙張消耗量，就能瞭解這個國家的文化活動是否盛行。

但是，紙張的原料爲樹木，從辦公室的影印、書籍的印刷，到家庭廁所與化妝保養用的衛生紙、棉等可知，紙的需求量非常龐大，這就直接牽扯到森林的砍伐。於是，爲了保衛地球的環境，發起了紙張再利用運動。

日本一直以來就把紙張的回收與再利用視爲理所當然。例如，日本有「冷嘲（冷やかす，hiyakasu）」一詞，原意指的是冷卻或讓某物冷卻，這詞源來自於日本江户時代製造再生紙的過程。

在江户時代，如果想要消除回收的紙張上的墨水，需要與灰一起長時間熬煮，之後還必須待其冷卻。於是在等待紙張冷卻的時間，造紙工人就會一起跑到吉原（相當於妓院）參觀遊覽。可想而知當時生活並不富裕的廢紙再造工人並沒有玩樂的閒錢，因此也就只能看看、稍微言語戲弄一下而已。於是便將「看了之後言語戲弄」的行爲稱之爲「冷嘲」。

## 再生紙的製造流程

以下爲再生紙的製造流程。再生紙的特色是內含有增強紙張牢固力的化學製木漿（第216頁）。

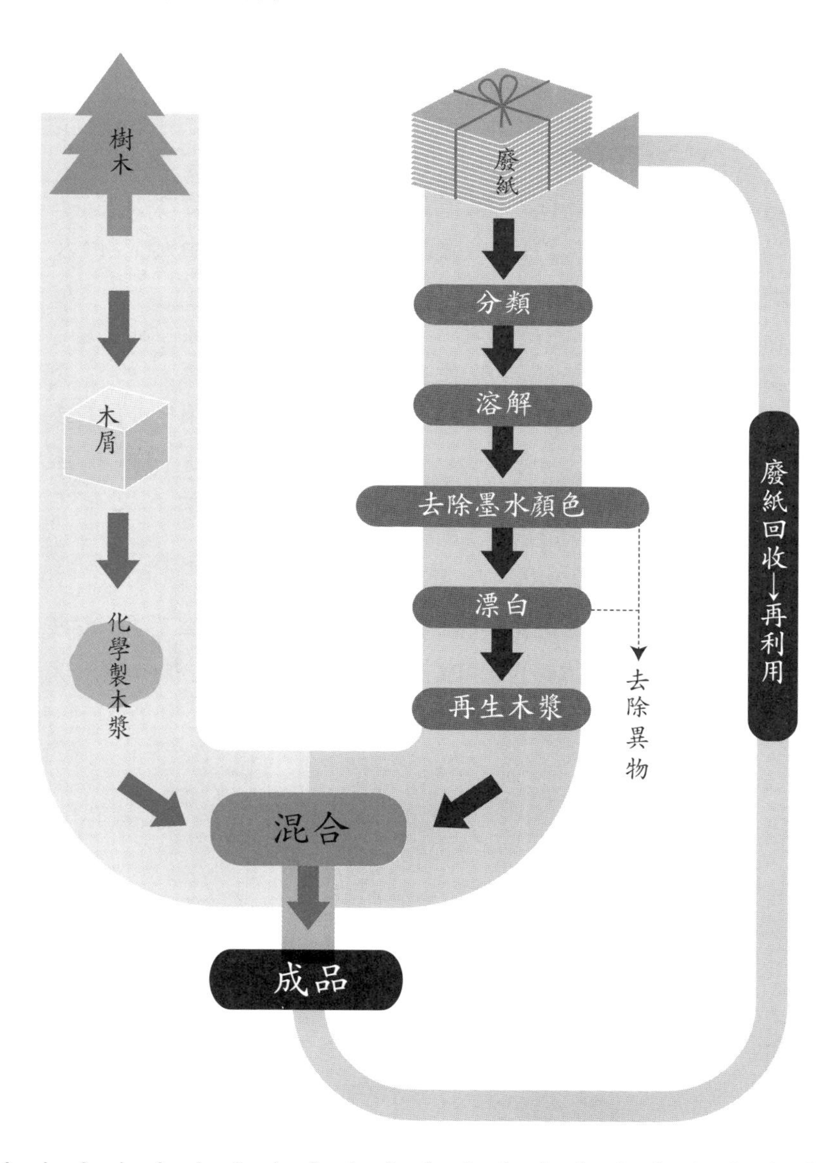

回歸正題，將使用後的廢紙當作原料的一部分，或是當作所有原料後再製作成的紙張，其實都被稱爲「再生紙」。在這樣的定義下，實際上並沒有明確說明廢紙的比例應該要多少才能稱爲再生紙。

因此，就算只有1%的廢紙，都可以歸類爲「再生紙」。現在由於技術更爲先進，再生紙的品質也漸漸提高。例如，過去的再生紙顏色不夠白、強韌度也不夠，但由於漂白技術與添加劑的改良，現在已經克服了這些缺點。

使用樹木以外的代替品製作紙張，具有保護森林的意義，此替代品製造出來的紙張稱爲非木材紙張。使用大麻槿或甘蔗渣爲材料的做法最爲有名。榨完甘蔗汁後留下的甘蔗渣，除了做爲燃料或家畜的飼料外，過去都將之丟棄，現在可以當作木漿的原料再利用。

許多筆記本或影印紙的包裝材料上，常常都標有廢紙再利用的標記。其中以Green mark、eco-mark，以及R-mark最有名。下次在購買時可以注意一下。

## 再生的預估數量

1公斤廢紙大約可以再生出6捲廁所捲筒式衛生紙的紙量。

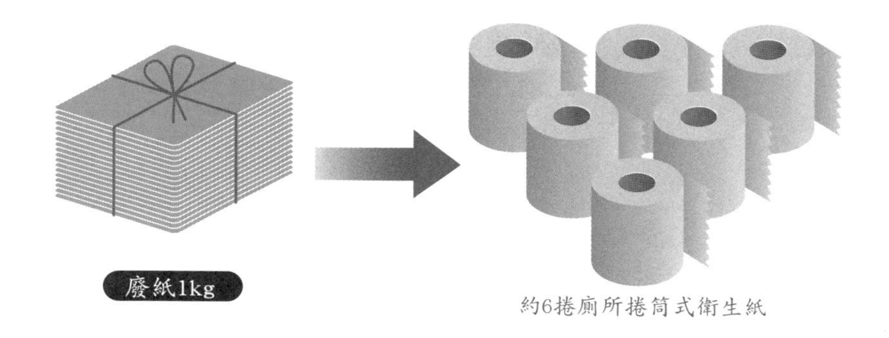


## 依照廢紙的種類而製造出的再生紙也不同

依照廢紙種類再製造出的紙張製品也不同。

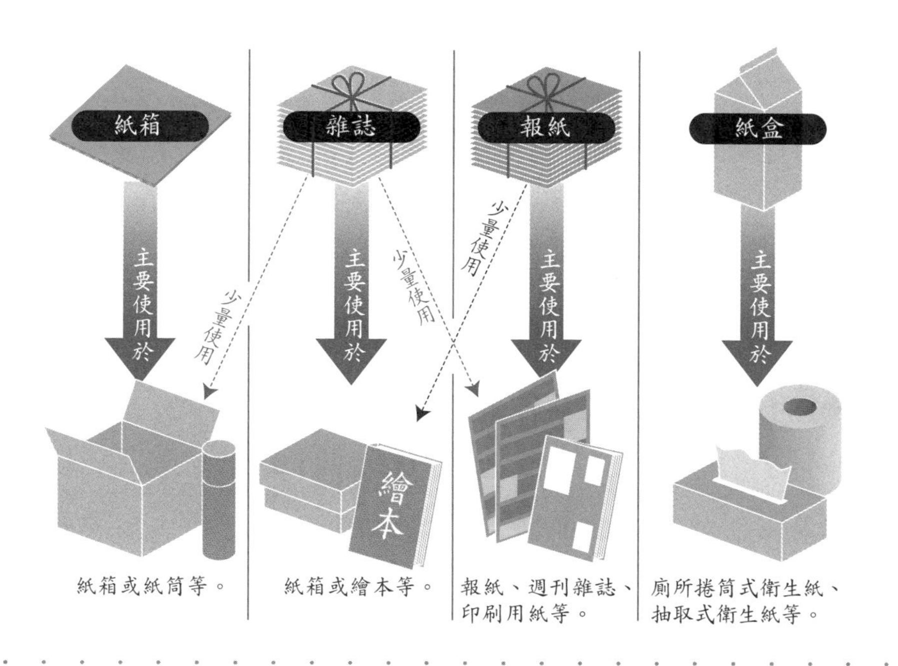

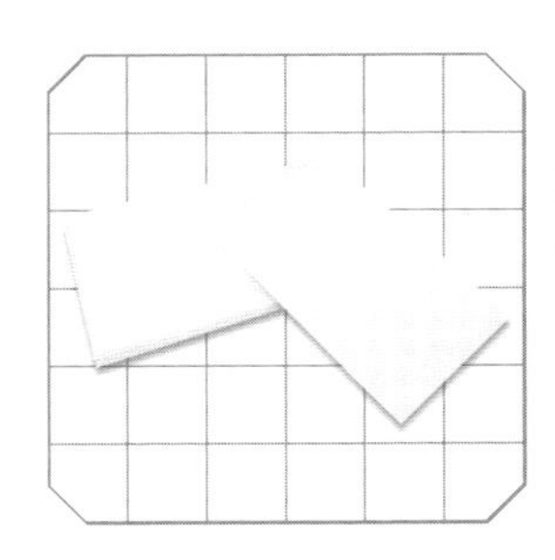

# 各式各樣的用紙

**關於紙張的話題說也說不盡。比如，模造紙是將什麼模造呢？紙張的正反面又如何區分？**

平常理所當然使用的紙張，不論再怎麼研究也不會膩。例如，有種叫做模造紙的紙張，擁有這樣不可思議名稱的紙張，其來源可追溯至大正時期（西元 1912 至 1925 年），由於是將奧地利製造的紙張模造製出，而以此命名。

但事實上這種紙張原本是明治中期（約十九世紀末），由當時的大藏省印刷局（財政部的印刷局）所製造出來的紙（局紙）。奧地利在看到局紙之後所模仿製造出來的紙，在大正時期又反傳入日本，於是再由日本模仿製造。

將自己被模仿製造的紙再模仿製造出來，可說是擁有奇妙歷史的紙張呢！在日本，模造紙因地區不同而有各種不同方言的名稱。（如右頁圖所示）

接著，來看看和紙！和紙的保存性及穩定性是出名得好，相當適用於重要文件以及書畫等用途。甚至流傳著一句話：「和紙 1000 年，洋紙 100 年」。

和紙能夠如此優秀的主要原因是：和紙屬於無酸紙，而洋紙則是酸性紙；和紙的製作不需要化學藥劑，而洋紙在製造時會添加碳酸化合物。

## 模造紙是模仿了什麼？

1878年奧地利仿造了日本參加巴黎萬國博覽會的局紙，之後由奧地利的製紙工廠製造的模造紙「JAPAN・SIMILE」也輸入至日本，於是日本再模仿製造。模造紙的名稱，根據地方不同有不同的方言，如下圖。

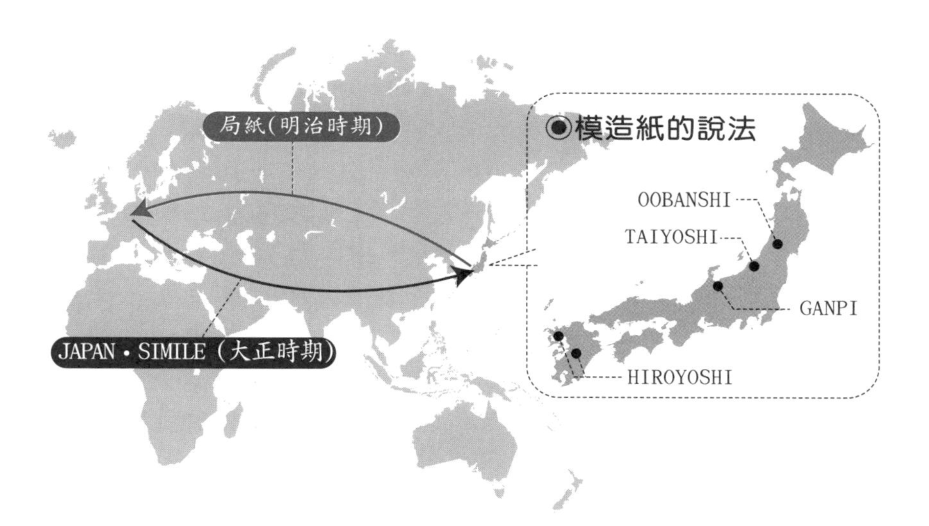


## 無酸紙又是什麼紙？

在日本並沒有酸性紙、無酸紙的明確定義，但是在國會圖書館定義pH值未滿6.5的是爲「酸性紙」，pH值超過6.5未滿pH10的，包含鹼性區域的一併稱爲「無酸紙」。

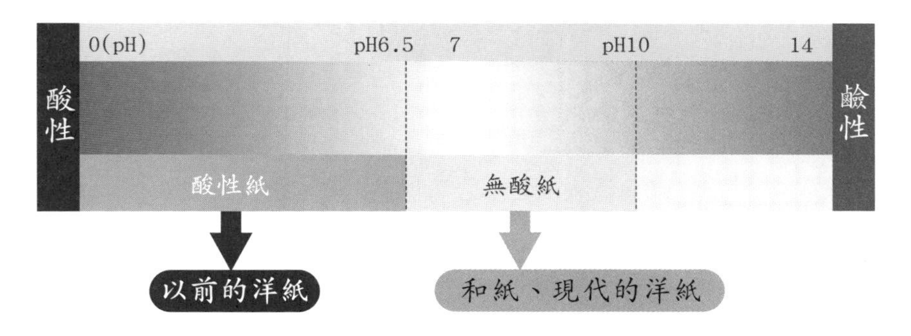

因此，洋紙保存期間短，紙張的纖維會隨時間漸漸腐爛，變得破破爛爛。現在已經開發出不需要使用碳酸化合物的製紙方法，因此洋紙也經得起保存了。

接下來談的是影印用紙。這種紙張沒有紋理，所謂紙張的紋理即是在製紙機中木漿流動的方向。這個方向（縱向紋理）會將纖維整齊的排列面對同一方，因此紙張容易破裂。

但，如果紋理呈現直角交叉的方向（橫向紋理）那麼紙張就不容易破。影印用紙同時使用了縱向紋理與橫向紋理，爲了讓紙張更堅固，這是下了許多工夫才能使紙張呈現「沒有紋理」的狀態。

把影印紙放入影印機或印表機列印時，常有不知道哪邊是正面、哪邊是背面的狀況。以前的紙張正面光滑，而背面粗糙，較容易判別正反面。爲什麼背面粗糙呢？紙張是利用網子來抄紙（第 220 頁），碰到網子的那一面有細微的纖維會掉落，因此表面較粗糙。

另外，添加物是從正面倒入，較難滲入背面的纖維之間。不過最近的造紙技術改良，正反面幾乎毫無差異。即使是印刷在背面，也是可以漂亮地顯現印刷內容。

## 紙張容易撕破的方向

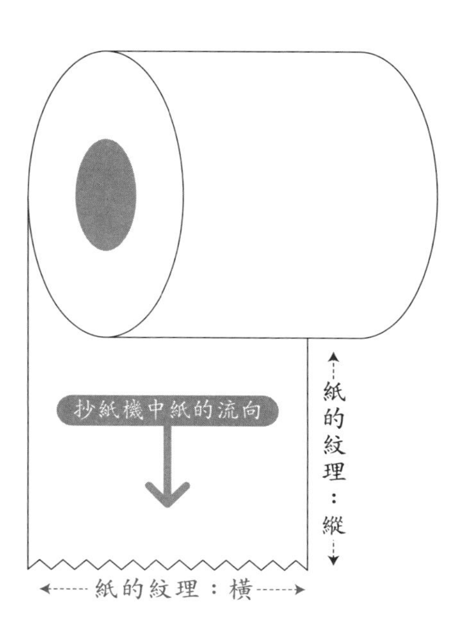


一般的紙張，有容易撕破的方向與不容易破的方向。容易破的方向即是「縱向紋理」，不易破的方向是「橫向紋理」。而影印用紙是沒有紋理的紙張，因此不易破。

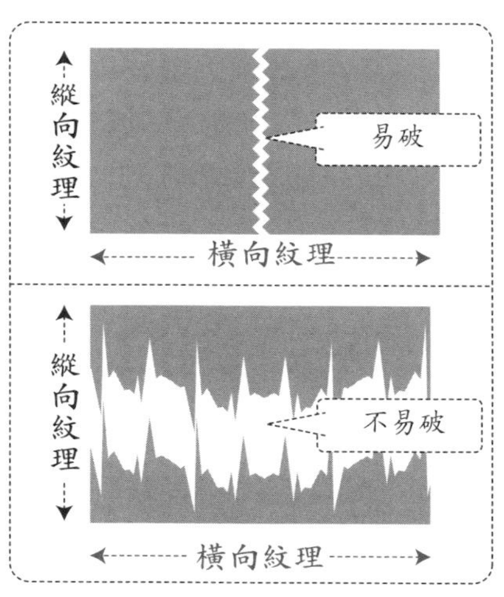


## 區分紙張正反面的方法

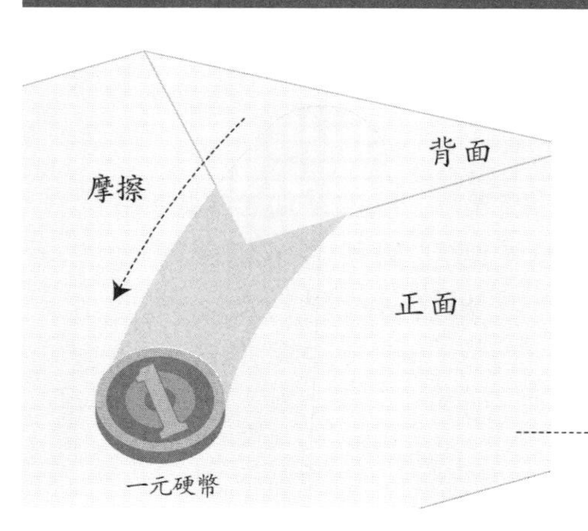


近期的上等紙張，只用肉眼幾乎看不出正反面的差別。如果想要知道正反面，可以使用一元硬幣摩擦紙面。正面的纖維間填料就會顯現出來，摩擦的痕跡會比背面顏色還要深。

# 筆記本

每每看到書店陳設的筆記本，不知道為什麼就會很想買。筆記本令人感到懷念，是充滿小時候回憶的文具。

小學時，打開筆記本會期待看到格線的圖樣。國文、數學與社會等科目的練習本格線皆不同。年級越往上，格線間的寬度也就越來越小；然後成爲大學生，使用的是給大人的筆記本。小孩子的成長期伴隨格線的變化當作點綴。

來聊些有點像筆記迷會有興趣的話題：格線的印刷歷史。現在是膠版印刷的全盛時代，然而在昭和中期(二十世紀中葉)以前都是使用活字印刷中的凸版印刷。但是，使用凸版印刷的技術其實非常不容易印出橫線。

因此以前的筆記本格線是用一種叫做畫線印刷[註]的方式印刷。這是利用沾了墨水的線的印刷方法，必須仰賴工人的成熟技術。現在幾乎已經沒有這種老練的職人，取而代之的是膠版印刷。

畫線印刷有一個非常特別的優點。由於膠版印刷使用的是油性墨水，因此印刷的部分若是遇到鋼筆字，鋼筆墨水就無法附著上，字中間會斷掉。而畫線印刷使用的是水性墨水，不會發生這樣的問題。因此，畫線印刷的筆記本深受鋼筆愛用者的喜愛。

## 凸版印刷與膠版印刷

印刷的方式有很多種，這邊介紹的是凸版印刷與膠版印刷。

### 凸版印刷

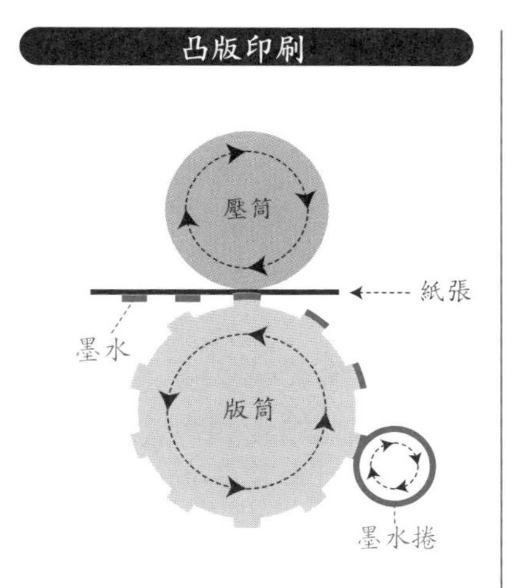


凸版印刷（又稱活字版印刷），與版畫、印鑑一樣，將墨水沾在突起狀的版上，再運用壓力將墨水轉印在紙張上。由於是將版對到紙上，因此文字圖案成左右相反。

### 膠版印刷

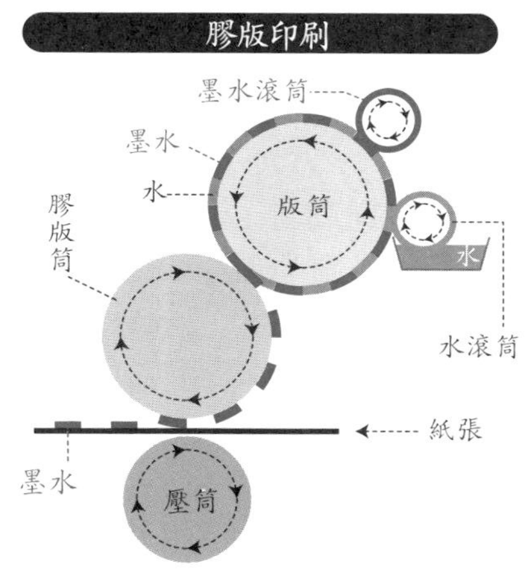


現在最普遍使用的印刷法。將沾上墨水的版轉印在膠板上，再轉印到紙張上。由於轉印兩次，版的圖案或文字都是正像的。

## 畫線印刷法

昭和中期以前是凸版印刷的全盛時代。這時筆記本中的格線，使用的是了畫線印刷法。

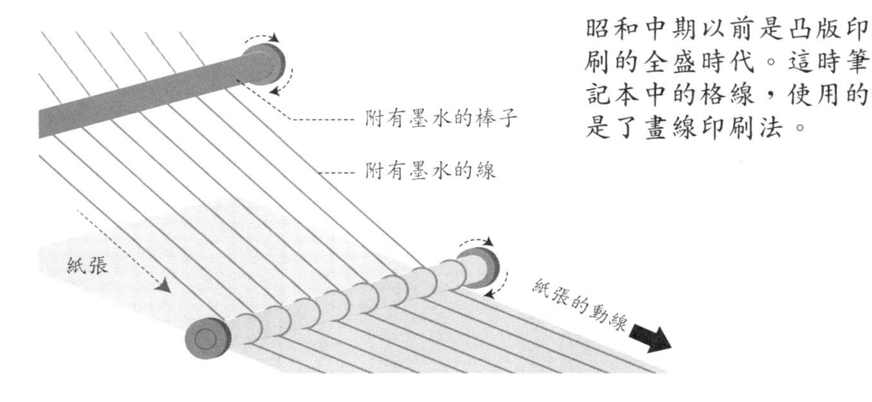

近幾年，筆記本印刷時使用的墨水，改良為對環境無害的環境對應型墨水。利用小孩子與學生常使用的筆記本，提高國人的環保意識。

說起這種環境對應型墨水，可以舉出植物油墨水、NON-VOC墨水（VOC：揮發性有機物）。植物油墨水是將石油系列的溶劑一部分以植物油代替的墨水。NON-VOC墨水則是更為考慮到環境，完全不會使用含石油成分的溶劑。

近幾年來，已經發展成熟的文具——筆記本，在增加一些創新與加工後，在市場上又掀起熱潮。例如，用相同間隔的小點做為格線的筆記本，使畫線更容易。筆記本的使用方法因人而異，只要一點巧思，就能符合各種使用上的需求，因更方便而深受歡迎。

註：原文為「罫引き印刷」，原理與建築工具墨斗相似。

## 保護環境的「環境對應型墨水」

一般來說，墨水基本上有一半的成分是揮發性溶劑。將其中揮發性溶劑替換爲植物性墨水，即是環境對應型墨水。順帶一提，第一個植物油墨水是soy-ink，soy即是大豆。

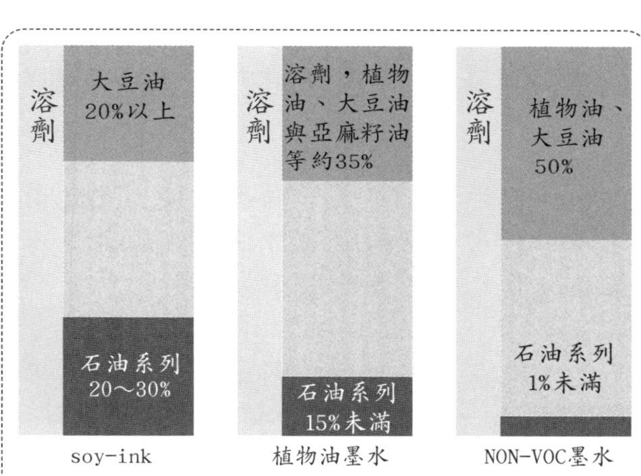


## 更容易書寫的點狀格線也登場了

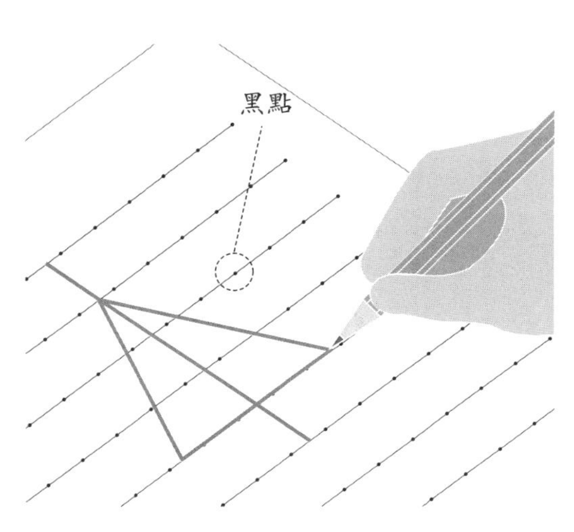


爲了在筆記本上書寫或是畫圖能更工整，有時候需要一些記號輔助。但在橫線筆記本畫直線時，總是會失去精準度。因此，日本KOKUYO公司開發了點狀格線。在隔線上標記相同間隔距離的黑點，以此做爲記號，文字可以書寫得更整齊，作圖時也能夠更精準。

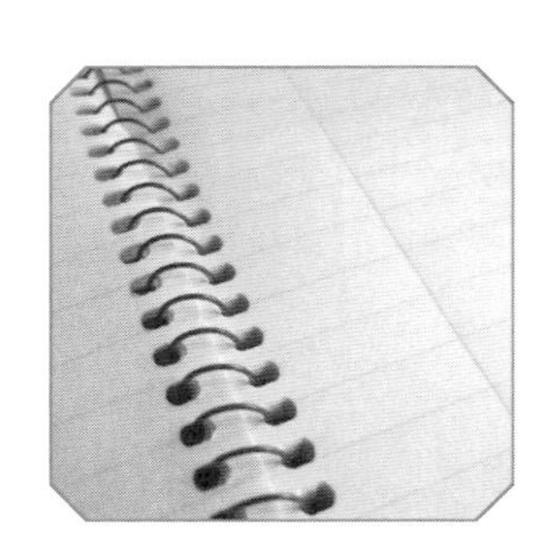

# 環裝筆記本

**只要改變裝訂方式，筆記本就會變得很不一樣。可以完全攤平的環裝筆記本在各方面使用上都很便利。**

以往一般的筆記本大多採用線裝，也就是在書背上穿線固定，再用封皮包住的裝訂方法，牢固且可以攤平翻開，現在有些高級筆記本也多是用穿線的綴訂方法。

不過，現在主要流行的則是無線裝訂的筆記本——在書背用膠固定——優點是便宜，但難以攤平翻開，一旦攤平翻開，黏膠的部分很容易因不夠牢固而產生掉頁的缺點。

於是，在 1960 年使用跨時代性的綴訂方法的筆記本，由日本 MARUMAN 文具公司開發並開始販賣，一推出就造成很大的迴響，博得了大眾的歡欣。這本筆記本就是 Spiral Note（螺旋狀裝訂筆記本），普遍稱爲 Spiral Ring Note，是用螺旋狀金屬裝訂而成。

這個筆記本可以 360 度翻開，爲跨時代的發明。然而，大約翻開至 180 度左右後，左右的頁面會有點錯開，而且如果筆記本厚度較厚，紙張較多時，裝訂處會鼓起來，書寫會很不方便。

於是，近年來又陸續開發出雙環狀（Double Ring）以及單環狀（Twin Ring）筆記本，可以完全攤平翻開，並且左右頁面不會錯開，裝訂的部分隆起卻不太會造成干擾。

# 裝訂方式的類型

書本或是筆記本的裝訂方式有很多種。在過去，筆記本的裝訂方式多爲穿線爲主，現在則是以無線的裝訂方式爲大宗。

## 無線裝訂

不使用金屬細絲或是細線，在書背直接上膠固定的裝訂方法，優點爲堅固且可以維持長時間。

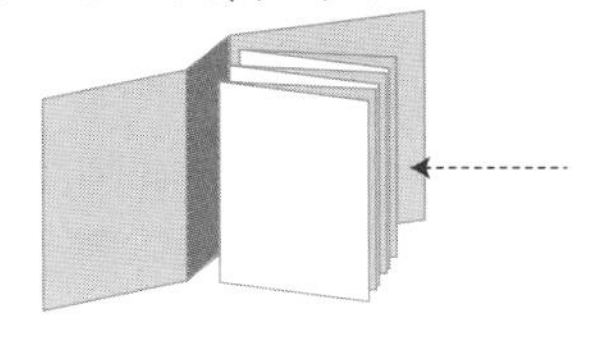

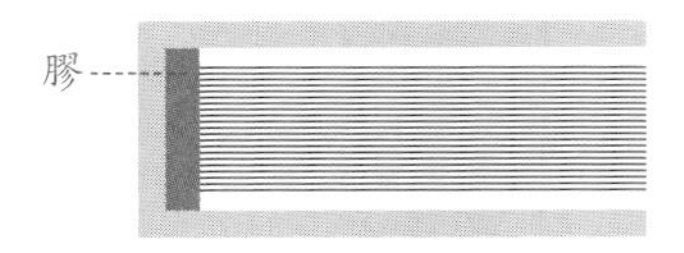


〈主要用途〉
文庫本、雜誌、
小冊子、筆記本。

## 騎馬釘

在紙對折處中間部分用細針(訂書針)固定。多使用於雜誌週刊上。

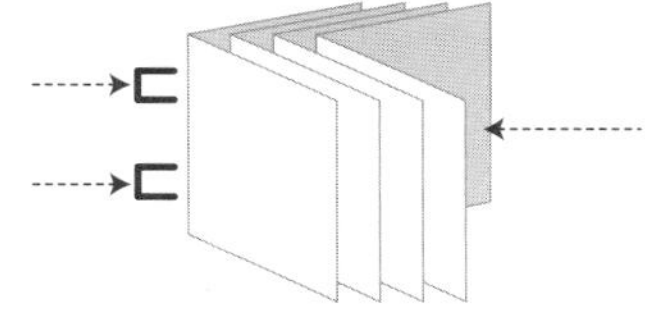

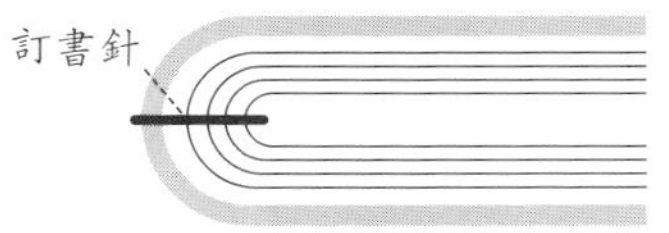


〈主要用途〉
週刊雜誌、小手冊、宣傳冊子、
家電等的使用說明書。

## 平釘

在離紙張邊緣5公釐左右的地方用小針固定。牢固但書本無法完全翻開。

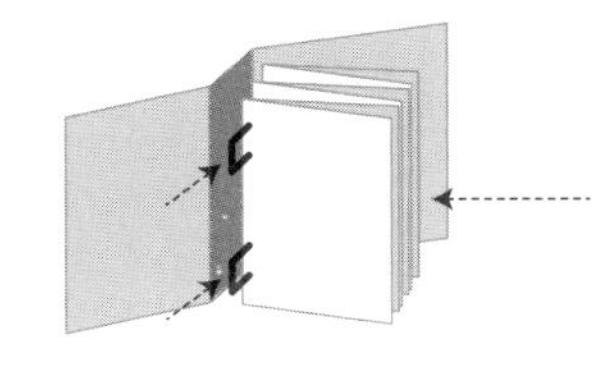

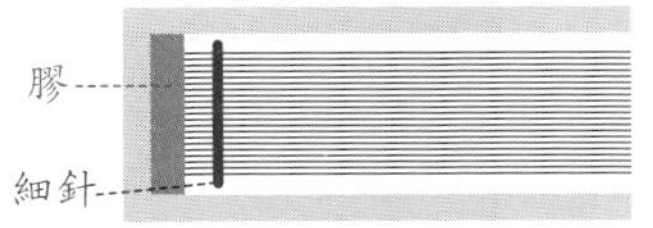


〈主要用途〉
教科書、使用說明書、
少年週刊雜誌。

## 線裝

在書背用線縫的裝訂方式。堅固且持久度高，並且可以完全翻開。

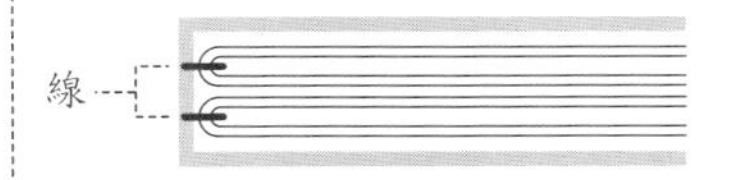


〈主要用途〉一般書籍、百科全書。

## 膠裝

無線裝訂法的改良版。在書背切幾個口，從切口處浸透膠。比起無線裝訂更持久且更牢固。

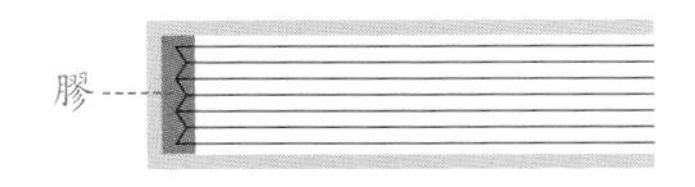


〈主要用途〉一般書籍、辭典。

這種裝訂方式是將兩條鐵絲一起穿過裝訂孔，因此不易破壞紙張。雙環裝訂是將彎成櫛子狀的鐵絲弄成圓筒狀，再將它穿過紙張上的洞。這種只彎曲一點點的鐵絲，能讓筆記本在使用上更隨意。

環狀筆記本的封面面積會較大一點。在翻拍筆記內容時，這樣的封面可以做爲外框使用。外框經智慧型手機確認後，手機就可以判斷筆記的位置。如此一來，可以只拍到筆記的內容，並存到手機的資料夾內，現在也有整理筆記更便利的APP。

未來，智慧型手機掃描功能的發展會更受到期待，能夠簡單就將手邊的紙本資料數位化。例如，將會議紀錄上傳至網絡，可以馬上與同事分享。

另外，利用光學文字識別（OCR）將寫下的文字分類，便可以簡單設定搜尋。通往數位化文具世界的大門，說不定就是由環狀筆記本開啓。

## 螺旋狀裝訂與雙環狀裝訂

環狀筆記本有螺旋狀裝訂與雙環狀裝訂兩種。螺狀裝訂有著左右稍微錯開的缺點，近幾年以雙環狀裝訂爲主。

**螺旋狀裝訂**

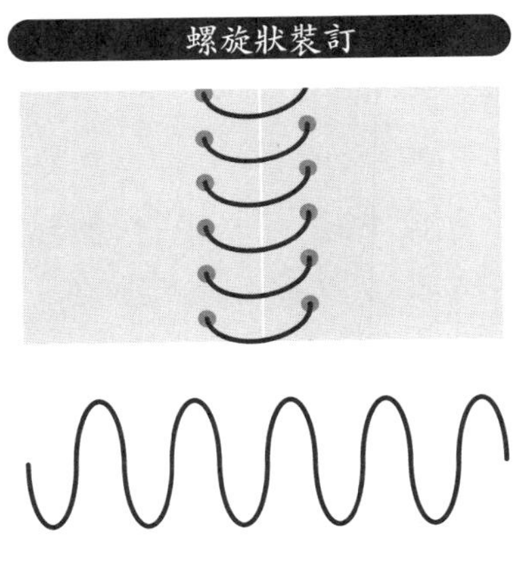

用一根鐵絲以螺旋狀方式穿過筆記本。

**雙環裝訂**

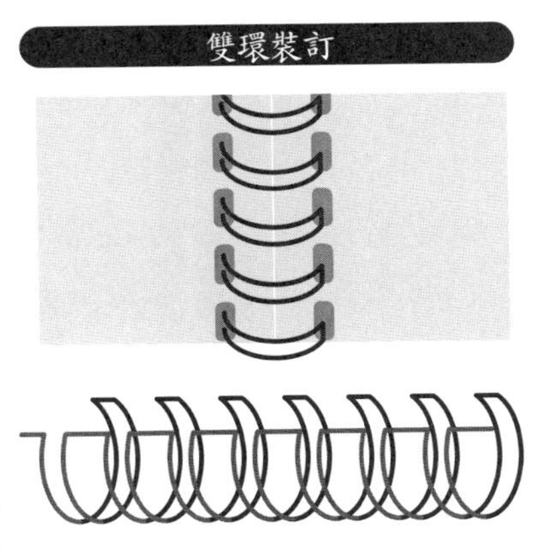

每一個洞內都由兩根鐵絲形成的環狀穿過，將這個鐵絲弄圓裝訂的筆記本 。

## 數位文具與筆記本的合作

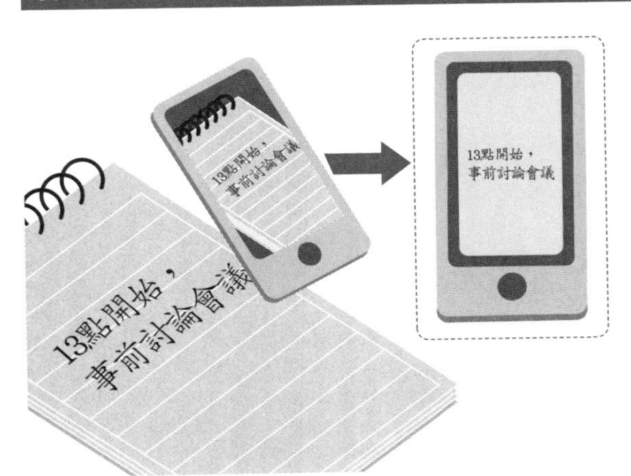


KOKUYO公司的應用程式Cami App，由於能夠識別筆記本外框，因此即使斜著拍照也能夠自動修正。將內容準確以照片的形式保存下來，並且可以立即上傳雲端。

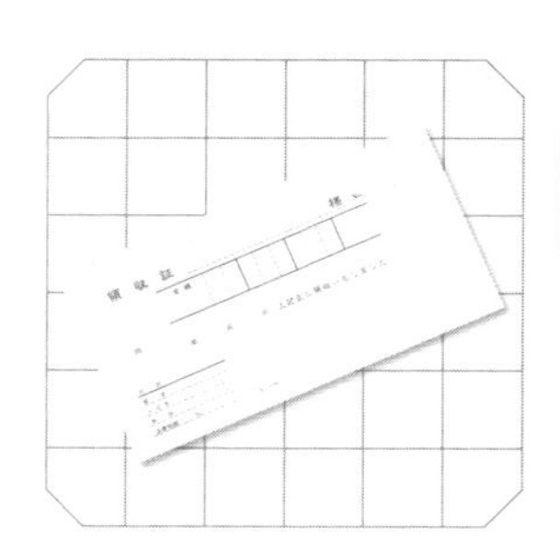

# 無碳複寫紙

需要用到複寫式的發票、出貨單常常使用無碳複寫紙，是個不會弄髒手，非常方便的紙。

無碳複寫紙在我們的日常生活中也常常看到，銀行的匯款用紙、宅急便的傳票（發票）等，活躍於需要副本的時候。

有無碳複寫紙的話，那麼就應該有碳複寫紙。三聯一式宅急便的收據中，宅急便公司留底的那張即是碳複寫紙。第一張的背面塗上碳（碳粉），藉由寫字的壓力，將文字轉印在第二張紙上。如同這個構造原理一樣淺顯易懂，用手觸摸碳複寫紙的部分，手就會沾上碳粉而變髒。

該如何解決碳粉弄髒手的問題，答案就是無碳紙，這是1953年在美國發明的商品。無碳紙是怎樣的構造呢？

無碳紙利用了微米大小的微型膠囊。當筆移動，第一張紙的背面所塗佈的膠囊因壓力的破壞，膠囊內含有的無色發色劑就會釋出，並與塗在第二張表面的顯色劑產生化學變化，顏色即顯現出來。這就成爲給客户的存底收據。

透過這個顯色的過程，有沒有讓你回憶起「魔擦鋼珠筆」章節中（第 44 頁），所提到無色染料與顯色劑的關係呢？

## 碳紙的轉印

宅急便收據就是利用碳紙的轉印，是藉由壓力將塗在紙上的碳粉轉印而已，因此不小心碰到就容易弄髒手。

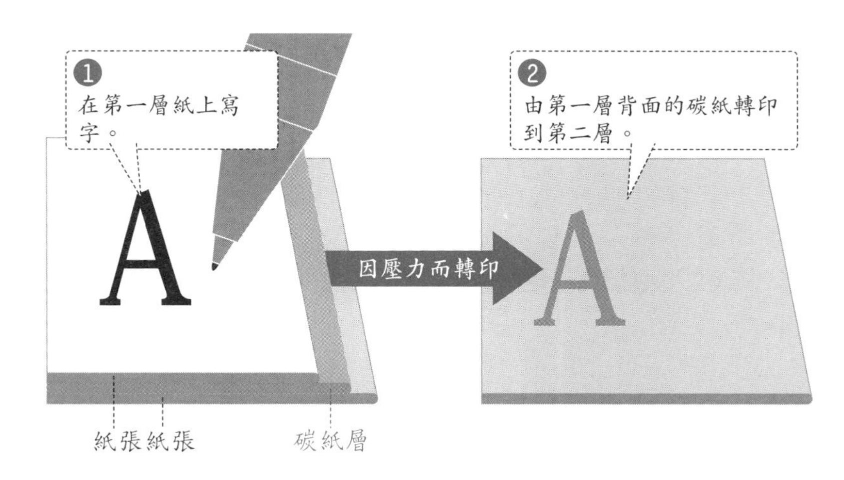


## 無碳複寫紙轉印的方法

寫字時，第一層紙背面裝有無色染料的微型膠囊被壓破，與顯色劑產生化學反應而顯色。左圖為三張複寫紙書寫時產生化學反應的狀況。

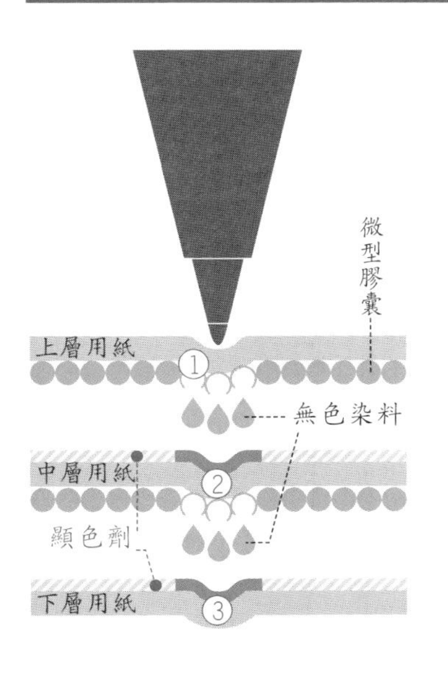


① 原子筆的筆壓壓破微型膠囊。

② 微型膠囊內的無色染料與顯色劑產生化學反應因而顯色。

③ 同樣與顯色劑產生化學反應，轉印到下層用紙上。

事實上，微型膠囊中的顯色劑即爲無色染料的一種。但是與魔擦鋼珠筆的墨水不同，無碳複寫紙是利用不會因爲溫度而變化的一般染料，要是因溫度改變字就消失也太令人感到困擾了。

與無碳複寫紙一樣可轉印文字的還有熱轉印紙。熱轉印紙一般常用於傳眞機或現在的電子發票用紙，可以將印刷頭上熱模版的圖像轉印。因爲紙的表面塗有發色劑與顯色劑的混合劑，而利用熱度使這兩樣物質產生化學反應而顯現出文字。

與本篇所講的碳複寫紙不同，但同樣也沒有使用碳的無碳複寫紙也是存在的。由百樂文具研發生產的塑膠碳複寫紙商品，是在塑膠層中含有墨水的構造，同樣爲了不弄髒手下足了工夫。

## 微型膠囊的微米單位

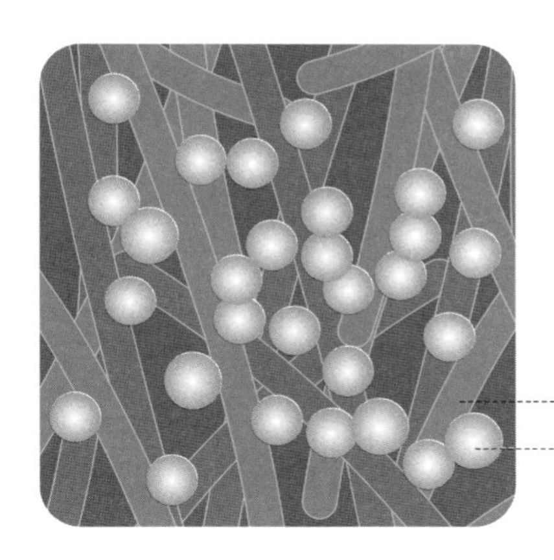


左圖爲無碳複寫紙的放大圖。在紙張的纖維中附著著裝有無色染料的微型膠囊，膠囊的大小約爲微米(1000分之1公釐)單位。

## 熱感應紙的構造

使用於電子發票的熱感應紙，其表面塗有顯色劑與無色染劑混合的黏合劑（膠類的物體）。

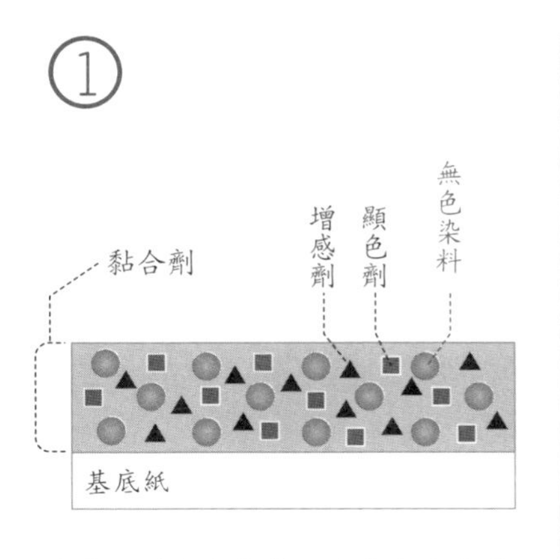


在表面的黏合劑中，含有顯色劑與無色染料。增感劑可以讓這些物質更容易產生化學反應。

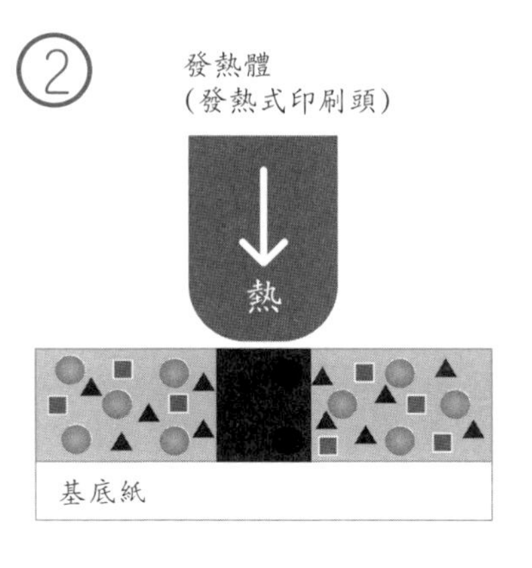


加熱後，產生顯色劑與無色染料溶合變黑的化學反應。

Column

## 符合人體工學的文房具

近年來，冠上「Ergo」這個詞的文房具漸漸出現在市場上。「Ergo」即是日本人取自 Ergonomics( 人體工學 ) 的簡稱，目的是將文具的外型設計成讓人可以自然舒適地操作，使用起來更順手。

比如說，Pentel 公司開發的原子筆「Ergonomix-Winggrip」，這款原子筆在姆指與食指的中間置入一個握把，這麼一來比起過去必須用拇指、食指、與中指來支撐的原子筆還要好用 ；還有蜻蜓鉛筆所販售的修正帶「mono ergo」也有冠上「Ergo」一詞，將外型設計成不論是誰都可以用自己最舒適的拿法的形狀。

某些商品採用人體工學的理論，並且維持了 20 年以上的人氣，如百樂公司所開發的「健握筆」（Dr. Grip），其他還有斑馬鉛筆的「SK-Sharbo」，以及三菱鉛筆的「KURU TOGA 自動鉛筆」等也都是符合人體工學的設計。「物品配合人」而不是「人配合物品」，這即是近年來工業設計最大的潮流。

●主な参考ホームページ（ＪＩＳコード順）

３Ｒ活動推進フォーラム、ＨＯＹＡビジョンケアカンパニー、ＮＴＮ精密樹脂、ＮＴＴコムウェア、ＯＫＩデータ、ＴＤＫ、ＴＯＴＯ、ＹＫＫ、エプソン、王子タック、オルファ、花王、紙の博物館、環境省、関東化学、キーエンス、京セラ、キングジム、クラレファスニング、コクヨ、国立印刷局、国立国会図書館、コニシ、さいたま市教育委員会、サイデン化学、サクラクレパス、サンスター文具、サンワサプライ、シード、シャープ、ショウワノート、信越化学工業、新日鉄住金、新日鉄住金ステンレス、ステッドラー日本、住友スリーエム、スリーボンド、セイコーウオッチ、セーラー万年筆、石油化学工業協会、ゼブラ、セメダイン、全国珠算学校連盟、ソニック、大王製紙、ダイモ販売、寺西化学工業、東京ラミネックス、トモエそろばん、トヨタ紡織、トンボ鉛筆、名古屋市、ニチバン、日精樹脂工業、日東電工、印刷インキ工業連合会、日本製紙、日本製紙連合会、日本セラミックス協会、日本白墨工業、日本筆記具工業会、日本プラスチック工業連盟、日本木材学会、ネオマグ、パイロット、ハリマ化成、日立マクセル、富士商工会議所、富士ゼロックス、富士フィルム、ブラザー工業、プラス、プラスチック循環利用協会、プラチナ万年筆、ぺんてる、マグネテックジャパン、マックス、マルマン、明光商会、文部科学省、ヤマト、ライオン事務器、リコー、リンテック、レンゴー、塩ビ工業・環境協会、丸十化成、呉竹、三菱鉛筆、寺岡製作所、森林総合研究所、東レ・ダウコーニング、東亞合成、内田洋行、日南環境、日本鉛筆工業協同組合、日本化学繊維協会、日本環境協会、日本中毒情報センター、日本理化学工業、北越紀州製紙、北海道立総合研究機構、理想科学工業

**國家圖書館出版品預行編目(CIP)資料**

圖解 文具的科學 書桌上的高科技
涌井 良幸、涌井 貞美 著 -- 初版.
台北市：十力文化，2022.12
ISBN 978-626-96110-9-6（平裝）
1. 文具 2. 科學技術
479.9　　111020110

**圖解 文具的科學 書桌上的高科技**
**雑学科学読本 文房具のスゴい技術**

作　　者　涌井 良幸、涌井 貞美

責任編輯　林子雁
翻　　譯　傅莞云
美術編輯　劉映辰
封面設計　劉詠倫

出 版 者　十力文化出版有限公司
發 行 人　劉叔宙
公司地址　116 台北市文山區萬隆街 45-2 號
通訊地址　11699 台北郵政 93-357 信箱
電　　話　02-2935-2758
電子郵件　omnibooks.co@gmail.com
統一編號　28164046
劃撥帳號　50073947

I S B N　978-626-96110-9-6
出版日期　2022 年 12 月
版　　次　第一版第一刷
書　　號　D2210
定　　價　420 元

本書有著作權，未獲書面同意，任何人不得以印刷、影印、磁碟、照像、錄影、錄音及任何翻製(印)方式，翻製(印)本書之部分或全部內容，否則依法嚴究。

ZATSUGAKU KAGAKU DOKUHON BUNBOUGU NO SUGOI GIJUTSU. Copyright © 2014 Yoshiyuki Wakui,Sadami Wakui. Edited by CHUKEI PUBLISHING All rights reserved.

Originally published in Japan by KADOKAWA CORPORATION Tokyo.
Chinese (in traditional character only) translation rights arranged with KADOKAWA CORPORATION through CREEK & RIVER Co., Ltd.